La Valutazione Del Rischio per la Salute e Sicurezza sul Lavoro

DALLA CONSAPEVOLEZZA ALLA REDAZIONE DEL DOCUMENTO DI VALUTAZIONE DEL RISCHIO

- Disamina di tutti i Rischi per la Salute e Sicurezza
- I Sistemi Gestionali per la SSL
- Algoritmi e Modelli Matematici di VdR
- La Distribuzione delle Responsabilità
- Tabelle di correlazione Rischio/Danno
- Prontuario normativo e sanzionatorio

Danilo G.M. De Filippo, ingegnere meccanico, da sempre impegnato nella materia della sicurezza sui luoghi di lavoro, è stato insignito dell'Onorificenza di Cavaliere al Merito della Repubblica Italiana.

Ispettore Tecnico del Lavoro, appartenente all'Albo dei formatori per l'Ispettorato Nazionale del Lavoro, è anche docente esterno ed autore di numerosi testi e pubblicazioni in materia di sicurezza sul lavoro oltre ad essere parte attiva nell'organizzazione di eventi per la più ampia diffusione della cultura per la prevenzione degli incidenti sul lavoro.

"Se non lo sai spiegare in modo semplice,
non l'hai capito abbastanza"

(Albert Einstein)

Ai miei figli, Leonardo e Lavinia, che,
ogni giorno, mi "aiutano" ad ampliare
il concetto di valutazione dei rischi

PREMESSA

Valutare correttamente e compiutamente i rischi professionali a cui sono esposti i lavoratori di una azienda non è certamente cosa semplice. Ancora meno semplice è realizzare un testo-guida sull'argomento con due obiettivi precisi: sensibilizzare il lettore (in quanto potenziale estensore del DVR) sui principi fondanti la prevenzione infortuni e malattie professionali e, poi, suggerirgli percorsi, strategie e modalità utili a effettuare la propria valutazione aziendale, per eliminarne o ridurne i rischi, oltre che per assolvere ai relativi obblighi di legge.

La valutazione del rischio si basa sul concetto di *ponderazione* che, a sua volta, è associato al concetto di *accettabilità* o meno di un rischio. Una delle prime difficoltà, in tal senso, è che la norma di riferimento, il d.lgs. n.81/2008 (denominato *Testo Unico sulla Salute e Sicurezza sul Lavoro*), propone due differenti *modus operandi*: per alcuni rischi, infatti, ci si deve confrontare con metodi "quantitativi", verificando l'eventuale superamento di una determinata *soglia di attenzione* (come avviene, ad esempio, per il rischio rumore, vibrazioni, campi elettromagnetici e, più in generale, per i rischi per la "salute"), mentre, per altri, occorre operare con metodi di natura "qualitativa" o, ancora, attraverso continui controlli e monitoraggi e una costante ricerca del *miglioramento* (tecnologico, organizzativo, procedurale), in quanto, in questi casi, non viene definita per legge una *soglia di accettabilità* (ciò avviene per i rischi per la "sicurezza" o per molti rischi "trasversali").

Un problema "meno tecnico" ma per questo, non meno rilevante è la *sottovalutazione della valutazione*. Come, purtroppo, accade sovente, il Datore di Lavoro considera il DVR un adempimento "burocratico", affidandone la redazione a tecnici e professionisti esterni che spesso non hanno piena consapevolezza di tutti i rischi insiti nell'organizzazione aziendale e nei procedimenti produttivi. Altre volte, invece, accade che alcune attrezzature, alcune fasi lavorative o certi processi produttivi vengono completamente ignorati, o perché considerati "accessori" all'attività produttiva, o perché giudicati, aprioristicamente, non rischiosi e dunque "non meritevoli" del seppur breve tempo per farne una valutazione e poi riportarla sul DVR. Su questo punto, al contrario, il legislatore è chiarissimo nel sancire (principalmente all'art.17 e all'art.28) che la valutazione deve riguardare **tutti** i potenziali rischi aziendali, per graduarne poi l'eventuale necessità di intervento, anche attraverso un "programma di miglioramento" nel tempo, che è in ogni caso un altro obbligo dichiarato della legge.

Un'altra necessità, anch'essa un po' trascurata, è quella di "soggettivizzare" la valutazione (e di conseguenza, le azioni di mitigazione). Troppo spesso, la ponderazione di alcuni rischi è basata sul lavoratore "standard" (avente caratteristiche precise), anche se, al contrario, la norma esprime un preciso dovere del datore di lavoro di tenere nella giusta considerazione anche le possibili "differenze" (*di genere, età, provenienza e tipologia contrattuale*).

Lo scopo di questo testo è quello di esaminare, in maniera lineare e, per quanto possibile, semplice, tutti i rischi collegati alle attività lavorative, indicandone anche i settori produttivi nei quali ogni rischio può rappresentare un'insidia e prospettandone (per dovere d'informazione ma anche quale fattore di deterrenza) i potenziali danni in termini di infortunio o di malattia professionale.

Questa disamina, sebbene la più attenta possibile, non deve essere considerata dal lettore del tutto esaustiva, in quanto ogni luogo di lavoro, ogni attività o ciascun processo presentano inevitabilmente dei pericoli "non" tipici che devono comunque essere oggetto di valutazione prevenzionistica e che spesso sono anche di difficile individuazione, in quanto insiti in attività all'apparenza "innocue". Su questo aspetto, c'è l'auspicio (almeno di chi scrive) che l'iperbolico sviluppo dell'Intelligenza Artificiale possa portare un contributo positivo alla materia della prevenzione infortuni, ad esempio, attraverso la capacità di mettere in relazione dati differenti, che permetta di valutare meglio i rischi e di implementare procedure operative già *mitigate* o strategie di *manutenzione predittiva* mirate a prevenire guasti e malfunzionamenti.

Nel presente testo, inoltre, si è volutamente deciso di non occuparsi dei rischi di cui al Titolo IV del Testo Unico e cioè dell'ambito dei *Cantieri*

Temporanei e Mobili, un po' perché già oggetto di specifiche pubblicazioni ma, principalmente, perché si tratta di un settore interessato anche da altri documenti specifici di valutazione del rischio (Piano Operativo di Sicurezza, Piano di Sicurezza e Coordinamento).

Il Testo è indirizzato alla figura del Datore di Lavoro, in quanto soggetto obbligato dalla norma ad effettuare la Valutazione del Rischio ma, ovviamente, si rivolge anche a tutti i potenziali "estensori" del Documento di Valutazione del Rischio (consulenti, tecnici, specialisti, professionisti) che abbiano voglia di compendiare la loro letteratura sull'argomento con un occhio anche alle "aspettative" degli Organi di Vigilanza preposti. Il libro, inoltre, può essere un utile strumento per tutti i soggetti inseriti nella "catena di comando" prevenzionistica (Dirigenti, RSPP, ASPP, Preposti, RLS, etc.), quale supporto all'assolvimento dei propri doveri in materia di salute e sicurezza sul lavoro.

PARTE I - INTRODUZIONE ALLA VALUTAZIONE DEI RISCHI PROFESSIONALI

BREVE COMPENDIO SULLA PREVENZIONE DEGLI INFORTUNI

La storia della prevenzione in poche righe

L'obbligo di tutela della salute e della sicurezza dei lavoratori si configura, all'interno del panorama giuridico italiano, come uno degli oneri più stringenti tra quelli che caratterizzano il *rapporto* di natura *professionale* instaurato tra due soggetti giuridici *contraenti*, uno dei quali si impegna al rispetto di un'obbligazione del fare in cambio della quale riceverà una retribuzione, proporzionalmente corrisposta dall'altro contraente e beneficiario finale della prestazione lavorativa.

Sotto l'aspetto delle tutele, questa reciproca obbligazione che si viene ad instaurare rappresenta un rapporto obbligatorio complesso che viene regolamentato (e "bilanciato") già attraverso l'articolo 41 della Carta Costituzionale italiana[1], dove già nella versione 'originale' si stabiliva che l'attività economica, qualunque essa sia, *non può svolgersi in maniera tale da arrecare danno alla sicurezza, alla libertà e alla dignità umana*[2].

Di medesima efficacia è quanto stabilito all'art.2087 del codice civile[3], secondo cui:

---

[1] La Costituzione della Repubblica Italiana è la legge fondamentale della Repubblica italiana, ovvero il vertice nella gerarchia delle fonti di diritto dello Stato italiano.
Approvata dall'Assemblea Costituente il 22 dicembre 1947 e promulgata dal capo provvisorio dello Stato Enrico De Nicola il 27 dicembre 1947, fu pubblicata nella Gazzetta Ufficiale della Repubblica Italiana n. 298, edizione straordinaria, del 27 dicembre 1947 ed entrò in vigore il 1° gennaio 1948.

[2] La legge costituzionale 11 febbraio 2022, n. 1, che ha modificato gli articoli 9 e 41 della Costituzione, ha riconosciuto un espresso rilievo alla tutela dell'ambiente, sia nella parte dedicata ai Principi fondamentali, sia tra le previsioni della cosiddetta Costituzione economica. Il testo dell'articolo 41, a seguito delle modifiche apportate dalla riforma costituzionale, recita: *"L'iniziativa economica privata è libera. Non può svolgersi in contrasto con l'utilità sociale o in modo da recare danno alla salute, all'ambiente, alla sicurezza, alla libertà, alla dignità umana"*.

[3] Il codice civile italiano del 1942 è un corpo organico di disposizioni di diritto civile e di norme di diritto processuale civile di rilievo generale (es. libro VI - titolo IV) e di norme incriminatrici (es. libro V - titolo XI). Emanato con il Regio decreto-legge 16 marzo 1942, n. 262, in materia di "Approvazione del testo

"L'imprenditore è tenuto ad adottare nell'esercizio dell'impresa le misure che, secondo la particolarità del lavoro, l'esperienza e la tecnica, sono necessarie a tutelare l'integrità fisica e la personalità morale dei prestatori di lavoro."

Il rapporto di lavoro viene così integrato dall'incidenza di un obbligo di sicurezza (un obbligo di tutela della sicurezza) che si va ad inserire, a pieno titolo, nel *sinallagma*[4] contrattuale, imponendo al datore di lavoro/imprenditore di adottare un sistema di garanzie per i lavoratori a fronte del quale, questi ultimi devono corrispondere la necessaria *diligenza* nell'esecuzione della prestazione lavorativa secondo i canoni dell'art.2104 cod.civ.[5].

La storia della prevenzione infortuni, comunque, parte da più lontano.

L'esigenza di emanare le prime disposizioni di legge in materia di sicurezza sul lavoro si sviluppa contestualmente alla nascita delle proteste provenienti dai lavoratori, già ai tempi della rivoluzione industriale del XIX secolo. L'obiettivo della legislazione che ne conseguì, durante questa fase, era però solo quello di garantire un risarcimento alle vittime di infortunio sul lavoro, mediante l'introduzione delle prime assicurazioni obbligatorie contro tali infortuni.

I successivi approcci, specie quello avviato alla fine del secondo conflitto mondiale, dovettero far fronte al rapido progresso tecnologico ed

---

del Codice civile.", insieme alle leggi speciali, costituisce una delle fonti del diritto civile italiano, poiché ancora oggi vigente.

[4] In diritto, il *sinallagma* (dal greco synallatto o anche proprio synallagma, anche detto *nesso di reciprocità*) è un elemento costitutivo implicito del contratto a obbligazioni corrispettive, quello cioè nel quale ogni parte assume l'obbligazione di eseguire una prestazione (di dare o di fare) in favore delle altre parti esclusivamente in quanto tali parti a loro volta assumono l'obbligazione di eseguire una prestazione in suo favore.

[5] Articolo 2104. Il prestatore di lavoro deve usare la diligenza richiesta dalla natura della prestazione dovuta, dall'interesse dell'impresa e da quello superiore della produzione nazionale. Deve inoltre osservare le disposizioni per l'esecuzione e per la disciplina del lavoro impartite dall'imprenditore e dai collaboratori di questo dai quali gerarchicamente dipende.

all'affermarsi di nuove modalità produttive e, perciò, sottoporsi, nel corso degli anni, ad un vero e proprio processo evolutivo, mutando, man mano, anche le modalità di tutela del lavoratore.

Gli anni '50, in Italia, furono caratterizzati da profonde ed integrali trasformazioni di ordine sociale, culturale e di natura finanziaria e produttiva che rappresentarono i presupposti di base del decollo economico italiano nel settore industriale ed in quello delle costruzioni edilizie.

Gli imprenditori di quegli anni ebbero la possibilità di avvalersi di numerosa manodopera a basso costo, per lo più proveniente dal meridione d'Italia o dalle campagne, che diede vita a quello che fu definito come un "boom economico" trascinando gli indici di occupazione ai massimi livelli storici mai registrati.

La scarsa preparazione di tali manovalanze, però, fece aumentare, in maniera più che esponenziale, anche il numero di incidenti sul posto di lavoro, spingendo l'opinione pubblica e le organizzazioni sindacali dell'epoca a reclamare, nei confronti del legislatore, urgenti provvedimenti di riordino della materia.

Furono così emanati una serie di decreti d'emergenza – quali il D.P.R. n.547/1955 – Norme per la prevenzione degli infortuni sul lavoro, il D.P.R. n.164/1956 – Norme per la prevenzione degli infortuni nelle costruzioni, il D.P.R. n.303/1956 – Norme generali per l'igiene del lavoro – la cui immediata applicazione contribuì a ridurre in maniera sensibile il fenomeno infortunistico.

Non sorprende l'eccezionale efficacia di questi decreti in quanto andavano a collocarsi in un'epoca di straordinaria fioritura giuridica, epoca in cui si avvertiva l'impellenza di raccordare le norme sul lavoro ai neo-nati principi costituzionali, con l'intento di garantire a tutti i lavoratori i diritti irrinunciabili della libertà, della sicurezza e della dignità sul luogo di lavoro, mediante elementari assunti di tassatività delle norme e di protezione oggettiva del lavoratore che, in questo modo, veniva tutelato e garantito anche in situazioni di imperizia, di negligenza e, addirittura, di imprudenza.

Le norme di quell'epoca, anche grazie a queste caratteristiche di sicura longevità, unite alla costante opera (a volte innovativa) svolta dalla Corte di Cassazione, andarono a creare una sorta di "corpus iuris labore incolumitatis" capace di resistere sin quasi ai giorni nostri.

Intorno agli anni '70 si assistette all'esplosione degli studi sulla psicologia percettiva del rischio, mentre, lentamente, anche la giurisprudenza dovette adeguarsi al progressivo processo di depenalizzazione anche delle norme in materia di lavoro, processo poi definitivamente concretizzatosi nel decennio successivo, con l'emanazione della Legge 24 novembre 1981, n.689, attraverso la quale una vasta categoria di fatti corrispondenti a reato si trasformarono in infrazioni di carattere amministrativo, assoggettati a sanzioni pecuniarie non penali.

Da questo processo riformatore, però, la materia della sicurezza sul lavoro ne venne fuori praticamente indenne, mantenendo la propria natura penale anche grazie all'introduzione del d.lgs. 19 dicembre 1994, n. 758 (di cui parleremo più ampiamente nel seguito) e le emergenti direttive europee che confermeranno la volontà del legislatore comunitario di porre la sicurezza quale elemento centrale di qualsiasi sistema produttivo.

A seguito del Trattato di Maastricht (1992), la Comunità europea (CE) assunse il ruolo di organo promotore per le politiche di armonizzazione e di miglioramento delle condizioni sociali ed economiche negli stati membri. In materia di sicurezza sul lavoro, l'Italia dovette recepire le direttive comunitarie[6] 89/391/CEE, 89/654/CEE, 89/655/CEE, 89/656/CEE, 90/269/CEE, 90/270/CEE, 90/394/CEE e 90/679/CEE da cui nacque il d.lgs. 19 settembre 1994, n.626 che assegnò una funzione di primo piano ai processi

---

[6] La "direttiva" è uno degli atti di diritto dell'Unione europea che il Parlamento europeo, congiuntamente con il Consiglio dell'Unione europea, può adottare per l'assolvimento dei compiti previsti dai trattati, perseguendo un obiettivo di armonizzazione delle normative degli stati membri. L'obbligatorietà delle direttive è sancita all'art.288, comma 3, del Trattato sul funzionamento dell'Unione europea (TFUE): "La direttiva vincola lo Stato membro cui è rivolta per quanto riguarda il risultato da raggiungere, salva restando la competenza degli organi nazionali in merito alla forma e ai mezzi"

informativi e formativi i quali, da semplici sussidi all'attività prevenzionistica, divengono elementi essenziali e basilari nella lotta agli infortuni e alle malattie professionali, aprendo un immenso scenario giuridico che si andrà progressivamente ad arricchire attraverso migliaia di sentenze di Cassazione.

Sull'onda del d.lgs. n.626/94 e con il recepimento della direttiva europea 92/57/CEE, meglio nota come 'Direttiva Cantieri', nasce il d.lgs. 14 agosto 1996, n.494, specificatamente rivolto al settore dell'edilizia e delle costruzioni o, ancor meglio, ai cosiddetti "cantieri temporanei e mobili", definiti come luoghi in cui si effettuano lavori edili o di ingegneria civile.

Nonostante il recepimento di queste norme innovative, però, rimasero in vigore quasi tutte i DPR degli anni '50, creando spesso sovrapposizioni o situazioni confliggenti, tali da rendere necessario un accorpamento e un'armonizzazione.

Si è giunti dunque alla pubblicazione del c.d. *"Testo Unico per la salute e sicurezza sui luoghi di lavoro", d.lgs. 9 aprile 2008, n.81* poi modificato, corretto ed integrato dal *d.lgs. 3 agosto 2009, n. 106.*

Le disposizioni e le responsabilità specifiche di natura penale contenute nel Testo Unico (TUSL) hanno trovato conferme (se non addirittura *linee di indirizzo*) anche nella prolifica attività della Cassazione Penale, attraverso sentenze che si sono stratificate nel corso degli anni e che hanno permesso al legislatore di disegnare un quadro più chiaro e funzionale sulla corretta *distribuzione degli oneri di tutela* e sull'individuazione di ben determinate *posizioni di garanzia.*

Il Testo Unico, voluto con improvvisa urgenza dal legislatore del 2008, ma che già l'anno precedente aveva visto gettare le prime basi attraverso la legge 3 Agosto 2007, n. 123 – *"Misure in tema di tutela della salute e della sicurezza sul lavoro e delega al Governo per il riassetto e la riforma della normativa in materia"*, ha cercato di riorganizzare il sistema di fonte comunitaria per la "sicurezza sul lavoro", sistema comunque già innovato dall'emanazione del d.lgs. n.626 del 1994 e, per i cantieri temporanei o mobili, del d.lgs. n.494 del 1996.

Con la riorganizzazione della norma, le classiche configurazioni prevenzionistiche venivano via via estese anche alle prestazioni lavorative di carattere *flessibile*[7], in virtù del principio di **effettività della tutela** secondo cui chiunque operi all'interno di un ambiente di lavoro, a prescindere del tipo di rapporto professionale instauratosi o del contratto stipulato, sia oggetto di tutele prevenzionistiche di natura *anticipata*.

Dalla data di pubblicazione ad oggi, il Testo Unico ha subito numerosi "ritocchi", il più significativo dei quali è stato, probabilmente, quello inserito all'interno della Legge n.215 del 2021 anche in virtù del (ri)allargamento delle competenze di vigilanza in materia di sicurezza anche agli Ispettori del Lavoro, ripristinando così la situazione precedente alla Legge 23 dicembre 1978 n.833.

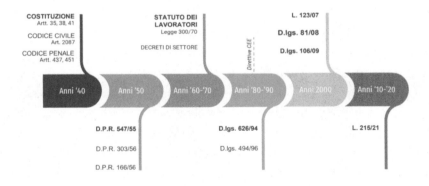

Timeline sulle norme 'prevenzionistiche

---

[7] Per lavoro flessibile, in generale, si intende una prestazione lavorativa per la quale il lavoratore non è legato costantemente al proprio posto di lavoro come avviene con il contratto a tempo indeterminato ma, più volte, durante l'arco della propria vita, cambia occupazione o il datore di lavoro.

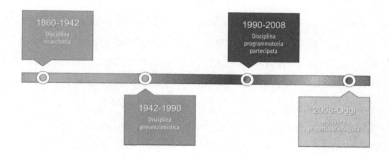

Evoluzione disciplinare della prevenzione

Anche oggi, come, e ancor più che nell'immediato dopo-guerra, ci si trova di fronte ad un momento di "iperbolica" evoluzione tecnologica che, inevitabilmente, comporta repentini cambiamenti delle condizioni lavorative. A giudizio di chi scrive, dunque, si renderebbe necessaria una radicale revisione del Testo che tenga conto delle tante tecnologie che si "affiancano" al mondo produttivo, introducendo anche nuove metodologie di valutazione del rischio.

Il concetto del "debito permanente" di Sicurezza

All'interno del d.lgs. n.81/2008 si è voluta affermare l'esistenza di un *debito permanente* in materia di sicurezza posto in capo a tutti quei soggetti che lo stesso testo di legge (e le direttive comunitarie) individua e pone a garanzia sul rispetto degli obblighi di tutela verso i lavoratori.

In virtù di questa posizione debitoria, tali *garanti* (tra i quali ovviamente spicca il *datore di lavoro*) si ritrovano ad *inseguire* gli obblighi di sicurezza in maniera *continuativa*, non potendo reputare di aver assolto ai propri doveri mediante la semplice organizzazione *preventiva* del sistema sicurezza (e dunque senza eventuali processi di feedback) o mediante la creazione di un impianto antinfortunistico di tipo *formale* e non sostanziale.

Con questa logica, il Testo Unico per la Sicurezza individua nel *cantiere temporaneo o mobile* uno degli ambienti di lavoro maggiormente a rischio d'infortunio e per questo, gli dedica un Titolo *speciale*[8] – *Titolo IV - Cantieri Temporanei o Mobili* – all'interno del quale si viene a generare una emblematica estensione delle posizioni debitorie, mediante "l'investitura" di nuovi soggetti posti a garanzia del sicuro svolgimento delle attività lavorative.

Nel complicato ambiente del *cantiere*, indubbiamente caratterizzato dal forte dinamismo produttivo e dalla continua *mutevolezza* delle condizioni operative, vengono a confluire molteplici professionalità e si articolano complessi rapporti contrattuali in ragione dei quali, il legislatore ha voluto individuare altri soggetti *debitori*, affiancandone le specifiche responsabilità a quelle tipiche del "datore di lavoro" e creando così un alveo di *super-tutele,* all'interno del quale ciascun soggetto si ritrova a gestire, in maniera individuale o *solidale*, la propria parte di responsabilità in materia antinfortunistica ed in tema di diritti dei lavoratori.

I destinatari degli obblighi di sicurezza del cantiere, infatti, sono particolarmente numerosi e su ciascuno di questi, nel quadro complessivo di ripartizione delle attribuzioni e delle responsabilità, grava una quota del *debito* attraverso il riconoscimento di compiti *propri, specifici, esclusivi* o *concorrenti*, ma tutti preordinati al raggiungimento di un unico obiettivo: *garantire la sicurezza e la salute* degli operatori.

Questo schema *prevenzionistico* richiede necessariamente l'attuazione di un modello di relazioni di tipo **partecipativo** alla cui realizzazione sono coinvolte diverse figure professionali:

---

[8] Il principio di specialità, nell'ambito del diritto penale comune, è disciplinato dall'art. 15 del c.p., il quale così recita: *"Quando più leggi penali o più disposizioni della medesima legge penale regolano la stessa materia, la legge o la disposizione di legge speciale deroga alla legge o alla disposizione di legge generale, salvo che sia altrimenti stabilito".* Tale criterio consente di escludere la contemporanea applicazione di più disposizioni incriminatrici ogniqualvolta uno stesso fatto risulti, *prima facie*, sussumibile in due o più fattispecie astratte. In particolare, attraverso il meccanismo previsto dalla disposizione in esame, il diritto penale garantisce l'applicazione della regola del *ne bis in idem*, per il quale il reo non può essere punito per più di una volta in relazione al medesimo fatto. Secondo l'orientamento giurisprudenziale, una norma è speciale quando presenta alcuni elementi specializzanti che si aggiungono a quelli costitutivi della norma generale e che ne determinano la riduzione della sfera di applicazione; ciò vuol dire che il fatto concreto, qualora la disposizione speciale non esista, verrebbe sussunto in quella generale.

- il *datore di lavoro* dell'impresa (in particolare, il datore di lavoro dell'impresa affidataria che, come vedremo, è investito da stringenti compiti di vigilanza e di salvaguardia),
- il *lavoratore autonomo*,
- il *committente*
- ed infine, il *coordinatore per la sicurezza*, chiamato dalla legge all'arduo compito di progettare ed aggiornare la sicurezza del cantiere.

La filosofia della tutela "anticipata"

Per comprendere con quali finalità il legislatore, comunitario e nazionale, abbia voluto realizzare un nuovo schema prevenzionistico, è necessario comprendere la differenza che, all'interno dell'ordinamento giudiziario penale, esiste tra i **reati di danno** e i **reati di pericolo**.

Il **reato di danno** si configura

"quando l'evento si sostanzia nella effettiva lesione del bene giuridico tutelato dalla norma penale incriminatrice".

Nel caso della sicurezza sul lavoro si ha *reato di danno* quando si verifica un *infortunio* ed è possibile procedere ai sensi dell'**art.437, comma 2, c.p.** (*Rimozione od omissione dolosa di cautele contro gli infortuni sul lavoro quando dal fatto deriva un disastro o un infortunio*), dell'**art.451 c.p.** (*Omissione colposa di cautele o difese contro disastri o infortuni sul lavoro*), dell'**art.589 c.p.** (*"omicidio colposo"*) o dell'**art.590 c.p.** (*"lesioni personali colpose"*), con le relative aggravanti specifiche dell'infortunistica sul lavoro[9].

---

[9] "Chiunque cagiona ad altri per colpa una lesione personale è punito con la reclusione fino a tre mesi o con la multa fino a euro 309. Se la lesione è grave la pena è della reclusione da uno a sei mesi o della multa da euro 123 a euro 619, se è gravissima, della reclusione da tre mesi a due anni o della multa da euro 309 a euro 1.239. Se i fatti di cui al secondo comma sono commessi con violazione delle norme [sulla disciplina

Il **reato di pericolo** si configura:

"nell'ipotesi in cui l'evento giuridico si sostanzi nella vera messa in pericolo del bene o valore tutelato dalla norma penale. In tal caso la tutela offerta dal diritto penale ai beni giuridici è anticipata in quanto viene anticipata la stessa soglia di tutela del bene".

Ciò avviene ogni volta che viene *violato un dispositivo in materia prevenzionistica* senza la necessità che si sia concretizzato un fatto delittuoso.

Sul reato di pericolo, la giurisprudenza provvede ad un'ulteriore distinzione che si riferisce al momento in cui viene valutata la pericolosità dell'azione o della condotta.

- Il reato di pericolo è **concreto** quando la reale pericolosità della condotta incriminata viene valutata *ex post*. Per questa tipologia di reati, dunque, il pericolo è un elemento costitutivo della fattispecie.
- Il reato di pericolo è **astratto** quando il pericolo è, invece, un *presupposto* normativo del Legislatore, ma l'autore del fatto è legittimato a fornire la prova contraria.
- In ultimo, il reato di pericolo è **presunto** quando la condotta viene sanzionata senza la necessità di verificarne concretamente la pericolosità, in quanto questa è già presunta dal legislatore all'interno della norma incriminatrice.

In quest'ultimo caso all'autore del reato non è generalmente concesso di fornire la prova contraria in quanto esiste una vera e propria *presunzione del reato*.

---

della circolazione stradale o di quelle] per la prevenzione degli infortuni sul lavoro la pena per le lesioni gravi è della reclusione da tre mesi a un anno o della multa da euro 500 a euro 2.000 e la pena per le lesioni gravissime è della reclusione da uno a tre anni. Nel caso di lesioni di più persone si applica la pena che dovrebbe infliggersi per la più grave delle violazioni commesse, aumentata fino al triplo; ma la pena della reclusione non può superare gli anni cinque. Il delitto è punibile a querela della persona offesa, salvo nei casi previsti nel primo e secondo capoverso, limitatamente ai fatti commessi con violazione delle norme per la prevenzione degli infortuni sul lavoro o relative all'igiene del lavoro o che abbiano determinato una malattia professionale"

La comprensione sulla demarcazione giuridica tra i *reati di danno* ed i *reati di pericolo* (e la conseguente distinzione tra reato *concreto, astratto e presunto*), appare necessaria in quanto, dalla capacità di riconoscerle ne consegue una differente individuazione della fattispecie penale e una distinta implicazione procedurale nei confronti dell'autore del crimine, procedura che viene esaltata ed amplificata dalla corrispondente gradazione di responsabilità che potrà essere di tipo **contravvenzionale** o **per infortuni sul lavoro**.

La *responsabilità contravvenzionale* deriva da violazioni dei precetti previsti all'interno delle norme *speciali* (cfr. paragrafi precedenti) aventi ad oggetto la prevenzione infortuni, per la quale è valido l'assioma della **tutela anticipata** e cioè, di quelle forme di tutela posta **prima che si verifichi l'evento, con lo scopo di evitarlo.**

La seconda forma di responsabilità, quella correlata *ai delitti per infortunio* sul lavoro, è invece collegata al comportamento del soggetto *debitore* il quale, *colposamente o dolosamente*, ha originato l'incidente che ha poi causato conseguenze sull'integrità psicofisica del lavoratore.

In quest'ultimo caso, la *presunzione* del reato contravvenzionale viene superata e l'evento dannoso, ormai verificatosi, proietta il soggetto debitore di garanzie dalla posizione di *potenziale artefice* del reato a quella di **autore materiale dell'azione criminosa.**

La posizione di garanzia del DdL e la delega di funzioni

La "posizione di garanzia" consiste in uno status giuridico collegato con una serie di obblighi propri istituto per porre in essere tutte le misure necessarie a tutelare un soggetto ritenuto più debole e, quindi, per l'appunto "da garantire".

In generale, attraverso l'art.40 del c.p., viene sancita una piena equiparazione tra le causalità attive e quelle passive, in quanto, dice la giurisprudenza, *"non impedire un evento che si ha l'obbligo giuridico di impedire, equivale a cagionarlo"* (*omissione impropria*), per cui la posizione di garanzia si sostanzia anche attraverso eventuali condotte omissive.

Per l'individuazione della fonte del suddetto obbligo non è sufficiente fare riferimento al principio del *"neminem laedere"* sancito dall'art. 2043 del codice civile, ma è necessaria una norma di legge che lo preveda specificatamente ovvero l'esistenza di particolari rapporti giuridici od ancora una data situazione in ragione della quale il soggetto sia tenuto a compiere una determinata attività a protezione del diritto altrui.

Tale obbligo giuridico di impedire l'evento fa sorgere (in capo al soggetto su cui grava) la c.d. "posizione di garanzia" che, pertanto, è ravvisabile non solo quando vi sia un rapporto di tutela tra il garante e il titolare di un determinato bene, ma anche quando la necessità di tutela del soggetto garantito sorga nell'ambito di un'attività che si svolge sotto un potere di organizzazione e di direzione di un altro soggetto.

È proprio il caso del "datore di lavoro" a cui il d.lgs. n.81/2008 e ss.mm.ii. ha voluto assegnare un gravame (una "posizione") di garanzie prevenzionistico molto ampio, tutto inteso a tutelare il soggetto giuridico più debole che è il lavoratore, in quanto quest'ultimo è sottoposto ai rischi collegati con l'attività lavorativa, stabilita e controllata dal datore di lavoro stesso.

Talvolta, esigenze commerciali, amministrative, organizzative o di gestione possono rendere necessaria l'esigenza di attuare una **delega di funzioni** dalla quale consegue anche il *trasferimento* della posizione di garanzia, così che l'obbligo (giuridico) di impedire l'evento non grava più su un solo soggetto, ma viene ad avere diversi titolari.

La posizione di garanzia in capo al datore di lavoro (rectius, imprenditore) è incontrovertibile in quanto, ai sensi del citato art. 2087 codice civile è tenuto *"ad adottare, nell'esercizio dell'impresa, le misure che, secondo la particolarità del lavoro, l'esperienza e la tecnica, sono necessarie a tutelare l'integrità fisica e la personalità morale dei prestatori di lavoro"* ma il Testo Unico, a lato di alcuni obblighi da cui non può esimersi ("indelegabili"), consente al datore di lavoro il trasferimento di molte responsabilità, anche se la "questione" non è poi così semplice e scontata.

La delega di funzione/i era inizialmente attuabile solo nelle imprese di notevoli o grandi dimensioni (Cass. N.502/1981), considerato che nelle piccole e medie imprese l'imprenditore ben poteva personalmente e da solo gestire tutte le attività di organizzazione e controllo sui dipendenti.

Successivamente, il criterio *quantitativo* ha ceduto il passo ad un criterio *qualitativo*, così che si è reso possibile attuare la delega di funzioni anche nelle aziende di piccole dimensioni (Cass. N. 27/04/1987).

A prescindere dal criterio utilizzato però, occorre dire che la delega di funzioni non è attuabile *sine condizione*, in quanto deve rispondere ad effettive esigenze dell'impresa e, pertanto, non esonera l'imprenditore dalla responsabilità per l'inosservanza di norme sanzionate penalmente.

Il delegato deve essere dotato di autonomia e dei poteri necessari per l'adempimento degli obblighi oggetto della delega e deve trattarsi in ogni caso, di persone tecnicamente qualificate, fermo restando che, in una struttura di tipo apicale, colui che è posto al vertice è sempre e comunque responsabile in termini di *culpa in eligendo* e *culpa in vigilando*, in quanto su di esso grava (in ogni caso) un obbligo di vigilanza sull'operato dei sottoposti ed un onere relativo ai criteri di scelta dei soggetti ai quali delegare talune delle proprie funzioni.

L'**art. 16** del Testo Unico *"Delega di funzioni"*, si è premurato di stabilire le modalità e i canoni minimi di rispetto:

---

1. La delega di funzioni da parte del datore di lavoro, ove non espressamente esclusa, è ammessa con i seguenti limiti e condizioni:
a) che essa risulti da atto scritto recante data certa;
b) che il delegato possegga tutti i requisiti di professionalità ed esperienza richiesti dalla specifica natura delle funzioni delegate;
c) che essa attribuisca al delegato tutti i poteri di organizzazione, gestione e controllo richiesti dalla specifica natura delle funzioni delegate;

d) che essa attribuisca al delegato l'autonomia di spesa necessaria allo svolgimento delle funzioni delegate.

e) che la delega sia accettata dal delegato per iscritto.

2. Alla delega di cui al comma 1 deve essere data adeguata e tempestiva pubblicità.

3. La delega di funzioni non esclude l'obbligo di vigilanza in capo al datore di lavoro in ordine al corretto espletamento da parte del delegato delle funzioni trasferite. L'obbligo di cui al primo periodo si intende assolto in caso di adozione ed efficace attuazione del modello di verifica e controllo di cui all'articolo 30, comma 4.

3-bis. Il soggetto delegato può, a sua volta, previa intesa con il datore di lavoro delegare specifiche funzioni in materia di salute e sicurezza sul lavoro alle medesime condizioni di cui ai commi 1 e 2. La delega di funzioni di cui al primo periodo non esclude l'obbligo di vigilanza in capo al delegante in ordine al corretto espletamento delle funzioni trasferite. Il soggetto al quale sia stata conferita la delega di cui al presente comma non può, a sua volta, delegare le funzioni delegate.

Percorrendo il solco tracciato dalla giurisprudenza più ampia, il precetto ha enucleato, per la delega avente conseguenze di natura penale, i criteri idonei al trasferimento della responsabilità dal delegante al delegato, stabilendo la necessità che la delega:

> ➤ risulti inesigibile il controllo diretto sull'osservanza delle norme da parte del titolare;
>
> ➤ si tratti di norme alla cui osservanza non sia demandato specificatamente il titolare o l'amministratore;
>
> ➤ per essere idonea al trasferimento della responsabilità penale, possa conferire al soggetto delegato i poteri per l'esercizio delle funzioni delegate;
>
> ➤ il soggetto delegato sia dotato delle necessarie competenze tecniche e professionali per l'esercizio della delega e che gli siano attribuiti i relativi poteri d'intervento;
>
> ➤ sia rintracciabile, in maniera certa, il momento di trasferimento degli obblighi;
>
> ➤ sia data, all'interno dell'impresa, adeguata pubblicità alla delega penale conferita al soggetto delegato, nonché dei poteri e dei doveri sul medesimo incombente in virtù della delega medesima.

Il legislatore del TUSL ha sapientemente previsto anche la possibilità per il delegato, *previa intesa con il datore di lavoro,* di "sub-delegare" parte delle responsabilità di cui è stato "investito", sempre e comunque nel rispetto dei criteri sopra accennati, posti alla base del presupposto di delega "efficace" in assenza della quale, sulla base di uno dei tanti aspetti del principio "di effettività" (di cui si parlerà al prossimo paragrafo), la delega stessa (nonché le responsabilità e le azioni conseguenti) viene considerata nulla.

La presenza di una delega formale, purché sincera e connotata degli elementi necessari a renderla efficace, è da una parte condizione necessaria allo spostamento di responsabilità e compiti collegati a reati propri di taluni soggetti giuridici, dall'altra ne risulta anche essere condizione sufficiente, a meno dell'onere permanente della vigilanza.

L'effettività delle funzioni

Attraverso le disposizioni contenute all'art.299 del TUSL, *"Esercizio di fatto dei poteri direttivi"*, l'ordinamento normativo in materia di sicurezza sul lavoro recepisce una serie di indirizzi consolidatisi grazie ad una costante giurisprudenza, stabilendo che:

"le posizioni di garanzia relative ai soggetti di cui all'articolo 2, comma 1, lettere b), d) ed e) [datore di lavoro, dirigente, preposto – n.d.r.] *gravano altresì su colui il quale, pur sprovvisto di regolare investitura, eserciti in concreto i poteri giuridici riferiti a ciascuno dei soggetti ivi definiti".*

L'art.299, in sostanza, statuisce la scarsa rilevanza di una semplice etichetta risultante p.e. da un mansionario, da un organigramma, da un incarico scritto od anche da una delega (se inefficace) in quanto, in forza di un principio di effettività e, dunque, dal concetto dell'attribuzione *iure proprio*, a prescindere da uno specifico incarico aziendale, delle posizioni di garanzia implicite nella collocazione aziendale gerarchica o nella situazione di fatto, il titolare di una specifica responsabilità è colui che aveva la possibilità giuridica, concreta ed efficace, di esercitarla nel luogo di lavoro.

Per cercare di essere semplici: la qualificazione formale assegnata ad un soggetto non è sufficiente a consegnargli automaticamente uno *status giuridico* ma bensì detto status si palesa attraverso uno o più **comportamenti concludenti**.

Emblematica, in questo senso, è la sentenza n.17514 del 30 aprile 2008, nella quale in presenza di un preposto "di fatto", la Sez.IV di Cassazione Penale si è espressa, sottolineando che: *"Risponde della violazione delle norme antinfortunistiche non solo colui il quale non le osservi o non le faccia osservare essendovi istituzionalmente tenuto, ma anche chi, pur non avendo nell'impresa una veste istituzionale formalmente riconosciuta, si comporti di fatto come se l'avesse e impartisca ordini nell'esecuzione dei quali il lavoratore subisca danni per il mancato rispetto della normativa di presidio della sicurezza, dovendosi aver riguardo delle mansioni ed alle attività in concreto svolte. Infatti, in base al principio di effettività, si sostiene la nozione di datore di lavoro di fatto o di dirigente di fatto".*

In maniera speculare ma del tutto analoga, non è possibile ritenere valida una qualsiasi delega di funzioni (anche se "formalmente perfetta") se poi le funzioni apparentemente delegate sono esercitate, di fatto, da altro soggetto.

Glossario dei termini per la valutazione dei rischi

ADDESTRAMENTO: L'addestramento è inteso come il complesso delle attività dirette a fare apprendere l'uso corretto di attrezzature, macchine, impianti, sostanze, dispositivi, anche di protezione individuale, e le procedure di lavoro. L'addestramento non può prescindere da una preventiva informazione e formazione.

AMBIENTE DI LAVORO: L'insieme dei fattori fisici, chimici, biologici, organizzativi, sociali e culturali che circondano una persona nel suo spazio e tempo di lavoro (norma ISO 6385 del 1981, UNI ENV 26385 del 1991 - i fattori sociali e culturali non sono considerati dalla norma UNI ENV 26385).

ANTINFORTUNISTICA: Riguarda tutto quanto viene fatto per ridurre la probabilità di incidente o infortunio sul lavoro.

AREA ESPOSTA A RISCHIO DI ESPLOSIONE: Area in cui può formarsi un'atmosfera esplosiva in quantità tali da richiedere particolari provvedimenti di protezione per tutelare la sicurezza e la salute dei lavoratori interessati.

ATTREZZATURA: Un'attrezzatura di lavoro è una qualsiasi macchina, apparecchio, utensile o impianto, inteso come il complesso di macchine, attrezzature e componenti necessari all'attuazione di un processo produttivo, destinato a essere usato durante il lavoro.

CATEGORIA DI PERICOLO: La suddivisione entro ciascuna classe di pericolo, che specifica la gravità del pericolo.

CE: Marchio che il produttore appone su un prodotto garantendo che è stato realizzato rispettando i criteri di sicurezza previsti dalle normative europee.

COMUNICAZIONE: La trasmissione volontaria di una informazione da un emittente ad un ricevente, quindi un processo costituito da un soggetto che ha intenzione di far sì che il ricevente pensi o faccia qualcosa.

CLASSE DI PERICOLO: La natura del pericolo fisico, per la salute o per l'ambiente.

DATORE DI LAVORO: Nelle aziende private, il datore di lavoro è il titolare del rapporto di lavoro con il lavoratore o, in ogni caso, colui che ha la responsabilità dell'impresa stessa o dell'unità produttiva in quanto titolare dei poteri decisionali e di spesa. In un'azienda fatta da più soci, il datore di lavoro è il rappresentante legale della società. Nelle pubbliche amministrazioni, il datore di lavoro è il dirigente che ha i poteri di gestione o il funzionario preposto ad un ufficio dotato di autonomia gestionale.

DIRIGENTE: Il dirigente è la persona che attua le direttive del datore di lavoro organizzando l'attività lavorativa e vigilando su di essa per garantire che si svolga in sicurezza. Per fare questo deve possedere specifiche competenze professionali e poteri gerarchici e funzionali adeguati all'incarico.

DPI (DISPOSITIVO DI PROTEZIONE INDIVIDUALE): Dispositivo utilizzato per la protezione della salute di un singolo individuo (individuale), contrariamente ai dispositivi di protezione collettivi che proteggono più individui (ad esempio un parapetto di protezione contro le cadute). Il DPI è destinato a essere indossato o tenuto dal lavoratore per proteggerlo contro uno o più rischi durante il lavoro. Sono dispositivi di protezione personale (DPI) ad esempio: i caschi, i tappi o le cuffie per le orecchie, i guanti, i grembiuli, le scarpe antinfortunistiche, gli stivali, le maschere eccetera.

DISPOSITIVI (MISURE) DI PROTEZIONE COLLETTIVA: Qualsiasi apprestamento, attrezzatura o misura destinata a proteggere contemporaneamente un insieme di lavoratori da uno o più rischi presenti nell'attività lavorativa, suscettibili di minacciarne la sicurezza o la salute durante il lavoro.

ERGONOMIA: La scienza che studia come adattare il lavoro all'uomo in relazione alle condizioni ambientali, strumentali e organizzative in cui si svolge, con l'obiettivo di migliorare la qualità delle condizioni di lavoro.

ESPOSIZIONE: Si dice esposizione quando c'è un contatto tra un agente chimico o fisico e il lavoratore. Per es.: quando lavora in un ambiente rumoroso si dice che il lavoratore è esposto a rumore, quando manipola sostanze chimiche si dice che è esposto a queste... Si dice esposizione acuta quando avviene in un tempo breve o con alte dosi: gli effetti nocivi che possono esserci si dicono effetti acuti. Si parla di esposizione cronica invece quando il contatto avviene durante un tempo lungo: gli effetti sono effetti cronici.

FORMARE: Fornire, mediante una appropriata disciplina, i requisiti necessari ad una data attività, predisporre un processo attraverso il quale trasmettere l'uso degli attrezzi del mestiere, o di parte di essi, incidendo nella sfera del sapere, del saper fare e del saper essere, con l'obiettivo di conseguire modalità di comportamento e di lavoro che mettano in pratica le regole ed i principi della sicurezza.

FORMAZIONE: Per formazione si intende il processo educativo attraverso il quale si trasferiscono alle persone conoscenze e procedure utili alla acquisizione di competenze per lo svolgimento in sicurezza dei rispettivi compiti in azienda, compresa l'identificazione, la riduzione e la gestione dei rischi.

GIUDIZIO DI IDONEITÀ: Giudizio che il medico competente dà dopo aver effettuato la visita medica e gli esami, in cui si specifica se il lavoratore è idoneo a svolgere una determinata mansione.

INDICAZIONE DI PERICOLO (P): Indicazione riportata nelle etichette dei prodotti chimici attribuita a una classe e categoria di pericolo che descrive la natura del pericolo di una sostanza o miscela pericolosa e, se del caso, il grado di pericolo.

INFORMAZIONE: Per informazione si intende il complesso delle attività dirette a fornire conoscenze utili alla identificazione, alla riduzione e alla gestione dei rischi in ambiente di lavoro. Rispetto alla formazione l'informazione quindi non è sufficiente all'acquisizione di competenze per comportarsi in sicurezza ma consente invece l'individuazione dei rischi presenti nei luoghi di lavoro.

INFORTUNIO SUL LAVORO: Evento (danno) che si produce alla persona (lavoratore) e che avviene per causa violenta (= azione intensa e concentrata nel tempo – fattore che agisce nell'ambito di un turno di lavoro), in occasione di lavoro. Dall'infortunio può derivare la morte, un'inabilità permanente al lavoro, parziale o assoluta, un'inabilità assoluta temporanea (di giorni o mesi) che comporta l'astensione dal lavoro, ma che si conclude con la guarigione clinica senza postumi permanenti. L'assicurazione contro gli infortuni sul lavoro, in Italia, è gestita dall'INAIL. (Vedi anche: rischio di infortunio in capoverso "fattori di rischio"; vedi anche "malattia professionale").

INTERVENTI ORGANIZZATIVI DI PROTEZIONE: Interventi finalizzati a ridurre i rischi fatti attraverso modificazioni dell'organizzazione del lavoro. Ad esempio: quando un utensile sia fonte di rischio per chi lo usa e non possa essere modificato può essere fatto usare per un tempo minore a ciascun lavoratore, alternandoli nell'uso.

INTERVENTI PROCEDURALI DI PREVENZIONE: Interventi di prevenzione dai rischi che agiscono sui modi di lavorare, cioè sulle procedure. Per es.: si stabilisce qual è il modo più sicuro per utilizzare un utensile o una sostanza e si prescrive che tutti seguano quella procedura.

INTERVENTI TECNICI DI PREVENZIONE/PREVENZIONE TECNICA: Interventi che possono essere fatti sulle strutture di un ambiente di lavoro (es. creazione di muri separatori tra lavorazioni diverse, trattamento antiscivolo di pavimenti ecc.), sulle macchine e sugli utensili (es. dotazione di fotocellule per l'arresto della macchina in caso di pericolo, sostituzione di macchine o utensili rumorosi con macchine silenziate), sulle sostanze utilizzate (es. sostituzione di sostanze pericolose con altre che lo sono meno, dotazione di sistemi di aspirazione vicino ai punti di emissione delle sostanze ecc.). In questi casi si dice che la prevenzione viene fatta "alla fonte", cioè proprio dove il rischio si produce.

INVALIDITA': Ridotta capacità di vita o di lavoro. Se è dovuta ad infortunio o malattia da lavoro viene riconosciuta dall'INAIL.

LAVORATORE: Persona che presta il proprio lavoro alle dipendenze di un datore di lavoro, esclusi gli addetti ai servizi domestici e familiari, con rapporto di lavoro subordinato, anche speciale. Sono equiparati i soci lavoratori di cooperative o di società, anche di fatto, che prestino la loro attività per conto delle società e degli enti stessi, e gli utenti dei servizi di orientamento o di formazione scolastica, universitaria e professionale avviati presso datori di lavoro per agevolare o per perfezionare le loro scelte professionali. Sono altresì equiparati gli allievi degli istituti di istruzione ed universitari, e i partecipanti a corsi di formazione professionale nei quali si faccia uso di laboratori, macchine, apparecchi ed attrezzature di lavoro in genere, agenti chimici, fisici e biologici.

LAVORATORI INDICATI PER PRONTO SOCCORSO, ANTINCENDIO ED EMERGENZE: Lavoratori che sono incaricati ed addestrati per queste emergenze all'interno dell'azienda.

LAVORATORI SENSIBILI: Lavoratori che per la loro conformazione fisica o il loro stato di salute ma anche per situazioni temporanee, come ad esempio le donne in gravidanza, possono reagire maggiormente all'esposizione ai rischi.

LUOGHI DI LAVORO: Luoghi destinati a contenere posti di lavoro, ubicati all'interno dell'azienda ovvero dell'unità produttiva, nonché ogni altro luogo nell'area della medesima azienda ovvero unità produttiva, comunque accessibile per il lavoro.

LUOGO SICURO: Luogo nel quale le persone sono da considerarsi al sicuro dagli effetti determinati dall'incendio o altre situazioni di emergenza.

MALATTIA PROFESSIONALE: Alterazione dell'organismo contratta nell'esercizio e a causa delle lavorazioni che può determinare la morte o invalidità/inabilità (temporanee o permanenti) e la cui causa determina lentamente il proprio effetto con azione ripetuta e prolungata.

MEDICO COMPETENTE: Medico specialista in medicina del lavoro che viene nominato dal datore di lavoro per fare le visite e gli esami ai lavoratori esposti a determinati rischi. Deve conoscere l'ambiente di lavoro ed occuparsi anche di altri aspetti della salute in azienda.

MISURE DI COORDINAMENTO: Si tratta di indicazioni, disposizioni, prescrizioni e/o procedure di carattere organizzativo che coinvolgono più soggetti con lo scopo di prevenire l'accadimento di un evento infortunistico.

MISURE (DISPOSITIVI) DI PROTEZIONE COLLETTIVA: Qualsiasi apprestamento, attrezzatura o misura destinata a proteggere contemporaneamente un insieme di lavoratori da uno o più rischi presenti nell'attività lavorativa, suscettibili di minacciarne la sicurezza o la salute durante il lavoro.

MISURE ORGANIZZATIVE E PROCEDURALI: Misure che intervengono, in maniera più o meno formalizzata, sull'organizzazione dei mezzi e degli uomini.

MISURE PREVENTIVE: Rappresentano gli accorgimenti e le disposizioni poste in essere per prevenire l'accadimento di un evento infortunistico. In genere sono misure di tipo strutturale o organizzativo.

MISURE PROTETTIVE: Rappresentano gli accorgimenti, le disposizioni, le attrezzature e le risorse materiali utilizzate per proteggere l'operatore dal danno potenziale derivante dall'accadimento di un evento infortunistico. Si parla in genere di apprestamenti e di dispositivi di protezione collettiva ed individuale.

MONITORAGGIO AMBIENTALE: Si effettua con la misurazione di inquinanti (polveri, fumi, vapori, rumore, vibrazioni, calore ecc.) presenti nell'ambiente di lavoro. Le misure servono per avere una valutazione quantitativa dell'esposizione dei lavoratori. Viene fatto con l'uso di attrezzature quali pompe per il prelievo di aria (che dopo sarà analizzata in laboratorio), fonometri per la misura del rumore, rilevatori di gas ecc.

MOVIMENTAZIONE MANUALE DEI CARICHI: Sono le operazioni di trasporto, sollevamento, spinta, trascinamento, spostamento di pesi durante il lavoro. La legge pone dei limiti e delle norme per quelle operazioni che per il peso stesso o per le modalità con cui viene fatto, possono portare un rischio di lesioni dorso-lombari o di altri danni ai lavoratori.

NEAR-MISS: "mancati incidenti", incidenti che non causano lesioni o malattie, ma possiedono il potenziale per poterle generare.

PERSONA AVVERTITA (PAV): Norma tecnica CEI 11-27 Persona adeguatamente avvisata da persone esperte per metterla in grado di evitare i pericoli che l'elettricità può creare.

PERSONA COMUNE (PEC): Norma tecnica CEI 11-27 Persona che non è esperta e non è avvertita.

PERSONA ESPERTA (PES): Norma tecnica CEI 11-27 Persona con istruzione, conoscenza ed esperienza rilevanti tali da consentirle di analizzare i rischi e di evitare i pericoli che l'elettricità può creare.

PITTOGRAMMA DI PERICOLO: Composizione grafica comprendente un simbolo e altri elementi grafici, ad esempio un bordo, motivo o colore di fondo, destinata a comunicare informazioni specifiche su un pericolo.

POSTO DI LAVORO: Un insieme che comprende le attrezzature munite di videoterminale, eventualmente con tastiera ovvero altro sistema di immissione dati, incluso il mouse, il software per l'interfaccia uomo-macchina, gli accessori opzionali, le apparecchiature connesse, comprendenti l'unità a dischi, il telefono, il modem, la stampante, il supporto per i documenti, la sedia, il piano di lavoro, nonché l'ambiente di lavoro immediatamente circostante.

PREVENZIONE: Per prevenzione si intende il complesso delle disposizioni o misure necessarie per evitare o diminuire i rischi nei luoghi di lavoro.

PROCEDURE: Rappresentano il complesso di operazioni, generalmente disposte in ordine cronologico, da svolgere per il raggiungimento di un determinato obiettivo.

PROCESSO DI LAVORO: Sequenza spaziale e temporale dell'interazione di persone, attrezzature di lavoro, materiali, energia e informazioni all'interno di un sistema di lavoro (norma ISO 6385 del 1981, UNI ENV 26385 del 1991).

PROTEZIONE: Per protezione si intende il complesso delle disposizioni o misure necessarie per evitare che un rischio non eliminabile causi dei danni alle persone presenti nei luoghi di lavoro.

RAPPRESENTANTE DEI LAVORATORI PER LA SICUREZZA (RLS): Persona eletta o designata per rappresentare i lavoratori per quanto concerne gli aspetti della salute e della sicurezza durante il lavoro (denominato anche rappresentante per la sicurezza). Viene eletto o nominato dai lavoratori stessi e deve ricevere dal datore di lavoro una formazione specifica.

REQUISITI ESSENZIALI DI SICUREZZA E DI TUTELA DELLA SALUTE: I requisiti essenziali di sicurezza sono i requisiti minimi di sicurezza e di tutela della salute definiti dalle direttive europee di prodotto che un'attrezzatura di lavoro deve rispettare al fine di garantire che la macchina sia sicura nelle condizioni di uso previste e ragionevolmente prevedibili.

RESPONSABILE DEL SERVIZIO DI PREVENZIONE E PROTEZIONE (RSPP): Persona designata dal datore di lavoro in possesso di attitudini e capacità adeguate. Coordina la strategia aziendale finalizzata alla eliminazione o riduzione dei rischi, alla prevenzione delle patologie correlate al lavoro, alla promozione della salute dei lavoratori.

RISCHI PSICOSOCIALI: Sono gli aspetti di progettazione del lavoro e di organizzazione e gestione del lavoro, compresi i rispettivi contesti ambientali e sociali, che possono arrecare danni fisici o psicologici.

RADIAZIONE OTTICA COERENTE: Radiazione ottica prodotta da un Laser.

RADIAZIONE OTTICA NON COERENTE: Qualsiasi radiazione ottica diversa dalla radiazione laser.

RADIAZIONI IONIZZANTI: Tutte le radiazioni e i campi dello spettro elettromagnetico che hanno un'energia sufficiente per produrre la ionizzazione nella materia.

RADIAZIONI NON IONIZZANTI (NIR, Non Ionizing Radiation): Tutte le radiazioni e i campi dello spettro elettromagnetico che non hanno normalmente un'energia sufficiente per produrre la ionizzazione nella materia.

RADIAZIONI ULTRAVIOLETTE: Radiazioni elettromagnetiche con lunghezza compresa tra 100 e i 400 nm (tra la luce visibile e i Raggi X).
Scelte Progettuali
Rappresentano l'indicazione delle scelte tecniche adottate dal Coordinatore rispetto alla esecuzione dell'opera in sicurezza. Si tratta di scelte che prevedono una progettazione (anche di massima) della sicurezza e/o l'utilizzo di risorse materiali e manufatti. È possibile annoverare tra le scelte progettuali (a titolo meramente esemplificativo) quelle rispetto ai baraccamenti, a determinate attrezzature, agli apprestamenti o ai mezzi d'opera. Secondo l'allegato XV del d.lgs. n.81/2008, le scelte progettuali sono quelle "effettuate nel campo delle tecniche costruttive, dei materiali da impiegare e delle tecnologie da adottare".

RISCHIO RESIDUO: (Rr) è il rischio che permane dopo l'applicazione delle misure di prevenzione e protezione, essendo queste ultime considerate azioni di riduzione del Rischio iniziale (Ri).

SCELTE PROGETTUALI: Rappresenta l'indicazione delle scelte tecniche adottate. Si tratta di scelte che prevedono una progettazione (anche di massima) della sicurezza e/o l'utilizzo di risorse materiali e manufatti. È possibile annoverare tra le scelte progettuali (a titolo meramente esemplificativo) quelle sul layout aziendale, a determinate attrezzature, agli apprestamenti o ai mezzi d'opera. Le scelte progettuali sono quelle "effettuate nel campo delle tecniche costruttive, dei materiali da impiegare e delle tecnologie da adottare".

SCELTE ORGANIZZATIVE: Rappresentano l'indicazione delle scelte operative adottate. Si tratta di scelte che prevedono l'organizzazione del lavoro e l'utilizzo di risorse umane. È possibile annoverare tra le scelte organizzative (a titolo meramente esemplificativo) quelle che prevedono l'alternarsi di fasi lavorative secondo logistiche e tempistiche differenti o l'utilizzo di risorse umane destinate ad incarichi specifici in materia di sicurezza.

SCHEDE DI SICUREZZA: Scheda informativa che deve essere obbligatoriamente allegata a ogni sostanza o preparato chimico pericolosi. Riassume i rischi e le cautele nell'impiego, nello stoccaggio, nel trasporto e nello smaltimento. Sono riportate queste informazioni: l'identificazione del prodotto, la classificazione dell'eventuale pericolo, l'indicazione dei rischi più importanti per l'uomo e per l'ambiente, l'elenco delle misure d'emergenza e di primo soccorso, le indicazioni per la manipolazione, le caratteristiche di stabilità e reattività.

SERVIZIO DI PREVENZIONE E PROTEZIONE: Servizio interno dell'azienda costituito dalle persone che si occupano della prevenzione dai rischi in azienda, per mandato del datore di lavoro (al quale rimane comunque la responsabilità). In molte situazioni può essere costituito anche da una sola persona. In altri casi è il datore di lavoro stesso a svolgere le funzioni del servizio.

SICUREZZA: Condizione oggettiva esente da pericoli o garantita contro eventuali pericoli.

SISTEMA DI LAVORO: Si compone della combinazione di persone e attrezzature di lavoro, che agiscono insieme nel processo di lavoro, per eseguire il compito lavorativo, nello spazio di lavoro all'interno dell'ambiente di lavoro, sotto le condizioni imposte dal compito lavorativo (norma ISO 6385 del 1981, UNI ENV 26385 del 1991).

SORVEGLIANZA SANITARIA: Attività svolta dal medico competente, su incarico del datore di lavoro, che consiste nell'esecuzione di visite mediche e nella valutazione di accertamenti sanitari complementari, come esami strumentali e di laboratorio, finalizzata alla diagnosi precoce di eventuali tecnopatie e alla valutazione, attraverso il giudizio di idoneità alla mansione specifica, della capacità del lavoratore di sopportare l'esposizione a rischi specifici.

TESTO UNICO SULLA SALUTE E SICUREZZA SUL LAVORO: Il d.lgs. n. 81/2008 - D.lgs. 9 aprile 2008, n. 81, coordinato con il D.lgs. 3 agosto 2009, n. 106 "Attuazione dell'articolo 1 della Legge 3 agosto 2007, n. 123 in materia di tutela della salute e della sicurezza nei luoghi di lavoro".
All'interno del presente testo: "d.lgs. n. 81/2008"; "Testo Unico"; "Testo Unico per la Sicurezza sul Lavoro"; "TUSL"; "la Norma".

TOSSICITA': Per tossicità acuta s'intende la proprietà di una sostanza o miscela di produrre effetti nocivi che si manifestano in seguito alla somministrazione per via orale o cutanea di una dose unica o di più dosi ripartite nell'arco di 24 ore, o in seguito ad una esposizione per inalazione di 4 ore. I criteri di classificazione delle sostanze che presentano un pericolo di tossicità acuta si basano su dati di letalità, cioè di mortalità immediata. Il concetto di tossicità non può quindi essere separato da quello di dose: praticamente tutte le sostanze possono provocare un danno su un organismo vivente, quello che permette di identificare una sostanza come tossica è la dose che provoca effetti nocivi.

UNI: Comitato di Unificazione Industriale.

USO DI ATTREZZATURA DI LAVORO: Per uso di una attrezzatura di lavoro si intende qualsiasi operazione lavorativa connessa a una attrezzatura di lavoro, quale la messa in servizio o fuori servizio, l'impiego, il trasporto, la riparazione, la trasformazione, la manutenzione, la pulizia, il montaggio, lo smontaggio.

VIBRAZIONI MANO-BRACCIO: Sono le vibrazioni che causano effetti principalmente agli arti superiori: mani e braccia. Sono indicate anche dalla sigla HAV (Hand Arm Vibrations).

ZONA PERICOLOSA: Una zona pericolosa è qualsiasi zona all'interno, ovvero in prossimità, di una attrezzatura di lavoro nella quale la presenza di un lavoratore costituisce un rischio per la sua salute o sicurezza

LA VALUTAZIONE DEL RISCHIO

Premessa generale

"La valutazione del rischio non è un'invenzione della materia che si occupa della prevenzione infortuni...". Forse la frase sconvolgerà il lettore ma è realmente così: l'analisi del rischio (dei rischi) e delle sue conseguenze parte da molto, molto più lontano persino rispetto ai riferimenti descritti nel precedente capitolo e ha trovato applicazione in numerosissimi contesti.

In generale, ma concentrandosi sul mondo del lavoro, esiste una molteplicità di rischi che la gestione operativa di un'azienda deve fronteggiare e che spinge le organizzazioni alla costante ricerca di tecniche finalizzate ad una gestione strategica dei rischi stessi. In questo modo, in sostanza, le organizzazioni cercano, da un lato, di evitare situazioni impreviste, dall'altro, di ridurre le conseguenze dei rischi a "standard" *accettabili*. Pertanto, in pratica, ci si adopera per sostituire il binomio "rischio-casualità" con il binomio "rischio-prevedibilità".

In quest'ottica, la maggiore novità dell'ultimo decennio, nell'ambito manageriale, è rappresentata dal Risk Management, che si concretizza nello sviluppo di nuove misure di gestione delle risorse e dell'organizzazione del lavoro. In genere questa strategia manageriale è finalizzata a *minimizzare i costi e incrementare il fatturato*, limitando eventuali danni di carattere patrimoniale.

Una delle peculiarità di questa teoria di gestione consiste nella sequenzialità delle attività di gestione del rischio, raggruppate in due processi: *valutazione e trattamento*.

Il Risk Management propone una logica di azione piuttosto generale, applicabile ad ogni tipologia di rischio, ed infatti, se all'obiettivo strategico esposto al capoverso precedente sostituiamo le parole *costi*, *fatturato* e *patrimoniale* con *rischi, sicurezza* e *prevenzionistico* troviamo che il Risk Management viene ad applicarsi a strategie finalizzata a *minimizzare i rischi d'incidente e incrementare la sicurezza*, limitando eventuali danni di carattere prevenzionistico.

I princìpi di Salute e Sicurezza: infortunio e malattia

Prima di addentrarci, attraverso i prossimi capitoli, nella classificazione e disamina dei rischi, occorre porre l'attenzione sullo scopo stesso della loro corretta valutazione e, perciò, su quello che è il fine ultimo del Testo Unico e, più in generale, di tutte le norme di carattere prevenzionistico: *la tutela dei lavoratori*.

Più nello specifico, l'obiettivo è quello di prevenire gli infortuni e le malattie 'professionali', legate cioè all'attività prestata dai lavoratori, individuati nella loro accezione più ampia, all'art.2 dello stesso Testo Unico.

La norma, dunque, si prefigge la tutela della "sicurezza" e della "salute" dei lavoratori.

Al citato art. 2, al comma 1, lettera o, siamo in grado di rintracciare la definizione di:

> ➢ **salute**, intesa come *stato di completo benessere fisico, mentale e sociale, non consistente solo in un'assenza di malattia o d'infermità*.

Non è stata prodotta, invece, una definizione di:

> ➢ **sicurezza**, che però può facilmente essere intesa come *una condizione che dà la percezione di essere esenti da pericoli, o che dà la possibilità di prevenire, eliminare o rendere meno gravi danni, rischi, difficoltà, evenienze spiacevoli e simili*.

Probabilmente, per meglio comprendere le necessità prevenzionistiche alla base del concetto di rischio, è opportuno anche cogliere la differenza che esiste tra un "infortunio" e una "malattia professionale", entrambe oggetto delle citate tutele nei confronti dei lavoratori.

Possiamo asserire che la principale differenza tra infortunio e malattia professionale risiede nel fatto che, nel primo caso, la lesione è determinata da una *causa violenta* e immediata, mentre, nella malattia professionale, è il frutto dell'*agire lento e progressivo* nel tempo di un fattore di rischio.

L'*infortunio sul lavoro* è, dunque, un evento traumatico e repentino che causa un problema di salute ad un lavoratore, mentre la malattia professionale è un evento dannoso che influisce sulla capacità lavorativa della persona e che trae origine da cause connesse alla propria attività professionale.

L'effetto (che potremmo definire) "ritardato" della *malattia professionale* costituisce, purtroppo, la principale ragione di "sotto-valutazione" del rischio stesso e delle relative conseguenze, anche in ragione della trascurata considerazione del nesso di causalità.

In questi casi, infatti, ci si trova davanti ad un'errata percezione del collegamento esistente tra il "pericolo" e il conseguente "effetto".

Il **pericolo** viene definito alla lettera r del citato art.2, co.1, quale: *proprietà o qualità intrinseca di un determinato fattore avente il potenziale di causare danni.* Si tratta, quindi, di una capacità essenzialmente "virtuale" e "teorica" di provocare un danno, che può manifestarsi solo in conseguenza ad una "esposizione" (diretta o indiretta) del soggetto.

Per esemplificare in maniera estrema, si pensi ad un'arma da fuoco: essa, senza alcun dubbio, rappresenta un *pericolo* in quanto ha la possibilità (potenzialità) di creare dei danni. Per poterlo creare, però, quest'arma ha la necessità che venga impugnata, che le venga tolta la "sicura" e che venga azionata. È proprio nel momento in cui viene impugnata che la pistola si "trasforma": da "pericolo" diviene *rischio*.

Ed infatti, il "rischio" (all'art.2, co.1, lett. s) viene definito come la *probabilità di raggiungimento del livello potenziale di danno nelle condizioni di impiego o di esposizione ad un determinato fattore o agente oppure alla loro combinazione.* Il concetto di rischio, dunque, implica l'esistenza di una *sorgente* di pericolo e della possibilità che essa si trasformi o crei un danno.

È in tal modo che vengono indicati i due principali fattori determinanti, i quali costituiscono, infatti, i "classici" elementi posti alla base della valutazione del rischio: il *danno* e la *probabilità*.

Danno e Probabilità: premesse della valutazione "classica"

Come già visto in precedenza, con il recepimento delle Direttive Comunitarie e, in particolar modo, con la 90/679/CEE da cui nacque il "famoso" d.lgs. 19 settembre 1994, n.626, venne a instaurarsi una nuova filosofia della prevenzione infortuni, basata, per l'appunto, su princìpi di *tutela anticipata* che prevedevano una "valutazione" preventiva di ciò che poteva arrecare danno ai lavoratori e la conseguente predisposizione di "accorgimenti" utili alla "rimozione" (o almeno "mitigazione") di questi rischi.

Secondo questo approccio, gli elementi "cardine" su cui agire sarebbero essenzialmente due: il *danno* e la *probabilità* ed è su queste due variabili che si basa il metodo di valutazione utilizzato sin dalle prime Direttive Europee.

Infatti, come avremo modo di vedere nei capitoli successivi, il legislatore ha "concesso" una sorta di "libero arbitrio" decisionale: 'ogni datore di lavoro è <u>libero di scegliere le modalità</u> con cui effettuare la propria valutazione dei rischi, fermo restando il rispetto di alcune indicazioni da cui non è possibile prescindere'.

Ovviamente, quando vennero recepite le direttive comunitarie, nacque l'esigenza di proporre un metodo, abbastanza semplice ed intuitivo, per poter *analizzare*, *"pesare"* ed infine *valutare* i rischi connessi a ciascuna attività professionale, in maniera *trasversale* e (più o meno, almeno all'inizio) a prescindere dalla dimensione aziendale.

La soluzione più a portata di mano era quella di adottare, in maniera (forse troppo) semplificata, ciò che ben funzionava già nell'universo delle *strategie militari* e di protezione civile (poi ripreso nel "moderno" concetto di Risk Management) e cioè la stretta correlazione tra rischio, danno e probabilità di accadimento.

In questo sistema, che si fonda su princìpi di *percezione* e *sensibilità* del pericolo, risulta basilare assumere chiaramente i concetti di danno e probabilità.

Il **danno** (o *magnitudo*, come indicata da una parte della letteratura della prevenzione) viene definito come la **conseguenza negativa derivante dal concretizzarsi degli effetti di un pericolo.**

Secondo la UNI EN ISO 12100-1, che ovviamente si esprime in maniera più "concreta", il danno viene definito, senza mezzi termini, come **lesione fisica o danno alla salute.**

In sostanza, siamo davanti alla *gravità* (da cui l'utilizzo del termine *magnitudo*) delle conseguenze che si verificano al concretizzarsi del pericolo inizialmente "teorizzato".

La **probabilità** è definita come la **"misura" in cui un evento si ritiene possa concretizzarsi.**

Ci si rende subito conto che il concetto di probabilità così definito lascia aperti vastissimi scenari i quali, sfortunatamente, possono portare (e spesso lo fanno) a clamorose 'sottovalutazioni' dei rischi, e non esclusivamente nei luoghi di lavoro.

Come hanno osservato Tversky e Kahneman (già nel 1973!), quando formuliamo un giudizio attorno alla probabilità che un evento si realizzi, lo facciamo sulla base di ciò che ci viene più facilmente in mente. In questo senso i due teorici hanno coniato il concetto di "euristica della disponibilità", sostituendo, in sostanza, il concetto di probabilità con quello di *possibilità*.

Nel campo della prevenzione infortunistica sul lavoro, questa disponibilità può infatti portare a *sovrastimare* o viceversa a *sottostimare* un rischio sulla base del fatto che siano cognitivamente più o meno "disponibili"[10]. La conseguenza è di vivere un'eccessiva paura quando si sovrastima o un'eccessiva sicurezza quando si sottostima, emozioni che potrebbero non essere coerenti con il pericolo presente, tanto che la persona preposta alla valutazione concentra spesso la sua attenzione sul "fatto" piuttosto che sulla probabilità che lo stesso si realizzi e da lì esprime un proprio "peso" probabilistico. In pratica, quando ci proponiamo di valutare un rischio, non giudichiamo le cose che accadono per la loro frequenza, ma relativamente al fatto che ci sia facile o meno immaginarle mentalmente o, piuttosto, perché ci impressionano emotivamente.

Per queste ragioni, specie se pensiamo che negli anni '90 ci si accingeva per la prima volta ad approcciare il concetto di prevenzione, appariva necessario fornire delle specifiche e semplici "regole di ingaggio", ovvero dei parametri "minimi" e "misurabili" per *mettere a terra* concetti apparentemente così astratti come il rischio, il pericolo, il danno e la probabilità.

Il metodo "classico" di valutazione che ne derivò sarà oggetto di trattazione in questo testo nell'ambito del prossimo capitolo, all'interno del quale si cercherà anche di palesarne i tanti difetti, pur confermandone la validità dei principi generali.

---

[10] Studi di: Dube-Rioux e Russo, 1988; Weber, 2006

Un primo sguardo al "concetto" generale di rischio

Quante volte, nell'arco di una semplice giornata, utilizziamo la parola "rischio"? Facciamo qualche esempio:

- "Ho dormito troppo, *rischio* di arrivare in ritardo…"
- "Se non finisco il libro *rischio* di non superare l'esame"
- "Non posso *rischiare* di essere licenziato…"
- "Meglio mettere una giacca sennò *rischio* di ammalarmi"
- "L'allenatore s'è assunto il *rischio* di schierarlo in campo"
- ………

Gli esempi potrebbero essere molteplici ma, a questo punto, dovremmo chiederci: sarebbe stato più corretto dire "Ho dormito troppo e *c'è il pericolo* di arrivare in ritardo…"?

La risposta è no.

Ed è proprio in questa sottile differenza che risiede il principio della valutazione del rischio: il "pericolo" *generalizzato* di "fare tardi" esiste, infatti, sempre. Ma è solo quando c'è un "soggetto" che può trovarsi in questa condizione ("io") e quando esiste un "fattore di esposizione" ("ho dormito troppo") che il pericolo si *trasforma* in rischio, in particolar modo quando i fattori di esposizione non vengono per niente mitigati o non vengono attenuati a sufficienza (*si poteva programmare una sveglia; la sveglia poteva suonare più volte a distanza di pochi minuti; il suono della sveglia poteva incrementarsi in funzione del ritardo, etc.*).

Ne deduciamo che ciò che vogliamo intendere per "rischio" è, in parole povere, l'esposizione non (o non sufficientemente) attenuata di un soggetto ad un determinato pericolo, il quale viene così automaticamente "innescato".

Intuiamo, ancora, che minore è l'attenzione alle misure di mitigazione, maggiore potrebbe essere l'entità del danno (nel nostro banale esempio, potrei arrivare *molto* in ritardo e "rischiare" di essere licenziato!).

Lo schema che segue riassume astrattamente i concetti sinora espressi.

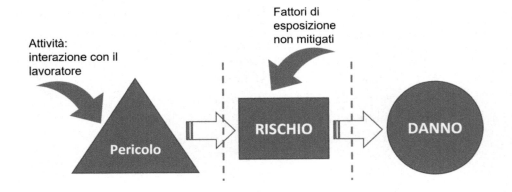

Quanto esemplificato in precedenza ci propone anche un ulteriore elemento di riflessione: percepire il "rischio" non è poi così complicato ed anzi, all'inverso, è proprio connaturato nel comportamento "basale" dell'essere umano. Ciò che lo rende più complicato (tra i tanti fattori) è probabilmente la compresenza di eventi *concorrenti* ma contrastanti tra loro: ad esempio il *conflitto* tra *"devo alzarmi"* e *"mi piace dormire"* che nell'ambito lavorativo, purtroppo, si trasforma (troppo) spesso in una deleteria contrapposizione tra la tutela prevenzionistica e la "pressione" delle esigenze produttive.

L'approccio generale ad una "valutazione"

Come già accennato e come avremo modo di vedere meglio nel seguito, argomentando di sistemi di gestione della saluta e sicurezza, il tema della valutazione dei rischi può facilmente inserirsi all'interno dei c.d. "modelli gestionali", sovente adottati dalle aziende per le più svariate motivazioni.

E così, ad esempio, accanto a modelli di gestione della "qualità" del prodotto o del servizio, oggi si affiancano simili modelli finalizzati alla tutela ambientale, alla sicurezza delle informazioni, alla responsabilità sociale dell'azienda e, appunto, alla gestione della salute e sicurezza.

Di seguito una tabella riassuntiva dei principali modelli e degli ambiti di applicazione:

Norma	Aspetto	Ambito	Impatto	Conseguenze
UNI ISO 45001:2018	*Salute e sicurezza sul lavoro*	Tutela prevenzionistica	Infortuni e malattie professionali	- Condanna di natura penale - Sanzioni per il mancato rispetto del d. lgs. 81/08
UNI EN ISO 9001:2015	*Qualità*	Non conformità di prodotto	Insoddisfazioni del cliente	Perdite d'esercizio
UNI EN ISO 14001:2015	*Ambiente*	Emissioni incontrollate di sostanze in aria, acqua o nel suolo	Inquinamento ambientale	- Condanna di natura penale - Sanzioni per il mancato rispetto dei requisiti ambientali
UNI EN ISO/IEC 27001:2017	*Sicurezza nelle tecnologie dell'informazione*	Intrusioni nel sistema informativo	Compromissione della sicurezza informativa	Sanzioni per il mancato rispetto dei requisiti previsti dal D. Lgs. 196/03
SA 8000:2014	*Responsabilità sociale d'impresa*	Irregolarità Amministrative		Sanzioni per il mancato rispetto dei requisiti previsti dal D. Lgs. 231/01

Tutti questi modelli hanno alcune caratteristiche comuni: raccolgono l'insieme delle procedure attuate da un'organizzazione per la conduzione di processi diretti a perseguire precisi obiettivi. Questi processi vengono esaminati *criticamente* nel tempo ponendo in essere "azioni correttive" utili, non solo a "correggere" eventuali errori precedenti, ma piuttosto per ottenere risultati via via migliori (tant'è che si parla spesso di miglioramento "continuativo", da distinguere dal miglioramento "continuo").

Vengono attuati, dunque, ripetuti e reiterati processi di azione e di "feedback" che possono facilmente essere schematizzati con il c.d. "Ciclo di Deming" o "Ruota P-D-C-A".

Questo *modus operandi*, alla base dell'adozione (per l'eventuale conseguimento della "Certificazione") dei sistemi gestionali a cui si è fatto cenno prima, può essere utilizzato a prescindere, da ogni realtà produttiva, per "darsi un metodo" sulla valutazione dei rischi prevenzionistici.

Il metodo si articola sulla base di un "processo logico" di "affinamento" che si reitera nel tempo. La velocità con cui la ruota (di Deming) "gira" dipende dal *grado di urgenza* richiesto dallo specifico intervento. I diversi passaggi tengono conto dei seguenti aspetti, opportunamente calibrati per la materia prevenzionistica:

1. "PLAN": Pianificazione

Durante questa prima fase di pianificazione l'organizzazione (il Datore di Lavoro) deve stabilire la modalità di valutazione e pianificare gli obiettivi nonché i processi coinvolti e necessari per attuarla. La fase di pianificazione richiede un esame preliminare della "situazione di partenza" che caratterizza i processi lavorativi (*analisi o disamina delle attività*), deducendone i "pericoli" insiti (*individuazione dei pericoli*), soppesandone le variabili e le conseguenze (*stima o ponderazione delle "variabili"*) ed infine *valutandone* i rischi.

In questa fase, inoltre, si deve procedere alla definizione dell'intera struttura organizzativa, individuando le risorse necessarie per il raggiungimento degli obiettivi ed assegnando specifici ruoli e responsabilità, previste anche dalla norma.

2. "DO": Attuazione

La "messa in opera" del modello si ottiene attraverso l'attuazione dei processi definiti in precedenza.

Questo presuppone **anche** incrementare, mediante opportuni piani di formazione, le competenze e la consapevolezza di ogni lavoratore riguardo i rischi, le misure di mitigazione da rispettare e attuare (*mitigazione del rischio*) ma anche rispetto al contributo che ciascuno degli addetti può apportare nel migliorare le *prestazioni* dell'intero sistema.

Le prime due fasi (PLAN-DO) sono riassumibili nella scala "a gradoni" riportata di seguito:

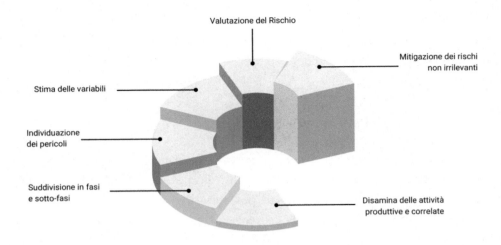

Valutazione del Rischio

Mitigazione dei rischi non irrilevanti

Stima delle variabili

Individuazione dei pericoli

Suddivisione in fasi e sotto-fasi

Disamina delle attività produttive e correlate

3. "CHECK": Monitoraggio

Come auspichiamo di far comprendere attraverso questo testo, la valutazione del rischio (e di conseguenza, il DVR) non è un'attività "statica" e a tempo determinato. Essa, invece, necessita di una dinamicità che non può prescindere da momenti di verifica della situazione di fatto, man mano che questa evolve nel tempo. Anche chi non necessità dell'attuazione di Standard di Gestione della SSL, dovrà provvedere a momenti di monitoraggio per capire:

I. *Quanto il sistema sia stato attuato nel suo insieme e nel dettaglio;*
II. *Quanto stia effettivamente funzionando in termini di efficacia;*
III. *Quali correttivi occorra eventualmente adottare.*

Proprio per conformarsi ai Modelli, il Testo Unico ha **imposto** per legge (almeno nelle aziende o unità produttive con almeno 15 dipendenti[11]) l'effettuazione della **Riunione Periodica** (art. 35) con cadenza *almeno* **annuale**. A questo momento di verifica e monitoraggio partecipano obbligatoriamente:

---

[11] nelle unità produttive che occupano fino a 15 lavoratori è facoltà del rappresentante dei lavoratori per la sicurezza chiedere la convocazione di un'apposita riunione.

- il datore di lavoro (o comunque, un suo rappresentante) - DdL;
- il responsabile del servizio di prevenzione e protezione dai rischi - RSPP;
- il medico competente, ove nominato - MC;
- il rappresentante dei lavoratori per la sicurezza - RL.

Nel corso della riunione vengono esaminati:

- ✓ *il documento di valutazione dei rischi;*
- ✓ *i dati sull'andamento degli infortuni e delle malattie professionali e della sorveglianza sanitaria;*
- ✓ *i criteri di scelta, le caratteristiche tecniche e l'efficacia dei dispositivi di protezione individuale;*
- ✓ *i programmi di informazione e formazione dei dirigenti, dei preposti e dei lavoratori.*

La riunione deve essere indetta anche in occasione di eventuali significative variazioni delle condizioni di esposizione al rischio, compresa l'eventuale introduzione di nuove tecnologie che hanno riflessi sulla sicurezza e salute dei lavoratori (in quanto comportano variazioni ai primi due punti del ciclo PDCA).

4. "ACT": MIGLIORAMENTO

Un qualsiasi ciclo PDCA si conclude con l'individuazione delle azioni correttive predisposte per il superamento delle eventuali "non conformità" riscontrate e con la pianificazione di nuovi obiettivi da raggiungere, nell'ottica del miglioramento "continuativo" (da *continuous*) delle prestazioni del sistema di gestione.

Anche in materia di salute e sicurezza sul lavoro, il DdL deve indicare, nel suo Documento di Valutazione del Rischio, quali azioni di miglioramento *continuous* intende intraprendere e, a seguito del monitoraggio di cui al punto precedente, quali eventuali "aggiustamenti" o nuove misure di tutela ed azioni correttive intende attuare, inserendole, con le relative tempistiche, all'interno di un "programma di miglioramento" (di cui certamente parleremo nel seguito in quanto, purtroppo, aspetto molto spesso trascurato nei DVR).

Il Near-Miss: casualità o allarme?

Nel paragrafo precedente abbiamo visto che il momento del "monitoraggio" è fondamentale per verificare sia la "bontà" che lo stato di attuazione del nostro sistema prevenzionistico e dunque dell'efficacia del nostro Documento di Valutazione del Rischio. Abbiamo anche visto che questa fase di verifica prevede (anche per obblighi di legge) un momento di confronto (riunione periodica) utile anche ad analizzare i dati infortunistici collegati all'attività. Ciò che spesso viene trascurato in questi contesti, perché ritenuto "non probatorio" o comunque non rilevante, è il c.d. "near-miss".

La traduzione che più comunemente viene assegnata al **near-miss** è quella di "mancato incidente" (o "mancato infortunio" o "quasi infortunio").

Nell'ambito prevenzionistico, i near-miss sono invece considerati come veri e propri *precursori* dell'infortunio, perché sono l'indicatore-spia di un "malfunzionamento" nel sistema di tutela. Fungono da avvertimento, fornendo il segnale che esistono pericoli ancora "occulti" o rischi che probabilmente sono stati *sotto*valutati; i near-miss, nella gerarchia del rischio, non sono molto distanti dall'infortunio stesso e l'eventuale "sconfinamento" al/i livello/i superiore/i diviene particolarmente *probabile*.

I near-miss sono più frequenti di quanto normalmente si ritenga ("valuti"): *un lavoratore che accidentalmente fa cadere un oggetto vicino ad un collega, un macchinario che, di tanto in tanto, non funziona correttamente, un carico che cade da una scaffalatura all'interno di un magazzino*; e gli esempi potrebbero continuare a dismisura.

Le persone coinvolte in questi "quasi-infortuni" si ritengono "fortunate" per il fatto di non aver sùbito alcun danno, sottovalutando il "potenziale" ancora inespresso dell'accaduto.

In altri casi, i lavoratori non si rendono nemmeno perfettamente conto dell'avvenimento o, altre volte, hanno timore a denunciarlo per paura di provvedimenti nei loro confronti o, più semplicemente, per non apparire esageratamente timorosi.

Di conseguenza, i near-miss passano per lo più inosservati e i pericoli (che hanno il potenziale di causare danni) non vengono tempestivamente affrontati, restando presenti in maniera *subdola*.

Eppure, il near-miss può rappresentare un ottimo elemento di analisi dei rischi potenziali in quanto la *numerosità* di questi eventi può evidenziare la presenza di un pericolo occulto, così come la parte sommersa di un iceberg che, facendo emergere una sua piccola porzione in superficie, lo rende visibile e, dunque, evitabile (*Modello Iceberg*).

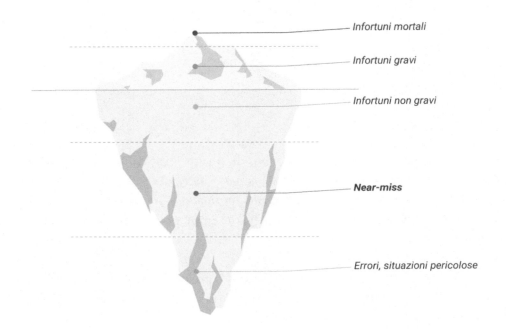

Infortuni mortali

Infortuni gravi

Infortuni non gravi

Near-miss

Errori, situazioni pericolose

Per una efficace interpretazione e utilizzo dei near-miss, però, è fondamentale **istruire** i lavoratori su come identificarli e segnalarli. Questa formazione dovrebbe, prima di tutto, fornire loro le competenze e le conoscenze di cui necessitano per identificare pericoli e rischi collegati alle attività lavorative e consentire ai lavoratori di riconoscere la potenziale gravità di un mancato incidente, così da comprendere l'importanza di segnalarlo.

La "filosofia" di mitigazione del rischio

Il rischio "0" non esiste. O meglio, non esiste attività che non comporti, per sua stessa natura, l'esposizione di un soggetto ad una determinata sorgente di pericolo. La medesima considerazione vale nell'ambito del lavoro: non esiste un'attività che possa totalmente escludere l'esposizione del lavoratore ad un rischio.

Come già precisato, dunque, lo scopo dei processi di valutazione del rischio non è quello di escluderli ma, al contrario, di **includerli** per trovarne le migliori forme di "mitigazione", agendo sull'*esposizione* (p.e. in termini spaziali o temporali) ovvero sull'*entità del danno* o, meglio ancora, su entrambi i fattori.

Il Testo Unico per la Sicurezza ci fornisce un'indicazione circa un ordine di priorità da seguire nella scelta delle misure di mitigazione, dando precedenza assoluta innanzitutto al "**principio di sostituzione**", cioè alla strategia di *sostituire ciò che è pericoloso con ciò che non lo è o lo è meno* e, ove questo non sia fattibile, alle c.d. misure **organizzative** (e, a cascata, procedurali), intese come quelle che intervengono, in maniera più o meno formalizzata, sull'organizzazione dei mezzi e degli uomini.

La norma ci dice, ancora, che laddove i suddetti interventi organizzativi non fossero sufficienti (ad una "accettabile" mitigazione del rischio, concetto di cui tratteremo più avanti), occorre pensare a adottare misure **di protezione collettiva**, cioè apprestamenti[12], attrezzature o provvedimenti destinati a proteggere *contemporaneamente* un insieme di lavoratori da uno o più rischi presenti nell'attività lavorativa.

Nel caso in cui il rischio "residuo" (rischio che permane dopo l'applicazione delle precedenti misure di prevenzione e protezione) non sia

---

[12] Gli apprestamenti sono definiti come apprestamenti: *le opere provvisionali necessarie ai fini della tutela della salute e della sicurezza dei lavoratori* (..) – d.lgs. n.81/2008, All. XV, punto 1.1.1, lett. c

ancora rientrante nei parametri dell'*accettabilità*, è necessario – *extrema ratio* – adottare specifici e mirati **Dispositivi di Protezione Individuale**[13].

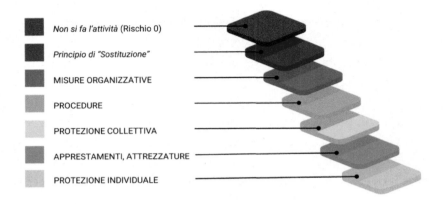

Non si fa l'attività (Rischio 0)
Principio di "Sostituzione"
MISURE ORGANIZZATIVE
PROCEDURE
PROTEZIONE COLLETTIVA
APPRESTAMENTI, ATTREZZATURE
PROTEZIONE INDIVIDUALE

La **logica** seguita dal legislatore per questa gerarchia di priorità è **assolutamente condivisibile**, in quanto finalizzata a *minimizzare* la possibilità dell'*errore* soggettivo che può verificarsi, ad esempio, quando il lavoratore dimentica di indossare il proprio dispositivo individuale o lo indossa in maniera errata.

Comprendere ed applicare consapevolmente queste regole nel corso della valutazione dei rischi aziendali consente di rendere l'attività di prevenzione più *oggettiva*, più facilmente *monitorabile* e, molto spesso, anche economicamente conveniente (dato che, generalmente, una misura organizzativa costa meno di "n" dispositivi di protezione individuale).

---

[13] Articolo 74, d.lgs. n. 81/2008 – "Definizioni" – 1. Ai fini del presente decreto si intende per dispositivo di protezione individuale, di seguito denominato "DPI", qualsiasi attrezzatura destinata ad essere indossata e tenuta dal lavoratore allo scopo di proteggerlo contro uno o più rischi suscettibili di minacciarne la sicurezza o la salute durante il lavoro, nonché ogni complemento o accessorio destinato a tale scopo.

PARTE II – DALLA VALUTAZIONE DEL RISCHIO AL DVR

LA VALUTAZIONE "CLASSICA": DxP

"Un danno può verificarsi. Ma quanto è probabile che si verifichi? In ogni caso è un rischio".

In questa breve locuzione è racchiusa l'intera filosofia classica di valutazione del rischio.

Dagli anni '90 ad oggi, la stragrande maggioranza di chi si occupa di redigere DVR o, comunque, di effettuare valutazioni del rischio prevenzionistico, si "attiene" al rispetto di una (forse troppo) semplice "formuletta", talmente celebre che ormai viene stampata anche sulle t-shirt, al pari della altrettanto famosa formula sull'energia relativistica di Einstein, $E=mc^2$.

$$R = P \times D$$

In questa formula ritroviamo gli attori già più volte richiamati nei capitoli precedenti:

il Rischio (R) è uguale al prodotto tra la Probabilità di accadimento di un evento infortunistico (P) e la conseguenza negativa o Danno conseguente al verificarsi di questo evento (D).

Come accennato al capitolo precedente, però, sia il concetto di danno che, specialmente, quello di probabilità possono spesso apparire eccessivamente "aleatori" e prestarsi a sottovalutazioni, talvolta anche "dolose". A questo, va aggiunta la necessità di stabilire dei "pesi" (almeno) minimi e massimi alle due variabili, in modo tale da instaurare una sorta di "uniformità" generale nella valutazione soggettiva del singolo e specifico rischio.

Quella che abbiamo ormai definito come "letteratura classica" ha stabilito perciò una "scala" (o meglio, due) con la quale "stimare" ("misurare", "pesare", "ponderare") le nostre due imprescindibili variabili, praticamente quasi come avveniva con la "scala Mercalli" per i terremoti (la scala Richter, attualmente utilizzata si basa su princìpi diversi ed è di tipo logaritmico su base 10).

Il danno (magnitudo!) prevede una scala che scorre dal valore 1 al valore 4 (il valore "zero" non esiste), espressa nei seguenti termini, con riguardo sia all'incidente sul lavoro che alla malattia professionale:

SCALA DEL DANNO

Peso	Definizione	Conseguenza
1	**Danno "lieve"**	• *lesioni o disturbi reversibili in pochi giorni* • *esposizioni croniche con disturbi di rapida risoluzione*
2	**Danno di "modesta entità"**	• *lesioni o disturbi reversibili in qualche mese* • *esposizioni croniche con disturbi comunque reversibili*
3	**Danno "grave"**	• *invalidità permanente parziale o irreversibile* • *esposizioni croniche con effetti di invalidità permanente parziale o irreversibile*
4	**Danno "molto grave"**	• *invalidità totale o mortale* • *esposizione cronica con effetti mortali o del tutto invalidanti*

In maniera equipollente, alla probabilità viene assegnata una scala anch'essa compresa almeno tra il valore 1 e il valore 4 (anche qui, il valore "zero" non viene contemplato). In questo caso, proprio per venire incontro alle differenti esigenze dei "valutatori" e rendere la valutazione più aderente alla realtà aziendale, il "peso" può essere assegnato secondo due diversi criteri: quello "frequentistico", basato su specifici dati statistici di riferimento, e quello "bayesiano", basato sul grado di "fiducia" degli addetti.

SCALA DELLA PROBABILITA' *"frequentistica"*

Peso	Definizione	Principio di valutazione
1	Accadimento "molto improbabile"	• *il danno dipenderebbe da un concatenamento di eventi indipendenti*
2	Accadimento "poco probabile"	• *il danno dipenderebbe da condizioni sfavorevoli*
3	Accadimento "probabile"	• *il danno dipenderebbe da condizioni non del tutto connesse alla situazione ma possibili*
4	Accadimento "molto probabile"	• *il danno dipenderebbe da condizioni connesse alla situazione*

SCALA DELLA PROBABILITA' *"baynesiana"*

Peso	Definizione	Principio di valutazione
1	Accadimento "molto improbabile"	• *secondo gli addetti è impossibile il suo verificarsi oppure non è mai accaduto un danno simile*
2	Accadimento "poco probabile"	• *eventi accaduti raramente*
3	Accadimento "probabile"	• *eventi già riscontrati*
4	Accadimento "molto probabile"	• *eventi già accaduti con frequenza*

Ovviamente queste scale possono essere ampliate a discrezione, in modo tale da determinare un *affinamento* quantitativo del giudizio a cui deve ovviamente corrispondere un perfezionamento qualitativo dell'azione di azzeramento o mitigazione del rischio rilevato. Tanto per citare qualche esempio, è possibile (fermi restando i "fondo-scala" minimi e massimi) pensare a scale maggiormente dettagliate della probabilità:

1	2	3	4	5	6
molto bassa	bassa	modesta	media	alta	molto alta

o scale del danno con un maggior dettaglio sulle conseguenze:

1	2	3	4	5	6
molto basso	bassa	modesta	media	alta	molto alta
danno minimo	*danno reversibile <10gg*	*danno reversibile >10gg*	*danno irreversibile*	*danno irreversibile con inabilità parziale*	*danno irreversibile con inabilità totale o morte*

La "Matrice" del Rischio

Comunque si voglia affinare la stima delle due variabili, con l'applicazione – per ciascun rischio – della formula R=PxD, quella che otteniamo è una matrice (generalmente quadrata) i cui valori interni rappresentano la "stima" ("pesatura") del rischio preso in considerazione.

La Matrice, in un modello "4x4" (pesi da 1 a 4 sia per il danno che per la probabilità) si presenta come nella figura sottostante:

Probabilità		Danno		
4	4	8	12	16
3	3	6	9	12
2	2	4	6	8
1	1	2	3	4
	1	2	3	4

La prassi vuole che i rischi che si "affacciano" nell'area "rossa" (area di *massimo rischio*), considerato il fatto che *nascono* da valori alti sia in termini di probabilità di accadimento che per entità del danno, rappresentano dei rischi *inaccettabili* e, per questo motivo, devono essere affrontati "senza alcun indugio" dal datore di lavoro, a partire, eventualmente, dall'immediata **sospensione** e/o cessazione della specifica attività e sino all'adozione di misure organizzative, di prevenzione e/o di protezione che ne consentano l'imprescindibile **mitigazione** o, in alternativa, sino alla **sostituzione** della fonte di "pericolo" con altra, a "potenziale" di danno inferiore.

I rischi che ricadono nell'area "arancione" (area di *rischio rilevante*), sebbene non dovrebbero rappresentare situazioni di pericolo imminente (e dunque non vengono considerati inaccettabili), richiedono la *massima attenzione* da parte del datore di lavoro che dovrà provvedere, in tempi estremamente brevi e con uno specifico *piano di miglioramento* ad attuare soluzioni utili alla mitigazione del rischio.

I rischi ricadenti nell'area "verde" (area di *rischio basso*) vengono generalmente considerati come *accettabili* e, perciò, non prevedono interventi immediati o celeri da parte del datore di lavoro ma devono comunque essere oggetto di costante *monitoraggio* e, ove possibile, anche di un *programma di miglioramento* nel tempo.

Infine, i rischi ricadenti nell'area "azzurra" (area di *rischio irrilevante*) sono rischi accettabili (nella logica che il rischio "zero" non esiste) e, dunque, non prevedono alcun tipo di intervento di prevenzione e protezione ma devono comunque essere oggetto di monitoraggio al fine di mantenere il livello ed evitare una inopinata "traslazione" nelle altre aree di rischio.

La tabella che segue riassume i concetti sinora esposti:

Rischio	R=PxD	Priorità	Interventi	Accettabilità
Irrilevante	1	nessuna	monitoraggio	
Basso (lieve)	da 2 a 3	lungo termine	mantenimento e miglioramento del controllo del livello di rischio e programmazione delle misure di adeguamento e miglioramento sul lungo termine	Accettabile
Medio	da 4 a 8	medio termine	Attuazione del controllo e programmazione sul medio termine degli interventi per la riduzione del rischio	Da migliorare
Alto	da 9 a 16	Immediato	Attuazione di interventi immediati e prioritari. Cessazione dell'attività pericolosa	Inaccettabile

Ovviamente, laddove si decidesse di affinare ulteriormente il grado di stima (p.e. con matrici di scala superiore al 4x4, come visto in precedenza), si renderebbe necessario un più puntuale dettaglio delle "aree di rischio" a cui dovrebbe corrispondere un preciso e minuzioso piano di attuazione delle misure di intervento e mitigazione.

È per queste ragioni che il DVR deve obbligatoriamente contenere (art. 28, co.2, lett.c) un **Programma** (o Piano) **di Miglioramento** che contenga, appunto, *"il programma delle misure ritenute opportune per garantire il miglioramento nel tempo dei livelli di sicurezza"*.

Questo programma, operante secondo il modello di Deming P-D-C-A e di cui ci occuperemo in maniera compiuta nel seguito della trattazione, rappresenta l'emblema della "dinamicità" che deve caratterizzare un efficace Documento di Valutazione del Rischio essendo perfettamente coerente con quanto richiesto dal più volte citato art. 2087 c.c., ma purtroppo, rappresenta invece uno dei contenuti maggiormente trascurati nella redazione del DVR.

Criticità del metodo "classico" di valutazione

Senza alcun dubbio, l'utilizzo della formula R=PxD e la realizzazione della matrice di rischio rappresentano dei validissimi sussidi ad una funzionale valutazione dei rischi correlati all'esecuzione di attività lavorative, specie per i datori di lavoro che, non possedendo specifiche competenze tecniche, si ritrovano a dover analizzare le fasi della propria attività produttiva sotto l'aspetto della prevenzione degli infortuni.

Il modello, infatti, è garanzia di un'analisi preliminare delle attività lavorative e di una serie di "riflessioni" utili ad assegnare il giusto **peso** alle variabili probabilità e danno. Una volta realizzata la matrice, poi, l'impatto visivo dato dalla colorazione a cui è associato la "gravità" del rischio analizzato permette di percepire subito quali siano le necessità di intervento.

Purtroppo, però, l'esperienza dimostra che questo metodo presenta parecchie criticità che possono comportare *pericolose* (è il caso di dirlo!) sottovalutazioni del rischio, talvolta "dolose" ma molto spesso di natura "involontaria".

Procediamo, prima di tutto, con l'esame della variabile "probabilità". Abbiamo già accennato al fatto che, nella maggior parte dei casi, vengono utilizzate due differenti tipi di scale: la scala "frequentistica", basato sull'analisi di dati statistici di riferimento con *quel* tipo di attività, *quel* macchinario, *quella* sostanza e *quel* genere di incidente sul lavoro (o malattia professionale), e la scala "baynesiana", basata sul grado di "fiducia" degli addetti, che esprimono un loro soggettivo giudizio sulla possibilità che si verifichi una determinata situazione o circostanza.

Come è facile intuire, la scala frequentistica si affida eccessivamente al *campione*[14] statistico il quale, se non è rappresentativo di una *popolazione* di dati sufficientemente ampia, può generare sovrastime o sottostime che, nell'ambito della prevenzione infortuni, possono "trasformarsi" in incidenti.

La scala baynesiana, invece, si affida, altrettanto eccessivamente, al giudizio degli addetti ai lavori i quali, come già accennato in precedenza, possono sotto o sovra-stimare il rischio sulla base di conoscenze (troppo) soggettive o per effetto della connotazione emozionale che tende – istintivamente – ad escludere (o, comunque a "marginalizzare") il verificarsi di un qualsiasi incidente sul lavoro.

Un'altra criticità è legata al fatto che la matrice, pur stimando il rischio, non riesce a far emergere chiaramente la reale ponderazione del pericolo.

Per capirci meglio, supponiamo di valutare il rischio "inciampo" e caduta per una attività che si svolge su un terreno piano ma molto accidentato in ogni suo punto. Seguendo il metodo PxD, possiamo dire che la probabilità di inciampare e cadere è massima e perciò gli affideremo il valore "4". Alla stessa maniera, possiamo dire che anche dovessimo cadere il danno procurato sarebbe minimo (perché rapidamente reversibile) e dunque gli affideremo, senza dubbi, il valore "1". Ne ricaveremo che il rischio valutato risulta essere pari a R= P x D = 4 x 1= 4.

---

[14] Il "campione" statistico è un gruppo di unità elementari che formano un sottoinsieme della *popolazione* (l'insieme di tutti i dati). Il campione è costituito in modo da consentire, con un rischio definito ed accettabile di errore, la generalizzazione all'intera popolazione. Per cui, tramite il campione si possono stimare, entro determinati limiti di errore, le proprietà dell'intera popolazione.

Proviamo adesso a cimentarci con la valutazione del rischio "incendio" per una sala conferenze, arredata con materiale ignifugo e attrezzata con sensori di fumo e impianto di spegnimento di tipo Sprinkler. Diremo immediatamente che la probabilità che si sviluppi un incendio è totalmente residuale (dovrebbe dipendere da una concatenazione di eventi indipendenti) e dunque pari a "1", anche se sappiamo benissimo che il danno che può creare un incendio è certamente estremo e dunque pari a "4". Dall'applicazione della nostra formula ne consegue che il rischio valutato è pari, anche in questo caso, a R= P x D = 1 x 4= 4.

Il rischio stimato è dunque identico per entrambe le situazioni prospettate, ma ovviamente non corrisponde con la *percezione* che si ha del "pericolo incendio" paragonato al "pericolo inciampo".

Anche in termini di scala della variabile "danno" esistono delle criticità, correlate, in particolare, al fatto che detta scala è 'individuale' e cioè riferita alle conseguenze lesive che può subire un singolo lavoratore. Appare pleonastico, invece, doversi soffermare a spiegare il diverso *valore* del danno legato a più vittime di incidente, per esempio all'interno di un ambiente confinato o per il crollo di un ponteggio.

L'individualità che caratterizza il modello di valutazione è riscontrabile anche dal fatto che, solo in talune circostanze e solo ad opera di "valutatori" particolarmente sensibili, riescono ad emergere profili di incremento (o decremento) di uno specifico rischio dovuti all'*interazione* (*interferenza*, nell'accezione negativa) tra più operatori, perché impegnati nella stessa attività o perché posizionati in zone adiacenti.

In ogni caso, la criticità principale del sistema PxD è quella di non riuscire a tener conto di tutta una serie di ulteriori variabili "occulte", in particolar modo di tutte quelle che possono influire, più o meno direttamente, sul concetto di probabilità o di danno, alcune delle quali vengono, invece, volutamente tralasciate (perché non indicate nel "metodo") o sottostimate (per limiti di *sensibilità* alla materia).

Si potrebbe sostenere, infatti, che la probabilità, ma, in minor misura, anche il danno siano una *funzione* più complessa di molti altri parametri, come di seguito si è voluto rappresentare per sintesi:

$$P, D = f\{t_{exp}, q_{exp}, Q_{exp}, d_p, F_i, F_e, M_{loc}, m_{et}, A_w, n_m\}$$

Ciascun elemento di questa funzione ha il potenziale di agire come causa (o, comunque, *con-causa*) di un infortunio, ragione cui apparirebbe utile, all'estensore del DVR, dedicarci un momento di riflessione, assegnando – a seconda della tipologia di attività produttiva – un "peso" ad ognuna di esse.

- t_{exp}: rappresenta il **tempo di esposizione** ad un determinato pericolo. È un valore che, ad onor del vero, viene preso in considerazione abbastanza spesso, anche se con alcune criticità. Per esempio, quando si parla di esposizione a rischio chimico, biologico o rumore, è prassi considerare il tempo "diretto" di esposizione e cioè, il tempo in cui si entra in contatto con quella della sostanza o quel prodotto o con l'apparecchiatura che si utilizza, trascurando le "esposizioni indirette" (p.e. delle postazioni vicine) che possono prolungarsi per tempi superiori. Talvolta, ancora, ci si concentra su determinate attività piuttosto che altre: è il caso del "lavoro in quota", il cui tempo di esposizione viene spesso misurato a ponteggio installato, quando, invece, l'esposizione più sensibile si ha proprio nella fase di allestimento.

- q_{exp}: rappresenta la **quantità di soggetti esposti**. È già stato rappresentato come il metodo PxD presenti una connotazione "egoistica" in quanto valuta il rischio corso da un solo individuo, quando, al contrario, molte attività pericolose coinvolgono un numero di operatori superiore all'unità. Il parametro è estremamente vincolato al precedente (tempo di esposizione) e serve a proporre al soggetto estensore del DVR un importante svincolo: *è meglio l'esposizione di 5 operatori per tempi ristretti o l'esposizione di 2 operatori per tempi prolungati?*

- Q_{exp}: rappresenta la **qualità dei soggetti esposti**. È qui, ci addentriamo nella prima tra le maggiori criticità sulla valutazione dei rischi, spesso basata su modelli di "lavoratori standard". Con questo parametro ci si riferisce, in realtà, ad altre due sotto-variabili, spesso legate tra loro: l'età e l'esperienza. Le statistiche, ad esempio, ci dicono che la maggior parte degli infortuni si concentrano nella fascia di età *"under 27"* e in quella *"over 54"*; parallelamente, scopriamo che è più soggetto ad incidente chi ha un'esperienza specifica *inferiore a due anni* e chi la possiede in misura *superiore ai 18 anni* (!). La domanda sorge spontanea (cit.): "come dobbiamo interpretare questi dati?".

Al fianco dell'esperienza (che equivale ad una sorta di auto-formazione), procedono, purtroppo, due fattori che sparigliano le carte: la "sensazione di invincibilità (o immortalità)" e la "sicumera". Il primo fattore è generalmente legato alla *"vigoria"* tipica della gioventù che porta a fare considerazioni del tipo: "per me, non esistono limiti", "io non ho bisogno di lezioni", "ci penso io a tutto…".

Il secondo fattore è, purtroppo, il frutto (amaro) dell'eccessiva anzianità lavorativa maturata che porta a pensare che *se una determinata cosa non è avvenuta, allora non avverrà mai*, con l'aggravante che questa "posizione" viene strenuamente difesa e talvolta "imposta" anche ai neofiti. Questo fattore, com'è evidente, si manifesta con maggior frequenza negli operatori "anziani" che però, in quanto tali, cominciano a ritrovarsi con un fisiologico ed inevitabile calo delle prestazioni fisiche, dei riflessi e della reattività.

Da queste considerazioni nasce l'esigenza di tener conto della variabile "qualità" del soggetto esposto, considerandone età ed esperienza e valorizzando (nelle misure preventive, nel piano di miglioramento, etc.) una sorveglianza sanitaria mirata, gli interventi di formazione e quelli, troppo spesso realmente ignorati, di informazione *vera* e costante;

- d_p: rappresenta la **distanza fisica** dalla sorgente di pericolo. È un elemento che molto spesso, viene sottostimato. Dalla pandemia da Covid-19, per esempio, dovremmo avere ben chiara l'importanza del concetto di "distanza di sicurezza" che rappresenta una misura, quanto di prevenzione, tanto di protezione, valida per ogni tipo di rischio.

- F_i: rappresentano i c.d. **fattori interni** del soggetto esposto. I fattori interni sono essenzialmente tre: la *formazione*, di cui si ribadisce l'imprescindibile necessità, la *motivazione* e la *consapevolezza*. Il fattore "motivazione" è troppo spesso relegato al brutale sinallagma "lavoro prestato-retribuzione ricevuta" che, però, comporta quasi sempre un deciso 'appiattimento' del modo di agire del lavoratore il quale, così, si presta più facilmente (cioè con maggior probabilità!) ad un errore che potrebbe anche costargli la vita. Numerosi studi hanno dimostrato che le aziende che investono sulla "motivazione del personale" (non incentrata esclusivamente al profitto) presentano indici infortunistici dimezzati. Il fattore "consapevolezza" è, probabilmente, il più importante indice tra i tre, in quanto rappresenta il "goal" delle azioni precedenti: attraverso l'acquisizione delle notizie inserite nei percorsi di formazione, passando per la fiducia reciproca tra lavoratore e azienda, si giunge alla consapevolezza riguardo ogni sfaccettatura della propria attività lavorativa, inclusa la componente di rischio;

- F_e: rappresentano i c.d. **fattori esterni** del soggetto esposto. I fattori esterni possono individuarsi in tutte quelle circostanze che, pur non riguardando direttamente l'attività prestata, possono influire negativamente sulla stessa. Possono riguardare, ad esempio, le pressioni lavorative, da cui nasce l'esigenza di una buona valutazione del rischio "stress lavoro-correlato" (solo per esemplificare, si pensi all'attività dei "corrieri", dei riders, etc.) ma anche le patologie o le dipendenze, per le quali acquista importanza "strategica" un corretto e mirato programma di sorveglianza sanitaria, a prescindere dagli obblighi (minimi) di legge.

- M_{loc}: è la **morfologia** del luogo di lavoro. Molto spesso il DVR è il medesimo per differenti unità operative, sulla base di un principio di presunta identità dell'attività, dei macchinari, delle sostanze o dei prodotti impiegati e delle mansioni. Potrebbe, però, non essere la stessa la collocazione dell'edificio (zone urbane, extraurbane, campagna, zona rurale, etc.) o la sua tipologia e da ciò potrebbero derivare sensibili variazioni nella valutazione (solo per esemplificare) del rischio biologico, del microclima, del rischio investimento, del rischio da Radon, etc. Per dovere di cronaca, occorre dire che la norma prevede esplicitamente che la valutazione sia riferita "al luogo di lavoro" ma, come già detto, questa specificità viene sovente trascurata;

- m_{et}: è la variabile **meteorologica** riferita al luogo di lavoro. Anche in questo caso si verifica una tendenza a omologare i rischi quando invece occorrerebbe differenziare ciò che può avvenire, in termini di esposizione, nelle diverse unità operative. Specie in taluni settori (logistica, agricoltura, edilizia) non è possibile pensare ad una valutazione di determinati rischi senza tener conto delle disparate condizioni atmosferiche e della conseguente esposizione degli operatori. Le lavorazioni "outdoor" non solo vanno valutate come rischio a sé stante ma devono essere considerate anche come una variabile "trasversale" a tutte quelle fasi lavorative che, nel loro insieme, compongono la singola attività;

- A_w: è la variabile **avanzamento dei lavori**. Riguarda le "modificazioni" che avvengono al "luogo di lavoro" nel corso dello svolgimento dell'attività ed acquista particolare importanza nel settore dell'*edilizia* ed in talune attività agricole quali, ad esempio, l'attività di *taglio del bosco*. Numerosi studi riguardanti il settore delle costruzioni hanno rilevato che la maggior parte degli infortuni si verificano durante la fase "embrionale" del cantiere, quando cioè non vi è ancora una piena organizzazione strutturale dello stesso, e durante le fasi finali, quando probabilmente subentra una forma di "rilassatezza" che porta, inevitabilmente, ad un calo dell'attenzione anche sulle vicende prevenzionistiche.

- n_m: è la variabile **near-miss**. Nel corso del capitolo due di questo testo abbiamo già affrontato il 'near-miss' (il quasi infortunio), qualificandolo, già in quella sede, come elemento di estrema rilevanza per consentire di palesare pericoli occulti o rischi precedentemente sottovalutati. Ponderare correttamente l'incidenza di una serie di *quasi-eventi*, legati ad una stessa attrezzatura o macchina o correlati allo svolgimento di una specifica fase lavorativa può, senza dubbio, rilevare problemi che molto difficilmente emergerebbero da una valutazione più superficiale.

Qualche altra considerazione sui modelli a più variabili

Come speriamo sia emerso, ciascuna delle variabili proposte e sopra descritte può incidere in maniera importante sia sull'entità del danno che sul valore della probabilità di accadimento ed è auspicabile, dunque, che una efficace valutazione del rischio tenga conto anche di questi aspetti "aggiuntivi", calibrandone ovviamente il "peso" in funzione del settore produttivo di riferimento (e dei rischi "tipici" dello stesso) e superando così il "modello classico" che, come più volte ribadito, è stato certamente utile al necessario *indottrinamento* per gli anni '90 ma oggi risulta un po' obsoleto e oggettivamente "superabile" anche in funzione de *"l'esperienza e la tecnica"*(art.2087 c.c.) con la finalità di *"tutelare l'integrità fisica (..) dei prestatori di lavoro"*.

Per dovere di narrazione e onestà intellettuale, occorre precisare che, nel tempo, sono stati testati, e vengono attualmente utilizzati, alcuni modelli matematici per la valutazione di rischi specifici, che approfondiscono e affinano la metodologia sin ora narrata, puntando anche ad una più rapida individuazione delle misure di mitigazione.

Ne citiamo qualche esempio, rinviando ai capitoli successivi la breve disamina di alcuni tra questi:

- *Metodi MoVaRisCh* e *LaBoRisCh,* per il rischio chimico;
- *Metodo NIOSH,* per il rischio derivante da Movimentazione Manuale dei Carichi (MMC);
- *Metodo BioRisCh,* per il rischio biologico;
- *Metodo OWAS,* per il rischio da posture incongrue;

a questi vanno aggiunti i numerosi algoritmi oggetto di varie Linee Guida INAIL, oltre a numerosi modelli attualmente sperimentali che offrono ottimi riscontri in termini di raffinatezza della valutazione.

TESTO UNICO: IL DOCUMENTO DI VALUTAZIONE DEL RISCHIO

In questo capitolo si intende procedere all'esame dei precetti di legge, contenuti nel d.lgs. n.81/2008, che regolamentano la *valutazione del rischio* e la conseguente redazione del *Documento*, con la convinzione che, a prescindere da metodi sperimentali, algoritmi o linee di indirizzo, la norma rechi in sé già tutte le indicazioni necessarie a capire cosa si intenda per "valutare" un rischio all'interno di un luogo di lavoro e, conseguentemente, quali possano essere le misure e/o procedure attese per la tutela dei lavoratori.

L'articolo 17 – "un obbligo indelegabile"

Partiamo, ovviamente dall'obbligo di elaborazione del documento, contenuto all'art.17 della norma ed il cui destinatario è esclusivamente il datore di lavoro, *"Obblighi del datore di lavoro non delegabili"*:

---

1. Il datore di lavoro non può delegare le seguenti attività:

a) la valutazione di tutti i rischi con la conseguente elaborazione del documento previsto dall'articolo 28;

(..)

Il precetto normativo, per quanto possa apparire stringato, contiene tuttavia alcune fondamentali indicazioni concernenti il Documento di Valutazione del Rischio:

1. Al contrario di tanti altri obblighi, contenuti al successivo art.18 e che il datore di lavoro può decidere di delegare – con le modalità stabilite all'art.16 – ad altri soggetti che acquisiscono così la qualifica di "dirigente" delegato, la valutazione dei rischi e la conseguente redazione del documento è un dovere **indelegabile** e il datore di lavoro, comunque intenda agire, rimane sempre "responsabile" delle scelte operate *per* e *nel* DVR. Se, per esempio, egli può delegare ad altri alcune responsabilità come l'informazione,

la scelta dei percorsi formativi, l'individuazione dei preposti o dei dispositivi di protezione, queste scelte rimarranno comunque vincolate ai contenuti del Documento di VR e dunque alle responsabilità del datore di lavoro. Vedremo che nella redazione del documento egli potrà avvalersi dei pareri del proprio RSPP e del Medico Competente e potrà consultare il RLS, così come potrà decidere di farsi "assistere" anche da consulenti esterni ma tutto ciò non lo esimerà, nemmeno in parte, dalle conseguenze di un'errata o carente valutazione.

2. La valutazione deve riguardare **tutti i rischi** potenzialmente collegati all'attività produttiva. Troppo spesso, invece, alcune attrezzature, alcune fasi lavorative o alcuni processi produttivi vengono completamente trascurati, o perché considerati "accessori" all'attività produttiva, o perché considerati "aprioristicamente" non rischiosi e dunque "non meritevoli" del seppur breve tempo per farne una valutazione e poi riportarla sul DVR. Il legislatore ha invece previsto una valutazione (e lo capiremo meglio nel seguito) che non riguarda esclusivamente l'*attività* prettamente produttiva, tant'è che estende il concetto anche al *luogo di lavoro* inteso anche in senso astratto e non meramente fisico, all'interno del quale, occorre analizzare ogni "elemento" che ne viene coinvolto. Tutti i potenziali rischi, dunque, vanno valutati, anche se si ha già la "sensazione" che risulteranno essere bassi. Solo così, però, si potrà avere la certezza di poterli sempre tenere "sotto controllo".

Quanto concisamente espresso dal precetto analizzato costituisce il primo passo utile a percorrere correttamente la "rampa" procedurale, già proposta nei capitoli precedenti:

Non vi è dubbio, infatti, che, per quanto possa contare sulla collaborazione del RSPP e del MC, sul confronto con il RLS e sull'eventuale assistenza di un consulente esperto della materia, il datore di lavoro è l'unico a dover (e saper) percorrere i primi due gradoni.

L'articolo 28 – i contenuti del DVR

A differenza dell'art. 17, apparentemente lapidario, l'art. 28 (*"Oggetto della valutazione dei rischi"*) è, per evidenti ragioni, piuttosto complesso, dovendo istruire il soggetto obbligato sui contenuti attesi dalla valutazione del rischio aziendale. Per gli addetti ai lavori, gli spunti offerti dal precetto sono particolarmente interessanti per il fatto che, da una parte vengono impartiti precisi obblighi e disposizioni, tassativi e non "contrattabili", dall'altra parte viene lasciato un ampio "spazio di manovra" sulle modalità di approccio alla valutazione stessa.

Proprio per la complessa articolazione del precetto normativo, appare utile effettuarne l'analisi per singolo comma, traendone poi il filo conduttore nelle conclusioni.

IL COMMA 1 – LA "SCALETTA" PER LA VALUTAZIONE

"La valutazione di cui all'articolo 17, comma 1, lettera a), anche nella scelta delle attrezzature di lavoro e delle sostanze o delle miscele chimiche impiegate, nonché nella sistemazione dei luoghi di lavoro, deve riguardare tutti i rischi per la sicurezza e la salute dei lavoratori, ivi compresi quelli riguardanti gruppi di lavoratori esposti a rischi particolari, tra cui anche quelli collegati allo stress lavoro-correlato, (..), e quelli riguardanti le lavoratrici in stato di gravidanza, (..), nonché quelli connessi alle differenze di genere, all'età, alla provenienza da altri Paesi e quelli connessi alla specifica tipologia contrattuale attraverso cui viene resa la prestazione di lavoro e i rischi derivanti dal possibile rinvenimento di ordigni bellici inesplosi nei cantieri temporanei o mobili, come definiti dall'articolo 89, comma 1, lettera a), del presente decreto, interessati da attività di scavo".

Il comma 1, dell'art.28, d.lgs. n.81/2008 è, sostanzialmente, la "scaletta" con la quale viene sviluppato l'intero "programma" dal titolo "Valutazione del Rischio".

Come già accennato, è con questo precetto (meritevole progenie dei contenuti della nostra Carta costituzionale e del famoso art.2087 c.c.!) che risulta ben chiara la tassatività omnicomprensiva della valutazione, come probabilmente può apparire più evidente dalla seguente scomposizione (e riorganizzazione del testo):

La valutazione deve riguardare:

tutti i rischi
- *per la sicurezza e*
- *la salute dei lavoratori*

anche

- *nella scelta delle attrezzature di lavoro*
- *delle sostanze delle miscele chimiche*

nonché

- *nella sistemazione dei luoghi di lavoro*
    - *compresi quelli riguardanti gruppi di lavoratori esposti a rischi particolari*
        - *quelli collegati allo stress lavoro-correlato,*
        - *quelli riguardanti le lavoratrici in stato di gravidanza,*

        nonché

        - *quelli connessi alle differenze di genere,*
        - *all'età,*
        - *alla provenienza da altri Paesi*

        e

        - *quelli connessi alla specifica tipologia contrattuale attraverso cui viene resa la prestazione di lavoro*

Nella schematizzazione sopra riportata, oltre a risaltare nuovamente la tassativa necessità che **tutti i rischi** siano oggetto di valutazione, appare altrettanto evidente che, al fianco di una apparente generalizzazione e oggettivizzazione, il legislatore miri anche alla necessità di "calibrare" il rischio anche su fattori soggettivi di estrema importanza, quali l'età (alle cui problematiche si è già accennato), alle differenze di genere (fattore spesso sottovalutato) e alla provenienza da altri paesi (e dunque, alla differenza di cultura, alle difficoltà di comprensione della lingua e conseguente espressione ma anche, p.e., alle differenze di culto religioso).

Quanti DVR si preoccupano di misure organizzative e preventive o di formazione comprensibili anche a chi non ha piena dimestichezza con la lingua italiana? Quante aziende, pur impegnando ampiamente personale di culto islamico, elaborano un DVR che tenga conto anche della liturgia del Ramadan che prevede il digiuno e l'astensione dal bere per tutte le ore diurne?

Significativa, nella norma, è anche l'ampia presenza delle congiunzioni (*anche, nonché, e*), a testimonianza del fatto che ogni valutazione non può essere effettuata "a compartimenti stagni" ma deve tenere ben presente ciascuno degli altri elementi o variabili.

In questa disamina si è intenzionalmente trascurato il rischio derivante *dal possibile rinvenimento di ordigni bellici inesplosi nei cantieri temporanei o mobili*, non perché sia irrisorio (anzi) ma perché più efficacemente oggetto di altre valutazioni riferite al Titolo IV della norma.

IL COMMA 2 – IL MANUALE D'ISTRUZIONI

Il comma 2, dell'art.28, d.lgs. n.81/2008 è forse il precetto normativo più importante, sia per i contenuti che per la sua strutturazione. Possiamo pensare che sia il "manuale generale di istruzioni" per la redazione del Documento di Valutazione del Rischio, dettandone i temi e le modalità.

Nell'incipit del comma si legge che:

> *"Il documento di cui all'articolo 17, comma 1, lettera a), redatto a conclusione della valutazione può essere tenuto, nel rispetto delle previsioni di cui all'articolo 53 del decreto, su supporto informatico e, deve essere munito anche tramite le procedure applicabili ai supporti informatici di cui all'articolo 53, di data certa o attestata dalla sottoscrizione del documento medesimo da parte del datore di lavoro, nonché, ai soli fini della prova della data, dalla sottoscrizione del responsabile del servizio di prevenzione e protezione, del rappresentante dei lavoratori per la sicurezza o del rappresentante dei lavoratori per la sicurezza territoriale e del medico competente, ove nominato (..)".*

Apprendiamo, dunque, che, una volta elaborato, il documento:

- può essere "tenuto" anche in formato digitale (aspetto sul quale chi vi scrive è perfettamente d'accordo, per molteplici motivi). Dal novellato, anche se indirettamente, si deduce anche l'obbligatorietà della "tenuta" e, cioè, della presenza fisica (anche se digitalizzata) del documento sul luogo di lavoro;
- deve poter fornire la "dimostrazione" dell'avvenuta "pubblicazione" mediante la *certezza della data*[15];
- in vece della "data certa" può presentare la c.d. "data attestata", cioè una indicazione temporale che viene confermata dalla presenza delle firme del datore di lavoro, (*nonché, ai soli fini della prova…*) del Responsabile del Servizio di Prevenzione e Protezione, del Medico Competente e del Rappresentante dei Lavoratori per la Sicurezza. Sulla necessità della presenza di tutte le firme esiste, a tutt'oggi, un ampio dibattito. Il parere di chi scrive è che le sole prime due firme (DdL e RSPP) non siano sufficienti a rappresentare una *prova della data*, per ragioni talmente ovvie che non appare utile trattarne.

---

[15] La Data Certa, chiamata anche Data e Ora Certa, è lo strumento per fornire la prova "testimoniale" che un documento è stato creato, firmato, trasmesso o archiviato in una precisa data e ora certa, annullando tutti i possibili rischi di retrodatazione di una data certa apposta successivamente, ai sensi dell'art. 2704 del Codice Civile.

La lettera a) del comma primo è di assoluta preminenza, riguardando le specifiche modalità di elaborazione del documento che, secondo il precetto, *"deve contenere"*:

"una relazione sulla valutazione di tutti i rischi per la sicurezza e la salute durante l'attività lavorativa, nella quale siano specificati i criteri adottati per la valutazione stessa. La scelta dei criteri di redazione del documento è rimessa al datore di lavoro, che vi provvede con criteri di semplicità, brevità e comprensibilità, in modo da garantirne la completezza e l'idoneità quale strumento operativo di pianificazione degli interventi aziendali e di prevenzione"

Ne deduciamo che:

❖ Il datore di lavoro deve valutare ed inserire nel DVR **tutti i rischi** collegati e correlati, anche indirettamente, con la propria attività e cioè, anche quelli che, istintivamente, ritiene possano essere bassi e/o trascurabili (il concetto viene nuovamente ribadito);

❖ Dal documento si deve poter evincere, specificandoli, quali siano stati i criteri e le modalità con cui la valutazione è avvenuta;

❖ L'assoluta libertà di scelta dei suddetti criteri di valutazione che, dunque, non sono necessariamente vincolati ad algoritmi o formule particolari, purché, come detto al punto precedente, questi vengano ben specificati e basati su principi di:

- *semplicità,*
- *brevità e*
- *comprensibilità.*

L'intento del dettame è palesemente quello di ricavare un documento realistico, completo e comprensibile, così da renderlo *strumento operativo di pianificazione degli interventi aziendali e di prevenzione.*

Alle successive lettere da b) a f), troviamo le prescrizioni su ulteriori contenuti essenziali (dunque obbligatori) del DVR:

b) l'indicazione delle misure di prevenzione e di protezione attuate e dei dispositivi di protezione individuali adottati, a seguito della valutazione di cui all'articolo 17, comma 1, lettera a);

c) il programma delle misure ritenute opportune per garantire il miglioramento nel tempo dei livelli di sicurezza;

d) l'individuazione delle procedure per l'attuazione delle misure da realizzare, nonché dei ruoli dell'organizzazione aziendale che vi debbono provvedere, a cui devono essere assegnati unicamente soggetti in possesso di adeguate competenze e poteri;

e) l'indicazione del nominativo del responsabile del servizio di prevenzione e protezione, del rappresentante dei lavoratori per la sicurezza o di quello territoriale e del medico competente che ha partecipato alla valutazione del rischio;

f) l'individuazione delle mansioni che eventualmente espongono i lavoratori a rischi specifici che richiedono una riconosciuta capacità professionale, specifica esperienza, adeguata formazione e addestramento.

Cercando di rimetterle in fila, leggiamo che il DVR deve contenere, ancora:

✓ lett. e): l'indicazione dei nominativi del RSPP, del Medico Competente e del RLS;

✓ lett. b) e d): la norma richiede che, a seguito dell'avvenuta valutazione, il datore di lavoro indichi chiaramente quali siano le misure di "mitigazione" del rischio adottate, in termini di:

- misure preventive;
- procedure;
- misure protettive.

Il tutto secondo lo schema di priorità che abbiamo già visto in precedenza:

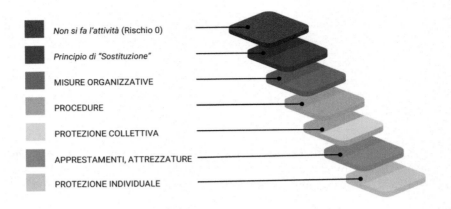

Non si fa l'attività (Rischio 0)

Principio di "Sostituzione"

MISURE ORGANIZZATIVE

PROCEDURE

PROTEZIONE COLLETTIVA

APPRESTAMENTI, ATTREZZATURE

PROTEZIONE INDIVIDUALE

Nel documento poi, occorre obbligatoriamente indicare anche quali siano i ruoli aziendali o i soggetti (ovviamente *in possesso di adeguate competenze e poteri*) che dovranno provvedere all'attuazione di queste misure. Stiamo ovviamente parlando di **deleghe**, in assenza delle quali il responsabile rimane esclusivamente il datore di lavoro.

✓ lett. f): l'indicazione delle mansioni aziendali esposte a rischi specifici a cui devono "corrispondere" lavoratori di *riconosciuta capacità professionale, specifica esperienza* ed in possesso di *adeguata formazione e addestramento*;

✓ lett. c): la norma richiede di includere nel DVR *un programma delle misure ritenute opportune per garantire il miglioramento nel tempo dei livelli di sicurezza*. Stiamo parlando del già citato Programma di Miglioramento che troppo spesso viene sottovalutato o persino completamente ignorato sulla base del criterio che *"ho fatto tutto, e meglio di così non è possibile far nulla"*. Una affermazione di questo tipo è chiaramente il segnale che, purtroppo, non è stato compreso lo scopo profondo del Documento di Valutazione del Rischio. Ciò che il legislatore intende ottenere non è solo "tenere sotto controllo" un determinato rischio ma è quello di "mitigarlo" il più possibile e, laddove questo non sia possibile nell'immediato, occorre prendersi l'impegno di farlo comunque in tempi congrui. Così, come accennato in precedenza, quando dalla valutazione emergono dei rischi "non-bassi" (quelli che vanno tenuti 'sotto controllo') occorre pianificare degli interventi. Questi interventi, che riguardano dunque le zone "gialle" e "arancioni" viste nel capitolo precedente, possono essere a breve, a medio o a lungo termine, in funzione ovviamente della gravità del rischio stesso e, in seconda battuta, del programma di investimenti (economici, di tempo, di risorse, etc.) che l'azienda intende mettere in campo, sempre con un attento sguardo alla *particolarità del lavoro*, all'*esperienza* man mano acquisita e all'evoluzione costante della *tecnica (art.2087 c.c.)*. Il Programma, dunque, deve esserci deve essere chiaro e deve cadenzare nel tempo delle precise scadenze, indicando anche il soggetto delegato all'effettuazione dell'intervento. Appare pleonastico precisare che il Programma non può prevedere "semplici" riferimenti ad obblighi già stabiliti dalla norma, in quanto appunto "obblighi" e non "miglioramenti".

I COMMI 3, 3-BIS E 3-TER

L'articolo 28 si conclude col comma 3 e coi commi 3-bis e 3-ter, aggiunti rispettivamente nel 2014 e nel 2015.

"3. Il contenuto del documento di cui al comma 2 deve altresì rispettare le indicazioni previste dalle specifiche norme sulla valutazione dei rischi contenute nei successivi titoli del presente decreto.

3-bis. In caso di costituzione di nuova impresa, il datore di lavoro è tenuto ad effettuare immediatamente la valutazione dei rischi elaborando il relativo documento entro novanta giorni dalla data di inizio della propria attività. Anche in caso di costituzione di nuova impresa, il datore di lavoro deve comunque dare immediata evidenza, attraverso idonea documentazione, dell'adempimento degli obblighi di cui al comma 2, lettere b), c), d), e) e f), e al comma 3, e immediata comunicazione al rappresentante dei lavoratori per la sicurezza. A tale documentazione accede, su richiesta, il rappresentante dei lavoratori per la sicurezza.

3-ter. Ai fini della valutazione di cui al comma 1, l'Inail, anche in collaborazione con le aziende sanitarie locali per il tramite del Coordinamento Tecnico delle Regioni e i soggetti di cui all'articolo 2, comma 1, lettera ee), rende disponibili al datore di lavoro strumenti tecnici e specialistici per la riduzione dei livelli di rischio. L'Inail e le aziende sanitarie locali svolgono la predetta attività con le risorse umane, strumentali e finanziarie disponibili a legislazione vigente"

Il comma 3 ci dice che esistono taluni rischi di cui il Testo Unico si è direttamente occupato (rischi "normati" che vedremo nel prossimo capitolo) e che l'estensore del DVR dovrà sempre tenere in conto, rispettando le indicazioni normative.

Il comma 3-bis si occupa delle aziende di nuova costituzione (ma le medesime indicazioni valgono per le imprese individuali che occupano per la prima volta "lavoratori", questi ultimi nella vasta accezione contemplata dall'art.2, co.1, lett. a), d.lgs. n.81/2008).

I nuovi datori di lavoro hanno tempo 90 gg. dalla costituzione dell'impresa (o dall'instaurazione del primo rapporto di lavoro) per redigere il DVR, dando comunque immediata evidenza di aver già posto in atto misure organizzative, preventive e protettive per tutelare i lavoratori che si ritrovano ad operare in questa fase di "scopertura".

Il comma 3-ter informa che l'INAIL e le Aziende Sanitarie Locali o Territoriali, in collaborazione con gli Organismi paritetici, mettono a disposizione eventuali *risorse umane, strumentali e finanziarie* utili ad "assistere" il datore di lavoro nell'attività di valutazione e successiva mitigazione del rischio.

L'articolo 29 – ulteriori indicazioni sulla VdR e sul DVR

L'art. 29 (*"Modalità di effettuazione della valutazione dei rischi"*) fornisce altri elementi essenziali sia per quanto concerne la Valutazione del Rischio, sia per la redazione del Documento.

I COMMI 1 E 2

Ai commi 1 e 2 viene ribadito l'obbligatorietà indelegabile del datore di lavoro alla valutazione del rischio, il quale collabora con il RSPP e il Medico Competente. Il tutto avviene previa consultazione del RLS. Lo scopo di quest'ultima indicazione è quella di consentire una valutazione del rischio che tenga conto anche delle sensazioni e delle opinioni dei lavoratori, in qualità di soggetti esposti.

---

1. Il datore di lavoro effettua la valutazione ed elabora il documento di cui all'articolo 17, comma 1, lettera a), in collaborazione con il responsabile del servizio di prevenzione e protezione e il medico competente, nei casi di cui all'articolo 41.

2. Le attività di cui al comma 1 sono realizzate previa consultazione del rappresentante dei lavoratori per la sicurezza.

IL COMMA 3

Il comma 3, fermo restando l'obbligo di monitoraggio e miglioramento di cui si è trattato nei paragrafi precedenti, stabilisce le casistiche in cui il DVR deve essere oggetto di immediata verifica e rielaborazione:

3. La valutazione dei rischi deve essere immediatamente rielaborata, nel rispetto delle modalità di cui ai commi 1 e 2, in occasione di modifiche del processo produttivo o della organizzazione del lavoro significative ai fini della salute e sicurezza dei lavoratori, o in relazione al grado di evoluzione della tecnica, della prevenzione o della protezione o a seguito di infortuni significativi o quando i risultati della sorveglianza sanitaria ne evidenzino la necessità. A seguito di tale rielaborazione, le misure di prevenzione debbono essere aggiornate. Nelle ipotesi di cui ai periodi che precedono il documento di valutazione dei rischi deve essere rielaborato, nel rispetto delle modalità di cui ai commi 1 e 2, nel termine di trenta giorni dalle rispettive causali. Anche in caso di rielaborazione della valutazione dei rischi, il datore di lavoro deve comunque dare immediata evidenza, attraverso idonea documentazione, dell'aggiornamento delle misure di prevenzione e immediata comunicazione al rappresentante dei lavoratori per la sicurezza. A tale documentazione accede, su richiesta, il rappresentante dei lavoratori per la sicurezza.

Dalla disamina del precetto, possiamo effettuare la seguente sintesi. La valutazione deve essere immediatamente rielaborata nei casi di:

- modifiche del processo produttivo;
- riorganizzazione del lavoro;
- in relazione all'evoluzione tecnica (ancora una volta l'art. 2087 c.c.) e/o dei sistemi di prevenzione e protezione;

- in caso di infortuni significativi[16];
- nei casi in cui la sorveglianza sanitaria rilevi patologie "sospette" in quanto potrebbero essere correlate con l'attività produttiva.

In ogni caso, il DVR deve essere rielaborato entro 30 gg. dalla causale che ha richiesto la ri-valutazione di cui sopra ed ogni aggiornamento delle misure di prevenzione deve essere oggetto di immediata informazione al Rappresentante del Lavoratori per la Sicurezza.

A quanto sopra detto, aggiungiamo che la valutazione su alcuni specifici rischi deve essere ripetuta con una periodicità prestabilita:

- 4 anni per rumore, ultrasuoni, vibrazioni, campi elettromagnetici, radiazioni ottiche artificiali, anche se le condizioni rimanessero le medesime;
- 3 anni per agenti biologici, cancerogeni e le ferite in ambito sanitario;
- 2 anni per lo stress lavoro correlato (ma si tratta di una previsione metodologica).

IL COMMA 4

Il comma 4 fornisce un'ulteriore informazione sulla "tenuta" del DVR:

4. *Il documento di cui all'articolo 17, comma 1, lettera a), e quello di cui all'articolo 26, comma 3[17], devono essere custoditi presso l'unità produttiva alla quale si riferisce la valutazione dei rischi.*

---

[16] La giurisprudenza tende a individuare la "significatività" di un infortunio essenzialmente in due diversi fattori: la gravità dell'infortunio (lesioni comportanti prognosi superiori a 20 gg) e la ripetitività (almeno 3 volte in un anno), in quest'ultimo caso, indipendentemente dalla dinamica e dalla prognosi. A questi si aggiunge la significatività "individuale" nei casi in cui si rileva che uno stesso lavoratore è vittima di ripetuti infortuni; in tali casi è opportuno un incremento della sorveglianza sanitaria ai fini della verifica sull'idoneità del lavoratore.

[17] Il DUVRI Documento Unico di Valutazione del Rischio Interferenziale

Si è già detto, a proposito dell'art.28, comma 2, che il DVR può essere tenuto anche in formato digitale. Con il comma 4 dell'art. 29 la norma ci dice che il documento deve essere presente ("custodito") presso l'unità produttiva cui si riferisce la valutazione del rischio.

Per quanto la cosa sia perfettamente condivisibile e se ne intuiscano senza fatica le motivazioni, permane un dibattito aperto principalmente sul concetto di "unità produttiva" quando lo si collega a talune attività che vengono svolte all'esterno, in luoghi in cui non vi è presenza di strutture fisse. Pensiamo, solo per fare un esempio, ad un vigneto, "delocalizzato" rispetto all'azienda agricola, in cui avviene, anche per parecchie giornate, la vendemmia. È una unità produttiva? Occorre "portarsi dietro" il DVR?

Il problema nasce dal fatto che, a seguito delle modifiche al Testo Unico apportate dal D.L. n.146/2021[18], l'assenza del DVR sul luogo di lavoro (con cui eventualmente se ne può presumere *la mancata redazione*), comporta la "sospensione dell'attività imprenditoriale" ai sensi dell'art.14 del Testo Unico.

Il Testo Unico, al più volte richiamato art. 2, al comma 1 e lettera t), definisce l'*unità produttiva* come:

"stabilimento o struttura finalizzati alla produzione di beni o all'erogazione di servizi, dotati di autonomia finanziaria e tecnico funzionale".

Dall'ultimo inciso potremmo decisamente affermare che il vigneto *non è* un'unità produttiva. D'altro canto, però, come si fa ad escludere da un ambito di tutela un'attività – quella della *vendemmia* – così "determinante" per lo specifico settore viti-vinicolo e così pervaso da rischi per i lavoratori (movimentazione manuale, posture incongrue, "calore", radiazioni ottiche naturali, investimento, tagli, cesoiamento, rischio biologico, etc.)?

---

[18] Decreto-legge del 21/10/2021 n. 146 – *"Misure urgenti in materia economica e fiscale, a tutela del lavoro e per esigenze indifferibili."* Pubblicato in Gazzetta Ufficiale n. 252 del 21 ottobre 2021. Legge n. 215 del 17/12/2021, convertito con modifiche.

Non v'è alcun dubbio che occorra un intervento, in tal senso, da parte del legislatore, a maggior chiarimento del concetto di unità produttiva. Nel frattempo, però, occorre agire con il 'buon senso' e con gli "strumenti" di cui si è in possesso. Il richiamato D.L. n.146/2021 ha introdotto un'altra importantissima novità: l'esplicita obbligatorietà dell'individuazione e nomina del preposto, *persona che, in ragione delle competenze professionali e nei limiti di poteri gerarchici e funzionali adeguati alla natura dell'incarico conferitogli, sovrintende alla attività lavorativa e garantisce l'attuazione delle direttive ricevute, controllandone la corretta esecuzione da parte dei lavoratori ed esercitando un funzionale potere di iniziativa.*

Viene da sé che in una situazione lavorativa come quella da noi esemplificata, la squadra dei vendemmiatori dovrà essere sorvegliata da un preposto a cui, dunque, il datore di lavoro, almeno a giudizio di chi scrive, potrà affidare la "custodia" del DVR così da poterlo esibire in caso di controllo da parte degli organi di vigilanza e scongiurare una malaugurata sospensione della lavorazione. A poco serve obiettare presunte difficoltà di "cura" del documento *"in mezzo ai campi"* in quanto, ai sensi dell'art. 28, comma 2, il documento "in formato digitale" potrà essere contenuto nella memoria dello smartphone di cui il preposto è certamente in possesso. Agli ispettori, almeno per quanto concerne l'adozione del citato provvedimento, sarà sufficiente constatarne l'esistenza.

Un po' meno dubbie sono le situazioni di attività *in regime d'appalto* presso le sedi della committenza. Pensiamo all'impresa che fornisce servizi (p.e. pulizie) all'interno di una struttura ricettiva: anche in questo caso siamo generalmente di fronte all'assenza *di autonomia finanziaria e tecnico funzionale* dell'unità ma ritroviamo, di certo, meno difficoltà logistiche ed organizzative per poter custodire una copia del DVR (senza dimenticare comunque la necessaria presenza di un DUVRI).

I commi 5, 6, 6-bis, 6-ter, 6-quater e 7 dell'art.29 sono dedicati alle c.d. *"procedure standardizzate di valutazione del rischio"* che tratteremo in maniera compiuta in un successivo capitolo di questo testo.

Altri riferimenti normativi nel Testo Unico

Come vedremo meglio nei prossimi capitoli, all'interno del d.lgs. n.81/2008 sono presenti altri precetti riferiti alla valutazione del rischio: si tratta di interi "Titoli[19]" dedicati a rischi specifici sui quali il legislatore ha voluto imporre l'obbligatorietà di valutazione e fornire indicazioni metodologiche e operative:

- *Titolo VI - movimentazione manuale dei carichi*
- *Titolo VII - attrezzature munite di videoterminali*
- *Titolo VIII - agenti fisici*
    - *capo II - protezione dei lavoratori contro i rischi di esposizione al rumore durante il lavoro*
    - *capo III - protezione dei lavoratori dai rischi di esposizione a vibrazioni*
    - *capo IV - protezione dei lavoratori dai rischi di esposizione a campi elettromagnetici*
    - *capo V - protezione dei lavoratori dai rischi di esposizione a radiazioni ottiche artificiali*
- *Titolo IX - sostanze pericolose*
    - *capo I - protezione da agenti chimici*
    - *capo II - protezione da agenti cancerogeni e mutageni*

---

[19] Sezioni, ripartizioni di una norma di legge

- *capo III - protezione dai rischi connessi all'esposizione all'amianto*
- *Titolo X - esposizione ad agenti biologici*
- *Titolo X-bis - protezione dalle ferite da taglio e da punta nel settore ospedaliero e sanitario*
- *Titolo XI - protezione da atmosfere esplosive*

PARTE III – I RISCHI PROFESSIONALI

La Classificazione dei Rischi

Premessa generale

Quando occorre cimentarsi nella valutazione correlata alle attività lavorative, pur considerando il fatto – ribadito già più volte in questo testo – che il datore di lavoro ha l'obbligo di valutare **tutti** i rischi, occorre almeno avere un'idea di base su quali siano quelli sui quali concentrare maggiormente l'attenzione. Per far ciò occorre sapere almeno due cose:

1. che vi sono rischi "specifici" (o, "normati", come spesso si suole dire) la cui valutazione è obbligatoria, a prescindere dal fatto che i precipui processi produttivi possano esserne interessati o meno;
2. che, per tutti gli altri rischi, è fondamentale effettuare una corretta analisi di ogni processo, fase e sottofase lavorativa, con l'intento di far emergere anche i pericoli più occulti.

Occorre, inoltre, avere un "panorama" generale di tutti quelli che le norme e gli standard di riferimento considerano "rischi" pur con la consapevolezza che poi ogni attività può riservare peculiari incognite.

Fermo restando che è possibile effettuare molteplici classificazioni (e sotto classificazioni) dei rischi, almeno in questa fase appare utile fornire al lettore una prima catalogazione che definiremo "classica", in quanto basata proprio sul fondamento della tutela della Salute e della Sicurezza del lavoratore:

- ❖ Rischi per la Sicurezza
- ❖ Rischi per la Salute
- ❖ Rischi "Trasversali" e Organizzativi

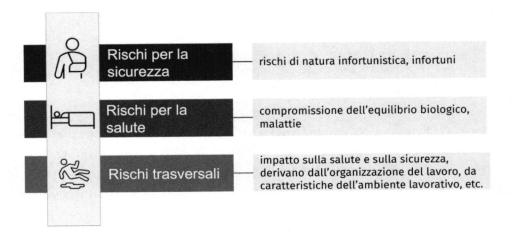

	Rischi per la sicurezza	rischi di natura infortunistica, infortuni
	Rischi per la salute	compromissione dell'equilibrio biologico, malattie
	Rischi trasversali	impatto sulla salute e sulla sicurezza, derivano dall'organizzazione del lavoro, da caratteristiche dell'ambiente lavorativo, etc.

Nei paragrafi che seguono, esamineremo questi tre macrogruppi, puntando l'attenzione sui singoli rischi che li compongono anche se appare opportuno fornire qui un'ulteriore indicazione sui rischi che si ritengono essere "a valutazione obbligatoria *ex lege*":

1. agenti chimici
2. agenti cancerogeni e mutageni
3. agenti biologici (incluso legionella per aziende non esposte a rischio biologico vero e proprio)
4. radiazioni
    a. elettromagnetiche
    b. ottiche artificiali
    c. solari
    d. ionizzanti
    e. Radon
5. rumore e ultrasuoni
6. vibrazioni (mano braccio e corpo intero)
7. microclima
8. rischi dovuti a fattori psico sociali e stress lavoro correlato
9. rischi ergonomici
    a. attività di sollevamento e trasporto
    b. attività di traino e spinta
    c. attività ad alta frequenza
    d. posture statiche

10. utilizzo del videoterminale
11. incendio (con piano d'emergenza)
12. ATEX - atmosfere esplosive (con piano d'emergenza)
13. rischio elettrico comprese scariche atmosferiche (fulminazione)
14. aggressione o rapina, contatto con pubblico (con piano d'emergenza)
15. lavoro notturno e solitario
16. rischi afferenti alle differenze di genere, età, provenienza e inquadramento contrattuale
17. lavoratrici madri
18. rischi connessi con stili di vita non salutari: fumo - alcool - droghe - alimentazione - scarso movimento
19. rischi incidenti rilevanti - normativa "Seveso" (con piano d'emergenza)
20. rischi connessi a lavori in luoghi confinati (recipienti chiusi, silos, serbatoi).

A questi si ritiene opportuno aggiungere altri rischi, non strettamente obbligatori secondo le norme, ma con elevata incidenza infortunistica:

- Rischio investimento da veicoli
- Cadute dall'alto per lavori in altezza
- Caduta dall'alto di materiale
- Ribaltamento del mezzo di trasporto o macchina operatrice
- Infortuni su impianti meccanici (macchine, robot, ...)

La suddivisione "Classica" dei Rischi

I Rischi per la Sicurezza

I Rischi per la Sicurezza, o rischi di natura infortunistica, sono quelli responsabili del potenziale verificarsi di incidenti e infortuni sul lavoro e dunque, di **danni o lesioni fisiche** (più o meno gravi) subite dalle persone addette alle varie attività lavorative, in conseguenza di un **impatto fisico-traumatico** di diversa natura (meccanica, elettrica, chimica, termica, etc.).

Lo studio prevenzionistico delle cause e dei relativi interventi di prevenzione e/o protezione rispetto a questo primo gruppo di rischi sul lavoro è orientato alla ricerca di un "Idoneo *equilibrio bio-meccanico* tra **Uomo**, da una parte, e **Struttura/Macchina/Impianto**, dall'altra" sulla base di concetti *ergonomici*[20] moderni e continuo oggetto di evoluzione.

I Rischi per la Sicurezza si possono suddividere in diverse categorie, il cui elenco è comunque da ritenersi non esaustivo ed evidentemente suscettibile di costante aggiornamento.

---

[20] L'ergonomia, secondo la IEA (International Ergonomics Association), è la scienza che si occupa dell'interazione tra gli elementi di un sistema, nell'insieme dei suoi componenti, e la funzione per cui vengono progettati, con la finalità di migliorare la soddisfazione dell'utente e l'insieme delle prestazioni del sistema. È la scienza che si occupa dello studio dell'interazione tra individui e tecnologie.

Rischi da carenze strutturali dell'Ambiente di Lavoro

Per rischi derivanti da carenze strutturali dell'Ambiente di lavoro si intendono tutti quei rischi che, in qualche modo, sono collegati alla conformazione, collocazione, morfologia della struttura o del luogo in cui viene esercitata l'attività lavorativa tra cui possiamo certamente annoverare quelli correlati con:

- Altezza, superficie e volume dell'ambiente di lavoro;
- Illuminazione (normale e in emergenza);
- Tipologia pavimentazione (lisci o sconnessi);
- Pareti (semplici o attrezzate: scaffalature, apparecchiature, etc.);
- Viabilità interna ed esterna;
- Solai (per questioni di stabilità);
- Soppalchi (destinazione d'uso, praticabilità, tenuta e portata)
- Botole (per condizioni di "visibilità" e con chiusura a sicurezza)
- Uscite (adeguatezza e sufficienza)
- Porte (adeguatezza e sufficienza)
- Locali sotterranei (dimensioni, ricambi d'aria)

Si tratta di situazioni di rischio che possono comportare infortuni, anche gravi, dei lavoratori per:

- *schiacciamento*
- *urto*
- *attrito o abrasione*
- *scivolamento, inciampo o caduta*

Riferimenti e approfondimenti

Gli ambienti di lavoro sono definiti all'art. 62 del d.lgs. n. 81/08:

a) *i luoghi destinati a ospitare posti di lavoro, ubicati all'interno dell'azienda o dell'unità produttiva, nonché ogni altro luogo di pertinenza dell'azienda o dell'unità produttiva accessibile al lavoratore nell'ambito del proprio lavoro;*

b) *i campi, i boschi e altri terreni facenti parte di un'azienda agricola o forestale.*

La stessa norma specifica che tale definizione, invece, non è applicabile:

- ai mezzi di trasporto;
- ai cantieri temporanei o mobili;
- alle industrie estrattive;
- ai pescherecci.

La valutazione del rischio derivante dagli ambienti di lavoro deve essere attuata nella fruizione di:

- *Uffici;*
- *Ambienti commerciali;*
- *Corridoi;*
- *Magazzini;*
- *Aree produttive;*
- *Aree di ristoro;*
- *Porte e finestre;*
- *Scale;*
- *Etc.*

I maggiori eventi avversi che si possono avere negli ambienti lavorativi sono infortuni di natura meccanica (es. cadute, fratture ossee, contusioni, tagli, abrasioni, ecc.), difficoltà nella fruizione dei locali, soprattutto da parte dei lavoratori disabili e difficoltà nell'esodo delle persone anche disabili in caso di emergenza.

Per la corretta valutazione del rischio, oltre al declinato **art.62**, occorre considerare anche **l'art.63** (che fornisce una prima indicazione sui *requisiti* di salute e sicurezza che gli ambienti di lavoro devono avere), **l'art.64** (che indica tutti gli *obblighi* che ricadono in capo al datore di lavoro in relazione agli ambienti, obblighi che vanno da una corretta progettazione ad una corretta manutenzione degli ambienti di lavoro), **l'art.65** (che sancisce l'impossibilità, salvo deroghe, di adibire *locali interrati* come ambienti di lavoro) ma in particolar modo occorre far riferimento all'Allegato IV che fornisce precisi e specifici dettagli sui requisiti di legge richiesti. Tali indicazioni sono vincolanti per il Datore di Lavoro nel *progettare e predisporre* i propri ambienti di lavoro.

Di seguito si riporta una estrapolazione dell'Allegato IV a cui, comunque, si rimanda per una completa e utile disamina di tutti gli elementi richiesti dalla norma.

Requisito	Riferimento all'All.IV	"Obiettivo"
Stabilità e solidità degli ambienti di lavoro	1.1.3. I luoghi di lavoro destinati a deposito devono avere, su una parete o in altro punto ben visibile, la chiara indicazione del carico massimo ammissibile per unità di superficie dei solai. 1.1.4. I carichi non devono superare tali massimi e devono essere distribuiti razionalmente ai fini della stabilità del solaio	Eliminare/mitigare il rischio di crollo dei solai
Altezza, cubatura e superficie	1.2.1. I limiti minimi per altezza, cubatura e superficie dei locali chiusi destinati o da destinarsi al lavoro nelle aziende industriali che occupano più di cinque lavoratori, ed in ogni caso in quelle che seguono le lavorazioni che comportano la sorveglianza sanitaria, sono i seguenti: - 1.2.1.1. altezza netta non inferiore a m 3; - 1.2.1.2. cubatura non inferiore a mc 10 per lavoratore; - 1.2.1.3. ogni lavoratore occupato in ciascun ambiente deve disporre di una superficie di almeno mq 2.	Eliminare/mitigare il rischio di infortuni Eliminare/mitigare il dis-confort dei lavoratori
Vie ed uscite di emergenza	1.5.2. Le vie e le uscite di emergenza devono rimanere sgombre e consentire di raggiungere il più rapidamente possibile un luogo sicuro.	Eliminare/mitigare il rischio di mancato o problematico esodo in caso di emergenza
Porte e portoni	1.6.2. Quando in un locale le lavorazioni ed i materiali comportino pericoli di esplosione o specifici rischi di incendio e siano adibiti alle attività che si svolgono nel locale stesso più di 5 lavoratori, almeno una porta ogni 5 lavoratori deve essere apribile nel verso dell'esodo ed avere larghezza minima di m 1,20. 1.6.3. Quando in un locale si svolgono lavorazioni diverse da quelle previste al comma 2, la larghezza minima delle porte è la seguente: - 1.6.3.1. Quando in uno stesso locale i lavoratori normalmente ivi occupati siano fino a 25, il locale deve essere dotato di una porta avente larghezza minima di m 0,80; - 1.6.3.2. Quando in uno stesso locale i lavoratori normalmente ivi occupati siano in numero compreso tra 26 e 50, il locale deve essere dotato di una porta avente larghezza minima di m 1,20 che si apra nel verso dell'esodo;	Eliminare/mitigare il rischio di mancato o problematico esodo in caso di emergenza

Rischi da carenza di sicurezza su Macchine, Apparecchiature e Sistemi

Le cronache, purtroppo, riportano spesso infortuni molto gravi o mortali, derivanti dal cosiddetto "rischio meccanico" dovuto all'interazione tra l'operatore e la "macchina" a cui è addetto o che sta utilizzando per svolgere la propria attività lavorativa. Le cause possono essere molteplici e tra queste, certamente, possiamo annoverare quelle correlate a:

- Carenze di protezione:
  - *degli organi di avviamento;*
  - *degli organi di trasmissione;*
  - *degli organi di lavoro;*
  - *degli organi di comando;*
- Macchine con o senza marchio 'CE';
- Carenze di protezione nell'uso di *apparecchi di sollevamento, ascensori e montacarichi*;
- Carenze di protezione nell'uso di *apparecchi a pressione* (bombole e circuiti);
- Accesso a *vasche, serbatoi, piscine* e simili.

Anche in questo caso, come noto, possono verificarsi infortuni, anche molto gravi, dei lavoratori. Solo per esemplificare, si pensi a quella che, purtroppo, è una delle principali situazioni infortunistiche e cioè l'impigliamento dell'operatore nelle parti rotanti di una macchina. Occorre puntualizzare che, se la macchina è correttamente progettata, questi eventi possono verificarsi solo nei casi in cui le "protezioni" non siano state controllate, siano state rimosse o, per qualche ragione, risultino essere inefficienti. In questi casi, come le cronache hanno talvolta riportato, si viene a creare un "punto di presa" con possibilità di impigliamento e successivo trascinamento.

I precetti del d.lgs. n. 81/08 a cui riferirsi per la valutazione dei rischi di tipo "meccanico" sono:

- Titolo III "Uso delle attrezzature di lavoro e dei dispositivi di protezione individuale";
- Allegato V "Requisiti di sicurezza delle attrezzature di lavoro costruite in assenza di disposizioni legislative e regolamentari di recepimento delle direttive comunitarie di prodotto, o messe a disposizione dei lavoratori antecedentemente alla data della loro emanazione";
- Allegato VI "Disposizioni concernenti l'uso delle attrezzature di lavoro";
- Allegato VII "Verifiche di attrezzature";
- Allegato VIII "Indicazioni di carattere generale relative a protezioni particolari".

A questi, necessariamente, occorre aggiungere (e farne riferimento ai fini della VdR) alcune norme di leggi specifiche (la *Direttiva 2006/42/CE* "Direttiva Macchine"[21] e norme su recipienti a pressione, atmosfere esplosive, rifiuti, sostanze pericolose, prevenzione incendi) e, sebbene "non vincolanti"[22], anche le norme tecniche di riferimento.

La consultazione e disamina di queste norme consente di valutare efficacemente il "rischio meccanico" rispetto ai seguenti danni potenziali:

- *Schiacciamento*: quando una parte del corpo rimane schiacciata da due o più elementi meccanici in movimento;
- *Cesoiamento*: asportazione di una parte del corpo;

---

[21] Che sarà sostituita in applicazione del nuovo regolamento (UE) 2023/1230

[22] Art.2, co.1 lettera u), d.lgs. n.81/2008 "norma tecnica": specifica tecnica, approvata e pubblicata da un'organizzazione internazionale, da un organismo europeo o da un organismo nazionale di normalizzazione, la cui osservanza non sia obbligatoria

- *Taglio o sezionamento*: dovuti al "contatto" con un elemento meccanico tagliente;
- *Impigliamento, trascinamento o intrappolamento*: quando una parte del corpo viene catturata da elementi meccanici rimanendo incastrata tra gli stessi;
- *Urto*: colpo dovuto a parti meccaniche in movimento.
- *Perforazione o puntura*: penetrazione di un elemento acuminato, della macchina o dei suoi componenti, in una parte del corpo.
- *Attrito o abrasione*: sfregamento tra una parte del corpo e un elemento meccanico che può generare escoriazioni.
- *Proiezione di fluidi, corpi solidi o parti di macchina*: quali ad esempio schizzi di fluidi caldi, escorianti, etc. o schegge che possono colpire il lavoratore.
- *Scivolamento, inciampo o caduta*: su parti della macchina che prevedono l'accesso o la sosta del lavoratore.

Numerosi studi statistici hanno posto in risalto una serie di eventi collegati a specifici fattori di rischio. Ne citiamo alcuni:

- **presa di indumenti o parti del corpo nel giunto cardanico**: situazione che si verifica per:
  - avvicinamento al giunto non protetto;
  - manutenzione eseguita con giunto inserito;
  - indumenti non adeguati al lavoro;
  - mancato 'inserimento' della protezione alla fine del lavoro.

- **parti libere in rotazione**: molte parti di macchine continuano a ruotare anche dopo che è stata tolta l'alimentazione. Occorre dunque tenere presente dei tempi tecnici previsti dal costruttore della macchina. La prevenzione in questo caso consiste nell'*informazione* dei tempi necessari per ottenere il completo arresto dell'attrezzatura in uso".

- **presenza di punti o fluidi ad alta temperatura**: pericolosi anche per il fatto che il contatto con l'operatore può causare movimenti bruschi verso parti in rotazione o comunque decisamente più pericolose.

All'estensore del DVR, in ultimo, vale la pena ricordare l'importanza che assume, in questi casi, l'attenta disamina dei **near-miss**, in quanto da considerarsi come 'campanelli d'allarme' su potenziali carenze nella macchina o nel sistema.

Rischi da "manipolazione" di Sostanze Pericolose

riferendosi, in questo caso, a:

- *Sostanze infiammabili;*
- *Sostanze corrosive;*
- *Sostanze comburenti;*
- *Sostanze esplosive.*

Riferimenti e approfondimenti

Sebbene i rischi di cui si tratta possano essere anche esaminati "trasversalmente" per specifiche motivazioni (per esempio, nel caso in cui si intenda valutare una specifica *mansione*), è bene riferirsi alle specifiche normative sui c.d. rischi normati; in questo caso, al rischio "incendio" e al rischio "chimico" i quali, per evidenze che esamineremo, contemplano, in maniera contemporanea, sia effetti avversi per la sicurezza che per la salute.

Rischi da carenza di Sicurezza Elettrica

con riferimento a:

- *Contatto diretto con parti attive;*
- *Contatto indiretto con parti attive;*
- *Sovraccarico dell'impianto;*
- *Rischio generalizzato per inidoneità del progetto e/o inidoneità d'uso.*

Sul rischio c.d. "elettrico", come vedremo meglio nell'approfondimento, occorre fare una distinzione tra il rischio *associato* all'attività lavorativa (p.e. nel caso di un elettricista), e si parla di rischio ad *'esposizione deliberata'* e quello *correlato*, in quanto legato p.e. all'utilizzo di un macchinario connesso elettricamente e da cui può derivare un danno per il lavoratore, cioè un rischio ad *'esposizione potenziale'*.

In ogni caso, gli infortuni da rischio elettrico sono principalmente dovuti alla **elettrocuzione** (folgorazione) e rappresentano, purtroppo, un'ampia fetta di quegli eventi ad alto tasso di *mortalità* che, statistiche alla mano, è pressoché doppia rispetto a quella degli infortuni "non elettrici".

Le conseguenze del contatto con parti in tensione, infatti, possono essere più o meno gravi, a seconda dell'intensità di corrente che passa attraverso il corpo e la durata della "scossa elettrica", distinguendo tra contatto elettrico **diretto** (quando la scarica viene trasmessa al corpo direttamente da una fonte di energia) e quello **indiretto** (quando vi è passaggio di corrente attraverso un elemento *conduttore* come può essere l'acqua o un metallo).

Gli eventuali effetti dannosi sull'organismo, che esamineremo nell'approfondimento di seguito, variano in base alla durata *dell'esposizione, alla frequenza e all'intensità della corrente* e possono comportare, dunque, danni lievi, più gravi ed anche letali.

Una precisazione è doverosa: secondo la norma tecnica di riferimento, la CEI 11-17, si ha un rischio elettrico se (e solo se) è presente una parte attiva accessibile (*con accesso alle parti attive*: prove e misure, riparazioni, sostituzioni, montaggi ed ispezioni); ne deriva che, a differenza di quanto comunemente si pensi, la realizzazione di un nuovo impianto elettrico *non è* un lavoro elettrico: finché l'impianto non è alimentato, non dispone di parti attive e di conseguenza non vi è alcun rischio di elettrocuzione.

Riferimenti e approfondimenti

Il Testo Unico sulla salute e sicurezza dedica il **Capo III** (*Impianti e apparecchiature elettriche*) del **Titolo III** (*Uso delle attrezzature di lavoro e dei dispositivi di protezione individuale*) agli elementi che il datore di lavoro deve tenere in considerazione per valutare e ridurre il rischio di natura elettrica.

Per **rischio elettrico** si intende *la probabilità di subire gli effetti derivanti da contatti accidentali con elementi in tensione (contatti diretti e indiretti – con una parte attiva non protetta), o da arco elettrico, per il danno conseguente.* Esiste, comunque, anche un rischio elettrico legato alla salvaguardia degli immobili, di macchinari/attrezzature e degli impianti, da valutare al fine di evitare possibili inneschi di incendi o esplosioni.

Come accennato, per la maggior parte dei lavoratori, il rischio elettrico è dovuto al pericolo a cui sono esposti i lavoratori a seguito del venir meno di *barriere di sicurezza* di cui sono stati dotati gli impianti o le apparecchiature; pertanto, è possibile asserire che l'esposizione al rischio, in questi casi, si verifica solo a seguito di un'errata progettazione o di incuria nell'uso di attrezzature, impianti e apparecchiature. Altri lavoratori, invece, sono esposti al rischio elettrico poiché svolgono la propria attività lavorativa *sugli impianti* elettrici stessi, ad esempio per **l'esercizio, le verifiche o la manutenzione.** Ci sono, inoltre, lavoratori esposti al rischio elettrico a causa di una attività svolta *nei pressi* di impianti elettrici, come nei casi di potatura di piante o altre attività, nei cantieri edili, in presenza di linee elettriche aeree nelle vicinanze.

Gli aspetti relativi alla valutazione dello specifico rischio, compresi i riferimenti alle misure preventive e protettive, sono definiti agli articoli dal n.80 al n.87 della norma.

In particolare, con **l'art.80** *"Obblighi del datori di lavoro"*, viene specificato l'obbligo di eseguire la valutazione dei rischi (con redazione dello specifico documento), adottando procedure di uso e manutenzione che *tengano conto delle disposizioni legislative vigenti*, correlandosi con il successivo **art.81** *"Requisiti di sicurezza"*, che specifica che tutti i materiali, macchinari e apparecchiature, nonché l'installazione e gli impianti elettrici ed elettronici devono essere progettati, realizzati e costruiti a *regola d'arte*, condizione ottenibile solo in caso di conformità alle **norme tecniche** di riferimento.

La peculiarità del Capo III del Titolo III è proprio questa: a differenza di quanto proposto dalle norme precedenti (i DPR degli anni '50) che fornivano anche indicazioni tecniche, oggi ci si riferisce alla "regola dell'arte" e alle norme *tecniche* nazionali che disciplinano i lavori elettrici e, dunque, nel caso specifico, la **norma CEI 11-27** e la norma **CEI 11-15** (*per i lavori in alta e media tensione*).

Come già accennato in precedenza, gli operatori che possono essere interessati al rischio elettrico sono potenzialmente tutti i lavoratori, indipendentemente dal settore, dalla mansione svolta o dal reparto di lavoro. Tuttavia, è ragionevole suddividere tali soggetti in due macrocategorie, in relazione al differente grado di esposizione a tale rischio:

- utenti "generici";
- operatori elettrici.

Gli utenti generici sono i lavoratori che, nell'ambito dell'attività aziendale, operano, anche occasionalmente, utilizzando impianti o attrezzature elettriche e/o elettroniche, alimentate da energia elettrica. Sono utenti generici anche i lavoratori che, a qualsiasi titolo, possono venire a contatto con masse che, a causa di un guasto, possono presentare tensioni pericolose.

Gli operatori elettrici sono invece i soggetti che, per loro specifica mansione, svolgono i "lavori elettrici" così definiti dalla Norma CEI 11-27, intesi come interventi su impianti o apparecchiature elettriche con accesso alle parti attive, fuori o sotto tensione, o nelle vicinanze. Rientrano in questa categoria anche i lavoratori che hanno la necessità di rimuovere le protezioni di impianti, macchine o attrezzature elettriche al fine effettuare lavori o, più semplicemente, l'apertura di quadri elettrici per interventi di ripristino in caso di guasto.

Principalmente per quest'ultima categoria di operatori, l'**art.82**, comma 1, specifica che *"l'esecuzione di lavori su parti in tensione deve essere affidata a lavoratori riconosciuti dal datore di lavoro come idonei per tale attività, secondo le indicazioni della pertinente normativa tecnica"* ed infatti, sempre la norma CEI 11-27, indica che i lavori elettrici possono essere eseguiti da persone esperte o *persone avvertite*. I lavori **sotto tensione**, se in bassa tensione, possono essere eseguiti da **persone esperte (PES)** in ambito elettrico, dotate di idoneità (in media e alta tensione i lavoratori devono essere abilitati da società autorizzate).

I lavori, invece, **in prossimità di parti attive** possono essere eseguiti da **persone esperte (PES)** o **avvertite (PAV)** in ambito elettrico, oppure da **persone comuni (PEC)** sotto la supervisione di una PES (che ha messo in atto una *messa in sicurezza* elettrica, oppure l'installazione di barriere o di protettori isolanti), oppure da PEC sotto la sorveglianza di PES o PAV applicando la procedura del lavoro in prossimità (*distanza di sicurezza*).

In termini di danni, abbiamo già accennato al fatto che questi variano in base alla durata dell'esposizione, alla frequenza e all'intensità della corrente.

Il passaggio di corrente elettrica attraverso il corpo, agendo direttamente sui vasi sanguigni e sulle cellule nervose, provoca lo stato di **shock elettrico** e può provocare *lesioni al miocardio, aritmie, alterazioni permanenti di conduzione* oltre a gravi conseguenze *sull'attività cerebrale, al sistema nervoso centrale e all'apparato visivo e uditivo.*

Per contatti brevi o con correnti di bassa intensità, si possono verificare danni meno significativi, generalmente localizzati nel punto di contatto e possono manifestarsi con *ustioni locali o ipersensibilizzazione della zona colpita dalla scarica.*

In sede di valutazione, inoltre, occorre considerare anche gli effetti dell'eventuale malfunzionamento degli apparati e delle attrezzature elettriche, così come eventuali utilizzi *impropri*, che risultano essere causa di innesco di incendi. La medesima considerazione va fatta anche sulla base di variazioni dei processi lavorativi che possano apportare un aumento della richiesta di energia, quindi un potenziale **sovraccarico** dell'impianto (nuova strumentazione o attrezzature).

Esiste, dunque, la possibilità che si sviluppi un **incendio di natura elettrica**, ragione per cui scatta automaticamente l'obbligo della relativa valutazione ("rischio incendio").

La valutazione del rischio elettrico, dunque, deve tenere in considerazione diversi elementi, partendo dalle fonti di rischio primarie (impianti e apparecchi) e senza trascurare le condizioni dell'impianto specifiche e le caratteristiche del luogo di lavoro, nonché dei processi lavorativi che possano eventualmente causare interferenze.

La sicurezza dei lavoratori nei lavori elettrici è basata sulla formazione dei lavoratori e sulla scrupolosa osservanza delle procedure di lavoro. In particolare, nei lavori considerati a rischio è necessario adottare una serie di misure di prevenzione e protezione dal rischio elettrico.

Dato che gli aspetti di maggiore criticità risultano essere impianti elettrici, quadri, linee di distribuzione e attacchi, come previsto dal d.lgs. n.37/08[23], occorre prestare molta attenzione alle verifiche periodiche e le relative certificazioni dello stato di ogni elemento, anche in considerazione dei carichi elettrici che un impianto deve sopportare. Ai sensi del DPR 462/01[24],

---

[23] DECRETO 22 gennaio 2008, n. 37 "Regolamento concernente l'attuazione dell'articolo 11-quaterdecies, comma 13, lettera a) della legge n. 248 del 2 dicembre 2005, recante riordino delle disposizioni in materia di attività di installazione degli impianti all'interno degli edifici." (GU Serie Generale n.61 del 12-03-2008)

[24] DECRETO DEL PRESIDENTE DELLA REPUBBLICA 22 ottobre 2001, n. 462 "Regolamento di semplificazione del procedimento per la denuncia di installazioni e dispositivi di protezione contro le

il DdL deve provvedere a far effettuare la verifica periodica degli impianti elettrici di messa a terra e dei dispositivi di protezione dalle scariche atmosferiche ogni due oppure ogni cinque anni.

Dal punto di vista dei lavoratori, l'utilizzo in sicurezza delle apparecchiature elettriche non può prescindere dall'adeguata informazione e formazione che diviene fondamentale per le c.d. *persona avvertita, esperta e/o idonea* (corsi per PES, PAV e PEI i cui requisiti formativi minimi sono individuati dalla norma CEI 11-27, art. 5.4).

---

scariche atmosferiche, di dispositivi di messa a terra di impianti elettrici e di impianti elettrici pericolosi."
(GU Serie Generale n.6 del 08-01-2002)

Rischi da Incendio/Esplosione

dovuti, principalmente, ai seguenti fattori (anche se l'elenco potrebbe, evidentemente, essere più lungo):

- Presenza di materiali infiammabili d'uso;
- Presenza di armadi di conservazione (caratteristiche strutturali e di aerazione);
- Presenza di depositi di materiali infiammabili (caratteristiche strutturali di ventilazione e di ricambi d'aria);
- Carenza di sistemi antincendio;
- Carenza di segnaletica di sicurezza.

L'**incendio** è una *combustione* che si sviluppa in modo *incontrollato* nel tempo e nello spazio.

L'**esplosione** è una *combustione a propagazione molto rapida* con violenta liberazione di energia e può avvenire in presenza di *gas, vapori o polveri combustibili* di alcune sostanze instabili e fortemente reattive o di materie esplosive. La liberazione violenta di energia (*in un tempo dell'ordine del millesimo di secondo*) provoca delle pressioni molto forti che hanno degli effetti distruttivi enormi: deflagrazione con una velocità inferiore a quella del suono, detonazione con una velocità superiore a quella del suono.

Tali rischi sono correlati a numerose attività lavorative ed alcuni tra questi (quelli correlati con le *polveri*) sono spesso sottovalutati in virtù di una presunzione di innocuità di taluni elementi (farine, cereali, zucchero, etc.).

La materia del rischio correlato all'incendio e/o alle esplosioni è estremamente complessa e dunque, è opportuno rinviare ad altre pubblicazioni specifiche una vera disamina completa, cercando comunque di fornire al lettore di questo testo quante più informazioni possibili al fine di acquisire la sensibilità e la consapevolezza dell'importanza dei rischi correlati.

È necessario, anzitutto, fare una premessa: affinché si verifichi una combustione occorre che intervengano tre elementi, il *combustibile*, il *comburente* e un *innesco*, classicamente rappresentati all'interno del c.d. **triangolo della combustione**:

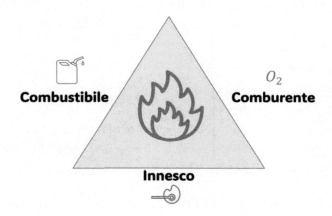

- Il **combustibile**: è una sostanza capace di bruciare in presenza di comburente, fornendo energia termica. Il combustibile può essere solido, liquido o gassoso, naturale o artificiale;
- Il **comburente**: è la sostanza che aiuta a mantenere la combustione. In genere è l'ossigeno dell'aria, ma può essere costituito da altre sostanze es: nitriti, nitrati, cloro, perclorati, fluoro, ozono, permanganati, perossidi, ossidi (sostanze che comunque hanno una quantità d'ossigeno sufficiente nella molecola);
- L'**innesco**: è l'energia iniziale che fa partire la combustione.

La mancanza di uno solo dei precedenti elementi impedisce che la combustione avvenga ed è proprio per questa ragione che le misure normalmente attuate per "sopprimere" una combustione agiscono, in modo combinato, sugli elementi del triangolo della combustione, mediante:

- *Esaurimento del combustibile (allontanamento o separazione della sostanza combustibile dal focolaio);*

- *Soffocamento della combustione (separazione del comburente dal combustibile o riduzione del comburente in aria);*
- *Raffreddamento (sottrazione di calore fino ad avere una temperatura inferiore a quella necessaria al mantenimento della combustione).*

Per quanto attiene la valutazione del rischio, è opportuna la preliminare conoscenza degli effetti che un incendio può avere sull'uomo e sui materiali dell'area interessata, considerando quali sono i "prodotti" generati da una combustione:

➢ *fiamme;*
➢ *calore;*
➢ *fumi;*
➢ *gas tossici della combustione (ossido di carbonio, anidride carbonica, idrogeno solforato, anidride solforosa, ammoniaca, acido cianidrico, acido cloridrico, perossido d'azoto, aldeide acrilica, fosgene).*

Per una corretta valutazione del rischio, con una congrua ponderazione del danno, occorre tener conto dei principali effetti che i prodotti di una combustione possono avere sull'uomo:

▪ l'*anossia*, causata della diminuzione dell'ossigeno nell'aria per la combustione e dall'azione combinata di gas come l'ossido di carbonio e l'anidride carbonica;
▪ l'azione *tossica* dei gas prodotti nella combustione;
▪ la *riduzione della visibilità* a causa del fumo, che impedisce la fuga dall'area interessata dall'incendio;
▪ l'azione *termica* delle fiamme sulla pelle, causa di *ustioni*;
▪ l'esposizione a calore elevato che causa un *innalzamento della temperatura* corporea a livelli non sostenibili per l'organismo;
▪ l'inalazione di aria ad elevate temperature che può determinare l'*arresto respiratorio.*

Da non trascurare anche gli effetti sulle strutture che potrebbero coinvolgere i lavoratori:

▪ *collasso* della struttura;

- *l'esplosione* che può avere luogo quando gas, vapori o polveri infiammabili, vengono innescati da una fonte avente sufficiente energia, tanto da sviluppare un aumento di pressione che può arrivare fino ad otto volte la pressione iniziale.

Riferimenti e approfondimenti

Il principale riferimento al rischio incendio all'interno del Testo Unico sulla salute e sicurezza si trova all'**art.46** (*Prevenzione incendi*) dove viene sancito il *preminente interesse pubblico, di esclusiva competenza statuale*, nella lotta antincendio. Al **comma 2** dello stesso articolo viene chiaramente stabilito che tutti i principi di prevenzione incendi devono applicarsi anche ai luoghi di lavoro ("devono essere adottate idonee misure per prevenire gli incendi e per tutelare l'incolumità dei lavoratori"), attraverso la specifica valutazione del rischio e la conseguente adozione di idonee misure preventive e protettive.

Lo stesso precetto, poi, identifica nelle norme appositamente dedicate quelle a cui far riferimento per il contrasto al rischio incendio. La norma di riferimento è stata, sino a poco tempo fa, lo storico **D.M. 10/3/98** oggi completamente abrogato e sostituito da una successione di decreti emanati nei primi giorni di settembre 2021:

- D.M. 1/9/2021 per quanto riguarda la qualifica degli addetti alla manutenzione antincendio,
- D.M. 2/9/2021 relativamente alla Formazione dei Lavoratori Addetti alla Gestione Emergenza Antincendio e alla qualifica dei Formatori in materia Antincendio,
- e, principalmente, il **D.M. 3/9/2021** *"Criteri generali di progettazione, realizzazione ed esercizio della sicurezza antincendio per luoghi di lavoro, ai sensi dell'articolo 46, comma 3, lettera a), punti 1 e 2, del decreto legislativo 9 aprile 2008, n. 81."* (GU Serie Generale n.259 del 29-10-2021) che tratta esplicitamente il tema della Valutazione del Rischio Incendio.

Rinviando, come già specificato in precedenza, ad un'attenta consultazione di queste norme, appare utile comunque fornire alcune indicazioni sulle cause d'incendio più frequenti, così che se ne possa tenere debito conto in sede di valutazione:

> *Cause di origine elettrica,* dovute:
- a surriscaldamento dei cavi di alimentazione elettrica;
- ad errato dimensionamento ovvero non corretto utilizzo di prese a spina;
- a corto circuiti;
- a scariche elettrostatiche;
- al carente stato di conservazione di cavi di alimentazione elettrica di apparecchi utilizzatori;
- apparecchiature (od impianti), tenute sotto tensione anche quando queste non sono in condizioni di essere utilizzate;
- a utilizzo di prolunghe per l'alimentazione di apparecchi elettrici portatili non idonee ovvero in scadenti condizioni di conservazione;
- a interventi di manutenzione ordinaria e straordinaria non eseguiti in modo conforme alle norme.

> *Cause derivanti da negligenza:*
- deposito o manipolazione non corretta di sostanze infiammabili o facilmente combustibili;
- inosservanza delle regole di prevenzione incendi, come il divieto di fumare, usare fiamme libere nelle aree in cui non è consentito;
- utilizzo di apparecchi per il riscaldamento, in aree in cui non è consentito ovvero con carenze di manutenzione;
- utilizzo di bollitori, scaldavivande, fornelli elettrico a gas non autorizzati e/o in condizioni di conservazione non ottimali;
- uso di prolunghe per l'alimentazione di apparecchi elettrici, non idonee ovvero in condizioni non ottimali;
- deposito di materiali infiammabili in quantità difformi dal consentito;
- stoccaggio di prodotti infiammabili per la pulizia e l'igiene dei locali, non adeguatamente custoditi;

- utilizzo di prese volanti ovvero multi-prese non autorizzate e/o in condizioni di conservazione non ottimali;
- mancata rimozione di materiali combustibili obsoleti abbandonati nei luoghi di lavoro (come carta, cartone, materiali plastici, stracci, arredi lignei ecc.).

➢ *Cause di origine termica dovute a macchine ed impianti*
- surriscaldamento non previsto di componenti e/o "parti" di macchine ed impianti;
- anomalie dovute a carenze di manutenzione e/o lubrificazione;
- mancato funzionamento di termostati e/o di dispositivi di sicurezza ad essi collegati;
- ostruzione di aperture di ventilazione necessarie al raffreddamento di macchine ed impianti.

➢ *Cause dovute ad anomalie di funzionamento di macchine ed impianti*
- perdite di gas, liquidi o vapori infiammabili, dovute al cattivo funzionamento di componenti delle apparecchiature;
- inosservanza delle modalità d'utilizzo fornite dal fabbricante;
- abbandono, in prossimità di macchine e impianti, di materiali infiammabili o facilmente combustibili;
- carenze di manutenzione e/o lubrificazione ovvero da interventi di riparazione e/o sostituzione di pezzi, non conformi a quanto previsto dal fabbricante;
- mancato funzionamento dei dispositivi di sicurezza ed allarme etc.

A tutte quelle elencate, vanno aggiunte le eventuali *azioni dolose*, principalmente per le aree all'aperto, che possono comunque coinvolgere i lavoratori presenti.

Per quanto concerne il **rischio esplosione** è bene sapere che un'esplosione può avvenire alla presenza di:

- **atmosfere esplosive**: *una miscela con l'aria, a condizioni atmosferiche, di sostanze infiammabili allo stato di gas, vapori, nebbie o polveri in cui, dopo accensione, la combustione si propaga nell'insieme della miscela incombusta;*
- **sostanze esplosive**: *sostanze solide, liquide, pastose o gelatinose che, anche senza l'azione dell'ossigeno atmosferico possono provocare una reazione esotermica con rapida formazione di gas.*

Il rischio da atmosfere esplosive, specie quello dovuto alla miscela con le *polveri*, è spesso sottovalutato, benché occorrerebbe sapere che potenzialmente tutte le polveri derivanti da materiali **metallici ossidabili** (*alluminio, ferro, zinco, magnesio*), **sostanze organiche naturali** (*grano e cereali, legno, zucchero, farine*) o sintetiche (*plastica, pesticidi, pigmenti organici*), creano atmosfere esplosive.

Perché avvenga la deflagrazione delle polveri esplosive devono però verificarsi una serie di condizioni tra loro correlate. Questi cinque fattori sono noti anche come **pentagono dell'esplosione** e includono: *Comburente*, solitamente l'ossigeno contenuto nell'aria, *Fonte di innesco, Ambiente confinato, Polvere con natura combustibile, Particelle in sospensione.*

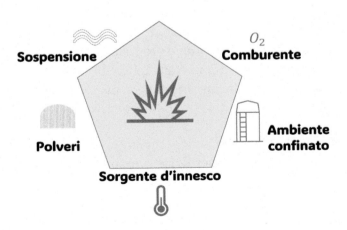

Questi elementi aiutano nella classificazione delle aziende e dei settori considerati a rischio deflagrazione causata da polveri esplosive, andando a identificare quelli che sono ambienti **ATEX**[25]. In generale, comunque, i settori considerati a rischio (tenuti dunque a specifica valutazione) sono:

- Industria chimica
- Discariche
- Ingegneria edile
- Produzione di energia
- Smaltimento
- Industria alimentare e mangimistica
- Fornitura di gas
- Industria del legno
- Verniciatura
- Agricoltura
- Aziende metallurgiche

In questa tipologia di attività dovranno quindi essere identificate le aree aziendali reputate a rischio e classificate di conseguenza le zone di tipo ATEX.

All'interno del Testo Unico, è l'**Allegato XLIX** a fornire indicazioni utili, ai fini della valutazione del rischio specifico da *atmosfere esplosive*, sulla suddivisione degli ambienti di lavoro in base al rischio di presenza di atmosfere esplosive: in generale, un'area in cui può formarsi un'atmosfera esplosiva in quantità tali da richiedere particolari provvedimenti di protezione per tutelare la sicurezza e la salute dei lavoratori interessati è considerata area esposta a rischio di esplosione. La classificazione delle zone, in applicazione agli **artt. 258, 259, 262, 263** del TUSL si basa sulla *frequenza e durata della presenza* di atmosfere esplosive. Il livello dei provvedimenti da adottare deve avvenire in conformità all'**Allegato L**:

- **Zona 0:** *Area in cui è presente in permanenza o per lunghi periodi o frequentemente un'atmosfera esplosiva consistente in una miscela*

---

[25] La direttiva 2014/34/UE ("direttiva ATEX") è entrata in vigore il 20 aprile 2016 ed ha sostituito la direttiva 94/9/CE. È stata recepita in Italia con il d.lgs. 19/05/2016 n. 85.

di aria e di sostanze infiammabili sotto forma di gas, vapore o nebbia;

- **Zona 1:** *Area in cui la formazione di un'atmosfera esplosiva, consistente in una miscela di aria e di sostanze infiammabili sotto forma di gas, vapori o nebbia, è probabile che avvenga occasionalmente durante le normali attività;*
- **Zona 2:** *Area in cui durante le normali attività non è probabile la formazione di un'atmosfera esplosiva consistente in una miscela di aria e di sostanze infiammabili sotto forma di gas, vapore o nebbia o, qualora si verifichi, sia unicamente di breve durata;*
- **Zona 20:** *Area in cui è presente in permanenza o per lunghi periodi o frequentemente un'atmosfera esplosiva sotto forma di nube di polvere combustibile nell'aria;*
- **Zona 21:** *Area in cui la formazione di un'atmosfera esplosiva sotto forma di nube di polvere combustibile nell'aria, è probabile che avvenga occasionalmente durante le normali attività;*
- **Zona 22:** *Area in cui durante le normali attività non è probabile la formazione di un'atmosfera esplosiva sotto forma di nube di polvere combustibile o, qualora si verifichi, sia unicamente di breve durata.*

Al fine di salvaguardare la sicurezza e la salute dei lavoratori, e secondo i principi fondamentali della valutazione dei rischi, il datore di lavoro deve attenersi agli obblighi previsti all'**art. 291**.

In termini di danno, le lesioni da esplosione comprendono sia traumi fisici che psicologici. I traumi fisici comprendono *fratture, compromissione respiratoria, lesioni ai tessuti molli e agli organi interni, emorragie interne ed esterne con shock, ustioni e compromissioni sensoriali, in particolare dell'udito e della vista*. Alcuni studi specifici hanno individuato cinque tipologie di danni in correlazione all'entità dell'esplosione:

Tipo	Meccanismo	Lesioni tipiche
Primarie	Impatto dell'onda d'urto supersonica sul corpo Colpisce preferenzialmente strutture cave o riempite da gas	Barotrauma polmonare (lesione da esplosione) Rottura della membrana timpanica e danni dell'orecchio medio Emorragia addominale e perforazione intestinale Rottura del bulbo oculare Lesione cerebrale traumatica lieve (concussione)
Secondari	Impatto sul corpo di detriti prodotti dall'esplosione	Lesioni contusive o penetranti Penetrazione oculare (evidente o occulta)
Terziarie	Impatto del corpo scagliato dall'esplosione sulle superfici o sui detriti nell'ambiente circostante	Fratture e amputazioni traumatiche Lesioni cranio-cerebrali chiuse e aperte
Quaternarie	Processi indipendenti di lesioni da esplosione primarie, secondarie, o terziarie (p. es., ustioni, inalazioni tossiche, lesione da schiacciamento dovute all'intrappolamento sotto i detriti, aggravamento di disturbi medici)	Ustioni Lesione traumatica da schiacciamento con rabdomiolisi e sindrome compartimentale Lesioni delle vie respiratorie causate dalle sostanze tossiche inalate Asma, angina, o infarto del miocardio scatenati dall'evento
Quinarie	Lesioni derivanti da materiali tossici assorbiti dal corpo provenienti dall'esplosione e dall'ambiente post-detonazione (p. es., sostanze radiologiche, biologiche)	Ustioni da radiazioni o malattia acuta da radiazioni

Prima di concludere l'argomento del rischio incendio/esplosione, si ritiene opportuno informare il lettore circa l'esistenza di una **Linea Guida ATEX** con relativo *metodo di calcolo* e di valutazione del rischio. L'algoritmo, sviluppato dalla Linea Guida, provvede a fornire risultati molto interessanti sul rischio specifico ed è di facile utilizzo.

I Rischi per la Salute

I Rischi per la salute, detti anche *Rischi igienico-ambientali*, sono tutti quelli in qualche modo responsabili della potenziale compromissione dell'equilibrio biologico del personale addetto ad operazioni o a lavorazioni che comportano l'emissione nell'ambiente di **fattori ambientali di rischio**, di natura *chimica, fisica e biologica*, con seguente esposizione del personale addetto.

Lo studio delle cause e dei relativi interventi di prevenzione e/o di protezione nei confronti di tali tipi di rischio è orientato alla ricerca dell' "Idoneo *equilibrio bio-ambientale* tra **Uomo**, da una parte, e **Ambiente di Lavoro**, dall'altra".

Uno degli errori più comuni che si commette in sede di valutazione dei rischi per la salute è quello di considerarli correlati esclusivamente all'eventuale sviluppo, nel tempo, di *malattie professionali*.

Questo malinteso, purtroppo, comporta una carenza nella valutazione stessa in quanto punta il proprio obiettivo prevenzionistico sul "lungo periodo", sottovalutando, al contempo, i *rischi immediati* di cui invece il lavoratore può essere vittima.

I Rischi per la Salute si possono suddividere in diverse categorie, il cui elenco è sempre e comunque da ritenersi non esaustivo e suscettibile di costante aggiornamento:

Rischi da Agenti Chimici

Si tratta di *rischi di esposizione* connessi all'impiego di *sostanze chimiche, tossiche o nocive* in relazione a:

- **ingestione;**
- **contatto cutaneo;**
- **inalazione;**

per presenza di *inquinanti* sotto forma di *gas, vapori, polveri, aerosol, nebbie, fumi e fibre.*

Gas	*sostanza presente in natura allo stato gassoso (es. ossigeno). Sostanza/miscela che si trova al di sopra della sua temperatura critica e che non può essere liquefatta per sola compressione. È caratterizzata dalla mancanza di forma e volume propri e dalla tendenza a occupare tutto il volume disponibile;*
Vapore	*Sostanza aerodispersa a causa dell'evaporazione o ebollizione della fase liquida; a temperatura ambiente possono coesistere la fase vapore con la fase liquida (es. vapore acqueo) o solida (es. vapori di iodio o di mercurio). Sostanza/miscela che si trova a temperatura inferiore a quella critica, e quindi, al contrario di un gas, in grado di condensare per sola compressione. È caratterizzata dalla mancanza di forma e volume propri e dalla tendenza a occupare tutto il volume disponibile*
Polvere	*Particelle che hanno la stessa composizione del materiale da cui si sono generate. Le particelle ambientali hanno diametro generalmente compreso tra 0,25 e 100 micron*
Aerosol	*Dispersione di solido o liquido in atmosfera (nebbia o fumo)*
Nebbia	*Dispersione di liquido in atmosfera*
Fumo	*Dispersione in atmosfera di particelle solide prodotte da processi chimici o termici. Le particelle solide presenti hanno una composizione diversa da quella del materiale da cui si sono generate*
Fibra	*Particella di forma allungata e sottile, con rapporto lunghezza/larghezza eguale o superiore a 3"*

Tra i rischi più diffusi all'interno dei luoghi di lavoro, uno tra questi è certamente il *rischio chimico*. Infatti, contrariamente a quanto comunemente si pensi, questo rischio non è limitato alle sole industrie del comparto chimico o ai laboratori, ma è sostanzialmente **presente in tutte le aziende** che adoperano determinati tipi di sostanze, talvolta anche molto comuni.

L'insorgenza del rischio da agenti chimici e dunque la relativa esigenza di valutarne le conseguenze, si concretizza nel momento in cui sul luogo di lavoro sono presenti due fattori:

1. il *pericolo* derivante dall'agente chimico
2. l'*esposizione* ovvero le condizioni, legate all'attività svolta, che possono portare il lavoratore nell'area di azione dell'agente chimico.

Il rischio che viene a concretizzarsi può riguardare due diversi aspetti: per la *sicurezza* del lavoratore, in virtù dei **pericoli *fisici*** degli agenti chimici e per la *salute* dello stesso, in ragione degli effetti che tali sostanze possono avere sull'organismo umano. A questi due aspetti va sommato anche il rischio per *l'ambiente*, legato agli effetti esercitati da una sostanza o miscela una volta immessa nell'ambiente ma che, ovviamente, non viene preso in considerazione dal Testo Unico per la Salute e Sicurezza sul Lavoro e non è dunque oggetto nemmeno della presente trattazione.

Sulla base di quanto detto, chi scrive ritiene opportuno che ogni azienda debba riproporsi l'effettuazione di un'accurata valutazione del rischio da agenti chimici, ponendosi l'obiettivo di tutelare sia la sicurezza del lavoratore quanto la sua salute.

Sul punto, si suggerisce la consultazione del documento INAIL *"Agenti chimici pericolosi: istruzioni ad uso dei lavoratori"* dove si ribadisce che le sostanze o le miscele possono *"produrre effetti indesiderati su organismi viventi o alterare in modo significativo le funzioni di organi e apparati o comprometterne la sopravvivenza"* e che il danno *"può manifestarsi immediatamente o dopo periodi di tempo più o meno lunghi"*.

Nel primo caso, dunque, abbiamo a che fare con un **infortunio**: *"il danno si manifesta subito dopo il contatto con l'agente chimico. Ad esempio, schizzi di acido possono causare ustioni sulla pelle"*.

Nel secondo caso l'agente chimico provoca la **malattia professionale**: *"provoca una malattia, che si manifesta dopo un certo periodo di tempo dall'esposizione (periodo di latenza), che può essere anche di molti anni nel caso dei tumori"*.

In entrambe i casi, il maggior danno si verifica quasi sempre a seguito di **inalazione** (con la considerazione che tanto più è "pesante" l'attività svolta, tanto maggiore è l'assorbimento della sostanza nociva, a causa del maggior volume di aria respirata nell'unità di tempo) o di **ingestione**, in quanto le sostanze penetrano direttamente nell'apparato digerente.

Da non sottovalutare, però, c'è anche il **contatto cutaneo** specie se sono presenti abrasioni, ferite, flogosi e riduzione del film lipidico della cute che favoriscono l'assorbimento dei tossici.

Su tutti questi aspetti, nell'approfondimento che segue, saranno forniti i riferimenti contenuti nel Testo Unico utili ad effettuare una efficace e congrua valutazione del rischio.

Sul punto, inoltre, si rimanda il lettore alla consultazione dei regolamenti europei e alle numerose linee guida e d'indirizzo pubblicati sul tema. Appare opportuno rammentare, inoltre, che sono stati sviluppati, in ambito nazionale, numerosi modelli di calcolo in conformità proprio ai regolamenti REACH e CLP (sulla classificazione delle sostanze). Tra questi, si evidenziano i modelli:

- *MoVaRisCh* (predisposto e adottato da Regione Toscana, Lombardia ed Emilia-Romagna) che commenteremo in un capitolo successivo;
- *Al.Pi.Ris.C* (predisposto e adottato nell'ambito della Regione Piemonte).

Riferimenti e approfondimenti

All'interno del Testo Unico sulla salute e sicurezza, il rischio chimico è oggetto del **Titolo IX, Capo I** *"Protezione da agenti chimici"*, **dall'art. 221 all'art.232** che affrontano in ogni dettaglio questa importante tipologia di rischio.

Di particolare importanza, ai fini della valutazione, è l'**art.222** che definisce gli agenti chimici come *tutti gli **elementi** o **composti** chimici, sia da soli sia nei loro **miscugli**, allo stato naturale o ottenuti, utilizzati o smaltiti, compreso lo smaltimento come rifiuti, mediante qualsiasi attività lavorativa, siano essi prodotti intenzionalmente o no e siano immessi o no sul mercato.*

Lo stesso precetto, inoltre, introduce gli indispensabili concetti di:

➢ **valore limite di esposizione professionale** (Vlep): *se non diversamente specificato, il limite della concentrazione media ponderata nel tempo di un agente chimico nell'aria all'interno della zona di respirazione di un lavoratore in relazione ad un determinato periodo di riferimento; un primo elenco di tali valori è riportato nell'All. XXXVIII;*

➢ **valore limite biologico**: *il limite della concentrazione del relativo agente, di un suo metabolita, o di un indicatore di effetto, nell'appropriato mezzo biologico; un primo elenco di tali valori è riportato nell'All. XXXIX;*

In particolare, il Vlep è l'elemento da tenere in considerazione nella valutazione dei rischi, come indicato all'**art. 223**.

Occorre precisare che, oltre ai VLEP, molto spesso, si fa riferimento ai *TLV – TWA* proposti dall'ACGIH (*Associazione degli Igienisti Industriali Americani*), così definiti:

➢ ***TLV-TWA*** (Threshold Limit Value - Time Weighted Average - Valore Limite ponderato): *"rappresenta la concentrazione media, ponderata nel tempo, degli inquinanti presenti nell'aria degli ambienti di lavoro nell'arco dell'intero turno lavorativo. Indica il livello di esposizione al quale si presume che, allo stato delle attuali conoscenze scientifiche, la maggior parte dei lavoratori possano essere esposti 8 ore al giorno, per 5 giorni alla settimana, per tutta la durata della vita lavorativa, senza risentire di effetti dannosi per la salute. Per le sostanze per le quali viene proposto tale limite, inoltre, viene accettata la possibilità di escursioni durante la giornata lavorativa che tuttavia non dovranno eccedere di 3 volte il valore del TLV - TWA per più di 30 minuti complessivi nell'arco* *del turno di lavoro, e senza mai superare il valore di 5 volte il TLV – TWA";*

➢ **TLV-STEL** (Threshold Limit Value - Short Term Exposure Limit - Valore Limite per brevi esposizioni): *"rappresenta le concentrazioni medie che possono essere raggiunte dai vari inquinanti per un periodo massimo di 15 minuti, e comunque per non più di 4 volte al giorno con intervalli di almeno 1 ora tra i periodi di punta";*

➢ **TLV-C** (Threshold Limit Value – Ceiling - Valore Limite di soglia): *"rappresenta la concentrazione che non può essere mai superata durante tutto il turno lavorativo. Tale limite viene impiegato soprattutto per quelle sostanze ad azione immediata, irritante per le mucose o narcotica, tale da interferire rapidamente sullo stato di attenzione del lavoratore con possibili conseguenze dannose sulla persona stessa (infortuni) e/o sulle operazioni tecniche che svolge".*

Tutte le indicazioni sugli obblighi di valutazione del rischio chimico, inclusa la *sorveglianza sanitaria*, la *formazione* e la scelta dei *dispositivi di protezione* più adatti, sono contenuti nei precetti del citato Capo I, Titolo IX, tuttavia il quadro che norma questa tipologia di rischio è molto più ampio, tant'è che la stessa norma, all'**art.232** (*Adeguamenti normativi*) si ripropone il continuo adeguamento alle indicazioni della Commissione Europea. Per tutelare i lavoratori e tenere sotto controllo il rischio chimico, infatti, bisogna anche rifarsi a normative europee specifiche ed in particolare al *Regolamento REACH* e al *Regolamento CLP* di seguito descritti.

REACH è l'acronimo di *Registration, Evaluation, Authorization of CHemicals,* cioè *Registrazione, valutazione e autorizzazione degli agenti chimici.* Si tratta del regolamento europeo **CE n. 1907/2006**, entrato in vigore il 01 giugno 2007. Questo riferimento normativo viene applicato a tutti i produttori e agli importatori di sostanze chimiche, sottoponendoli all'obbligo di registrazione delle sostanze stesse presso l'ECHA (Agenzia Europea delle Sostanze Chimiche).

Ai sensi di questo regolamento, chiunque produca o importi in nell'Unione Europea sostanze chimiche pericolose dovrà provvedere all'identificazione dei rischi da esse derivate, facendo in modo di fornire all' utente tutte le informazioni necessarie a fruire del prodotto senza incorrere in rischi per la sicurezza.

Il **CLP** (Classification Labelling Packaging) è il Regolamento europeo **CE n. 1272/2008**, entrato in vigore il 20 gennaio 2009 e a cui si deve l'introduzione di un nuovo sistema uniformato di **classificazione, etichettatura e imballaggio** delle sostanze e le miscele chimiche *armonizzandosi* con il Sistema Mondiale dell'ONU, il **GHS**. Lo scopo primario del regolamento CLP è quello di etichettare le sostanze chimiche in modo da garantire una classificazione a priori per l'utilizzatore, in modo intuitivo e rapido attraverso 9 pittogrammi di cui:

- 5 indicano i pericoli fisico-chimico;
- 3 indicano i pericoli per la salute;
- 1 indica i pericoli per l'ambiente.

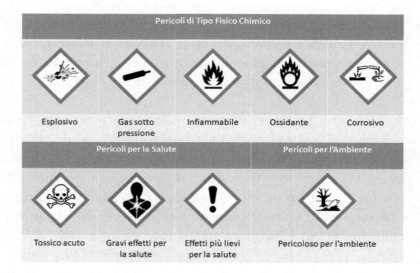

Oltre al pittogramma, ai sensi del regolamento CLP, sul prodotto chimico devono essere presenti anche:

- *Anagrafica e contatti dell'impresa;*
- *Quantità nominale di una sostanza o miscela contenuta nell'imballaggio messo a disposizione del pubblico;*

- *Identificatori del prodotto;*
- *Frasi di pericolo h;*
- *Avvertenze;*
- *Consigli di prudenza;*
- *Informazioni ulteriori (ove previsto da altre normative).*

Il Regolamento CLP, inoltre, introduce la **Scheda Dati di Sicurezza** quale strumento a garanzia della comunicazione delle informazioni.

In termini di danni potenziali, appare opportuno fornirne una rapida disamina, operando una distinzione (solo funzionale) a seconda della modalità di "contatto" con l'operatore:

- Assorbimento per **inalazione**: La *via* più frequente di assorbimento che si manifesta quando la sostanza chimica è presente sotto forma di gas, fumi, vapori o aerosol. L'effetto può limitarsi alle vie respiratorie superiori (fenomeni irritativi) oppure danneggiare i polmoni. Si possono realizzare effetti di tipo irritativo, acuto o cronico, caratterizzati da infiammazione, congestione, edema. In conseguenza di ripetuti episodi infiammatori acuti, si possono sviluppare affezioni broncopolmonari croniche quali bronchiti e bronchioliti, fibrosi peribronchiali e perivasali, fibrosi polmonare ed enfisema.

- Assorbimento per **via cutanea**: come già accennato, la cute, normalmente, costituisce una barriera tra l'organismo e l'ambiente esterno; tuttavia, sono sempre di più le sostanze per le quali è stato riscontrato un notevole rischio di assorbimento cutaneo, non solo per contatto diretto, ma anche per esposizione della cute ai vapori della sostanza stessa. La penetrazione avviene più facilmente in tutte quelle condizioni in cui è compromessa l'integrità della pelle. Il contatto diretto o l'esposizione della cute a vapori di agenti chimici irritanti può provocare fenomeni infiammatori di vario grado, sino all'ustione. Alcune sostanze presentano un'azione fotosensibilizzante, per cui la cute diventa ipersensibile ad una successiva esposizione alla luce solare. Infine, considerato che la cute è deputata all'eliminazione di scorie, può verificarsi che delle intossicazioni interne possano determinare delle affezioni cutanee dovute al tentativo dell'organismo di espellere per tale via i tossici nocivi.

- Assorbimento per **ingestione**: La sintomatologia legata all'ingestione di sostanze chimiche può essere rappresentata da nausea, vomito, dolori addominali fino ad arrivare, nei casi più gravi, a diarrea profusa, addome acuto per perforazione ed ulcere.

Rischi da Agenti Cancerogeni e Mutageni

Secondo i dati raccolti dall'*Agenzia Internazionale per la Ricerca sul Cancro (Iarc)*, esistono diverse centinaia di agenti classificabili come *cancerogeni e/o mutageni*[26] di tipo fisico, biologico e chimico che, sotto l'aspetto dell'esposizione in ambito professionale, risulta essere estremamente complesso per diverse ragioni, fra le quali il lungo periodo di latenza tra l'*esposizione* e l'insorgenza dei sintomi patologici, motivo, tra l'altro, che non consente di isolare facilmente il rischio esclusivamente professionale.

Gli agenti cancerogeni e/o mutageni (in forma di sostanze o miscele) sono presenti in diversi settori produttivi: quali *materie prime* (nel comparto agricolo, nell'industria petrolchimica e farmaceutica, nei laboratori di ricerca, etc.) o come *sottoprodotti* derivati da alcune attività (dall'asfaltatura stradale, la produzione della gomma ma anche nel comparto del legno, etc.).

Solo come spunto di riferimento, appare opportuno, fornire un breve elenco delle principali sostanze o 'famiglie' di sostanze, potenzialmente cancerogene e/o mutagene che vengono utilizzate, più o meno abitualmente, in alcuni ambienti di lavoro:

- composti inorganici dell'arsenico;
- composti del cromo esavalente;
- composti del nickel;
- composti del berillio;
- composti del cadmio;
- benzene;
- idrocarburi Policiclici Aromatici (IPA);

---

[26] La differenza principale tra mutageno e cancerogeno è che il mutageno causa un cambiamento ereditario delle informazioni genetiche di un organismo, mentre il carcinogeno causa o promuove il cancro negli animali e nell'uomo. La mutagenesi è il meccanismo con cui avviene il cambiamento nel materiale genetico, mentre la cancerogenesi è il meccanismo mediante il quale avviene la formazione di tumori a causa di eventi mutageni [INAIL].

- formaldeide;
- cloruro di vinile;
- butadiene;
- clorometileteri;
- ossido di etilene;
- ammine aromatiche;
- chemioterapici antiblastici (CA).

Riferimenti e approfondimenti

All'interno del Testo Unico sulla salute e sicurezza, il rischio da agenti cancerogeni e mutageni è oggetto del **Titolo IX Sostanze Pericolose, Capo II** *"Protezione da agenti cancerogeni e mutageni"*, **dall'art. 233 all'art.245** che fanno poi riferimento agli Allegati XLII *Elenco di sostanze miscele e processi* e XLIII *Valori limite di esposizione professionale.*

Tra l'altro, con il Decreto Interministeriale 11 febbraio 2021 *"Agenti cancerogeni o mutageni durante il lavoro"* è stata recepita la direttiva **UE 2019/130** del 16 gennaio 2019 e la direttiva UE 2019/983 del 5 giugno 2019 che modificano la direttiva "Cancerogeni" 2004/37/CE del 29 aprile 2004, proprio sulla protezione dei lavoratori contro i rischi derivanti da un'esposizione ad agenti cancerogeni o mutageni durante il lavoro.

Ciò ha comportato una revisione dei suddetti **Allegati XLII e XLIII**.

Ad oggi, dunque, l'All. XLII riporta il seguente elenco di sostanze, miscele e processi:

1. Produzione di auramina con il metodo Michler.
2. Lavori che espongono agli idrocarburi policiclici aromatici presenti nella fuliggine, nel catrame o nella pece di carbone.
3. Lavori che espongono alle polveri, fumi e nebbie prodotti durante il raffinamento del nichel a temperature elevate.
4. Processo agli acidi forti nella fabbricazione di alcool isopropilico.

5. Il lavoro comportante l'esposizione a polveri di legno duro.
6. Lavori comportanti l'esposizione a polvere di silice cristallina respirabile, generata da un procedimento di lavorazione.
7. Lavori comportanti penetrazione cutanea degli oli minerali precedentemente usati nei motori a combustione interna per lubrificare e raffreddare le parti mobili all'interno del motore.
8. Lavori comportanti l'esposizione alle emissioni di gas di scarico dei motori diesel.

L'elenco ci permette di superare quello che, sfortunatamente, è un 'falso mito' e cioè che il rischio da agenti cancerogeni o mutageni sia "riservato" a certe branche del settore sanitario o nell'ambito dell'industria petrolchimica. Ed invece, come riportato da INAIL, le attività lavorative in cui è più elevato il rischio di contrarre *patologie neoplastiche* sono quelli in cui si verifica l'esposizione dei lavoratori a **polveri di legno o cuoio**.

Numerosi studi epidemiologici hanno, infatti, rilevato per **falegnami, mobilieri e carpentieri** un aumentato rischio per tumori delle cavità nasali e dei seni paranasali.

Nelle industrie **petrolchimiche**, a causa dell'esposizione al **benzene**, sono state evidenziate maggiori incidenze di patologie di tipo leucemico negli addetti ai processi di produzione, trasporto e utilizzazione della sostanza.

L'esposizione ai composti del **cromo** esavalente è stata associata ad un elevato livello di rischio di insorgenza di neoplasie polmonari sia nelle attività di produzione di composti cromati che nei processi di **saldatura, placcatura e verniciatura** dei materiali metallici (trattamento e rivestimento dei metalli).

L'esposizione a **idrocarburi policiclici aromatici** (IPA) ha evidenziato un aumento di rischio per cancro ai polmoni e della pelle. Gli IPA possono essere presenti nelle attività in cui hanno luogo combustioni, ad esempio: **fonderie, raffinerie, produzione di coke, di asfalto, industria della gomma, della carta, produzione di energia**, etc.

All'interno del citato Capo II, Titolo IX, all'**art.234** vengono richiamate le definizioni di agente cancerogeno e di agente mutageno:

- Un agente **cancerogeno** è:
    1. *una sostanza o miscela che corrisponde ai criteri di classificazione come sostanza cancerogena di categoria 1 A o 1 B di cui all'allegato I del regolamento (CE) n. 1272/2008 del Parlamento europeo e del Consiglio;*
    2. *una sostanza, miscela o procedimento menzionati all'Allegato XLII del presente decreto, nonché sostanza o miscela liberate nel corso di un processo e menzionate nello stesso allegato.*

- Un agente **mutageno** è:
    1. *una sostanza o miscela corrispondente ai criteri di classificazione come agente mutageno di cellule germinali di categoria 1 A o 1 B di cui all'allegato I del regolamento (CE) n. 1272/2008;*

Come si può facilmente notare, in entrambe i casi, vi è un preciso richiamo al regolamento (CE) n. 1272/2008, in merito alla classificazione e all'etichettatura delle sostanze e delle miscele pericolose, come di seguito riportato:

TABELLA SOSTANZE CANCEROGENE			
Categoria	Pittogramma	Avvertenza	Indicazioni
1A	Carc. 1A	PERICOLO!	H 350 – *Può provocare il cancro* (indicare la via di esposizione se è accertato che nessun'altra via di esposizione comporta il medesimo pericolo) H 350i – *Può provocare il cancro se inalato*
1B	Carc. 1B	PERICOLO!	H 350 – *Può provocare il cancro* (indicare la via di esposizione se è accertato che nessun'altra via di esposizione comporta il medesimo pericolo) H 350i – *Può provocare il cancro se inalato*
1C	Carc. 1C	ATTENZIONE!	H 351 – *Sospettato di provocare il cancro* (indicare la via di esposizione se è accertato che nessun'altra via di esposizione comporta il medesimo pericolo)

TABELLA SOSTANZE MUTAGENE			
Categoria	Pittogramma	Avvertenza	Indicazioni
1A	Muta. 1A	PERICOLO!	*H 340 – Può provocare alterazioni genetiche* (indicare la via di esposizione se è accertato che nessun'altra via di esposizione comporta il medesimo pericolo)
1B	Muta. 1B	PERICOLO!	*H 340 – Può provocare alterazioni genetiche* (indicare la via di esposizione se è accertato che nessun'altra via di esposizione comporta il medesimo pericolo)
1C	Muta. 1C	ATTENZIONE!	*H 341 – Sospettato di provocare alterazioni genetiche* (indicare la via di esposizione se è accertato che nessun'altra via di esposizione comporta il medesimo pericolo)

Il citato **art.234** fornisce anche una definizione di **valore limite** (in ambito professionale): *se non altrimenti specificato, il limite della concentrazione media, ponderata in funzione del tempo, di un agente cancerogeno o mutageno nell'aria, rilevabile entro la zona di respirazione di un lavoratore, in relazione ad un periodo di riferimento determinato stabilito nell'ALLEGATO XLIII.*

L'All. XLIII, a cui si rimanda, è possibile infatti visionare, in forma di tabella, quale sia il limite di concentrazione nell'aria di un'agente, per esposizioni di **breve durata** e per esposizione di **8 ore**.

Ovviamente, le informazioni di cui sopra sono fondamentali per un corretto approccio alla valutazione di questo delicato rischio professionale, anche per provvedere adeguatamente all'**informazione e formazione (Art.239)**, anche nei casi di **operazioni lavorative particolari (Art.241).**

Se dalla valutazione emerge l'esistenza del rischio specifico, il datore di lavoro deve, ove fattibile, **evitare l'utilizzo** di tali sostanze, sostituendole con prodotti meno nocivi per la salute e la sicurezza degli operatori (**Art.235**). Se ciò non è tecnicamente possibile, il datore di lavoro deve provvede affinché l'utilizzazione avvenga in un *sistema chiuso* e il livello di esposizione sia il minimo possibile, senza comunque superare il già citato **valore limite**.

La valutazione deve necessariamente tenere conto *"delle caratteristiche delle lavorazioni, della loro durata e della loro frequenza, dei quantitativi di agenti cancerogeni o mutageni prodotti ovvero utilizzati, della loro concentrazione, della capacità degli stessi di penetrare nell'organismo per le diverse vie di assorbimento, anche in relazione al loro stato di aggregazione"* e deve essere aggiornata, conformemente all'art.29, comma 3, in occasione di modifiche del processo produttivo significative ai fini della sicurezza e della salute sul lavoro ma, *in aggiunta* ed **in ogni caso, trascorsi tre anni dall'ultima valutazione effettuata (art. 236).**

Di certa rilevanza è l'**art.240**, che prende in considerazione il "caso di dispersione degli Agenti" e stabilisce che *il personale addetto deve immediatamente lasciare l'area inquinata, togliendosi, se necessario, tutti gli abiti contaminati.* L'area di interesse deve essere **isolata** e successivamente **decontaminata** e l'accesso nell'area contaminata e nella zona dove sono stati abbandonati gli abiti contaminati può essere consentito ai soli addetti alla gestione della situazione di emergenza sino ad avvenuta decontaminazione.

Altrettanto importante è l'**art.243** in cui, per evidenti ragioni, si obbliga il datore di lavoro alla tenuta di un **Registro dei lavoratori esposti** (oggi disponibile online sul portale dell'INAIL) nel quale è riportata, per ciascun lavoratore, l'attività svolta, l'agente cancerogeno o mutageno utilizzato e, ove noto, il valore dell'esposizione a tale agente.

Appare quasi pleonastico citare il potenziale danno collegato all'esposizione da rischio specifico che va dalle neoplasie plurilocalizzate, anche in forma cancerizzata, alle alterazioni di carattere genetico.

Rischi connessi all'esposizione all'Amianto

Sulla pericolosità dell'amianto (o **asbesto**) e sui danni alla salute che può cagionare sono state scritte monografie e pubblicazioni (che si invita a consultare) e tutti, più o meno, abbiamo "il polso" dell'importanza del rischio stesso, anche perché dal momento storico della *messa al bando* dell'amianto in Italia, si è avuta una proliferazione di norme che hanno regolato, nel tempo, le modalità per la gestione dei materiali, la valutazione del rischio, i requisiti delle imprese dedite alla bonifica, le caratteristiche dei laboratori d'analisi, la formazione professionale, etc.

Una bella campagna di sensibilizzazione abbastanza recente aveva come motto: "La parola Amianto ha un suono strano: inizia come 'amore' e finisce come 'pianto'.

In effetti, è così: l'amore per questo materiale è esploso negli anni'60-'70, quando praticamente ogni cosa sembrava essere destinata ad essere prodotta con questa fibra che, anche per le sue proprietà fisiche e meccaniche che sembravano garantire una vita eterna (da cui il nome di una 'nota' industria produttrice) a qualsiasi prodotto derivato, si ritrovò ad avere una diffusione a dir poco esplosiva.

La parte del *pianto*, purtroppo, la conosciamo tutti e, ancora oggi, proprio per le sue peculiari caratteristiche (e per la vetustà di molti fabbricati del territorio italiano), l'amianto rappresenta ancora un grosso rischio, anche e specialmente in certi settori produttivi e lavorativi.

L'amianto è una **fibra minerale** già presente in natura e dalle caratteristiche molto interessanti in quanto resistenti alle temperature elevate, all'azione di agenti chimici e all'azione meccanica. Tanto *flessibile* al punto da poter essere filato oltre ad essere è un ottimo materiale fonoassorbente.

Purtroppo, anche questo materiale non è eterno (come si pensava) e ha la caratteristica di sfaldarsi e ridursi (anche se debolmente perturbato) in fibre molto sottili che si disperdono in aria e, malauguratamente, possono essere inalate, causando gravi patologie nei soggetti esposti. Proprio per i motivi esposti, si è resa necessaria la messa al bando, in Italia, con la Legge n. 257/1992.

Il problema è, come già detto, che, proprio per le sue caratteristiche, i minerali d'amianto sono stati impiegati dappertutto e con molteplici funzioni. Nell'**industria** fungeva da materia prima per produrre manufatti di ogni tipo o fattura, è stato usato come isolante termico nei cicli industriali con alte e basse temperature (dalle centrali termiche agli impianti frigoriferi), come barriera antifuoco e come materiale fonoassorbente. Nel settore dei **trasporti** è stato impiegato per produrre elementi sottoposti a stress termici, come freni e frizioni (anche nel settore ferroviario) ma anche nelle vernici e coibentanti di navi e aerei. Il settore **edile** è quello che ha visto il maggior utilizzo, unito al cemento, per la produzione di tubazioni per acquedotti, fognature e lastre (Eternit), ma anche come rivestimento per aumentare la resistenza al fuoco e nei pannelli per controsoffittature, per favorire l'isolamento termico e acustico. Ancora oggi è possibile rinvenire manufatti, come vasche, termosifoni o stufe prodotte con amianto.

Ad oggi, i minerali ancora utilizzati ma interessati da fortissime limitazioni (**art.247** – *Definizioni*) sono le varietà fibrose del:
- *Crisotilo (tipo del Serpentino - amianto bianco - CAS 12001-29-5)* - la tipologia maggiormente utilizzata
- *Amosite (Anfibolo - amianto bruno - CAS 12172-73-5)*
- *Crocidolite (Anfibolo - amianto blu - CAS 12001-28-4)*
- *Tremolite (Anfibolo - CAS 14567-73-8)*
- *Antofillite (Anfibolo - CAS 77536-67-5)*
- *Actinolite (Anfibolo - CAS 12172-67-7).*

Alla luce della così ampia diffusione di questo pericoloso agente cancerogeno, appare chiara l'importanza di una corretta valutazione del rischio, specie nel settore edile, e della conseguente applicazione di tutte le indicazioni normative dettagliate nel seguito.

All'interno del Testo Unico sulla salute e sicurezza, il rischio da amianto è oggetto del **Titolo IX Sostanze Pericolose, Capo III** *"Protezione dai rischi connessi all'esposizione da amianto",* **dall'art. 246 all'art.261**.

Per le finalità di valutazione del rischio specifico appare fondamentale la *premessa* sancita dall'**art.248** - *Individuazione della presenza di amianto* in cui si stabilisce che **prima** di intraprendere qualsiasi lavoro di **demolizione o di manutenzione**, *il datore di lavoro adotta, anche chiedendo informazioni ai proprietari dei locali, ogni misura necessaria volta ad individuare la presenza di materiali a potenziale contenuto d'amianto.*

Ed infatti, *se vi è il minimo dubbio sulla presenza di amianto in un materiale o in una costruzione,* il datore di lavoro si dovrà prodigare nell'apposita valutazione ed eventualmente, in tutte le conseguenti azioni di mitigazione e protezione. Un ulteriore passaggio, infatti, è quello di capire cosa risulti dalla valutazione suddetta, perché, nei casi che si elencano nel seguito, il DdL viene "alleggerito" da alcuni obblighi:

- **brevi attività non continuative** di manutenzione durante le quali il lavoro viene effettuato solo su materiali **non friabili**;
- **rimozione senza deterioramento** di materiali non degradati in cui le fibre di amianto sono fermamente legate ad una matrice;
- **incapsulamento e confinamento** di materiali contenenti amianto che si trovano **in buono stato**;
- **sorveglianza e controllo dell'aria** e prelievo dei campioni ai fini dell'individuazione della presenza di amianto in un determinato materiale.

Nei casi (molto frequenti) in cui queste condizioni non siano soddisfatte, il primo adempimento richiesto al datore di lavoro è quello di effettuare una **notifica** telematica (**art.250**) dove, con particolare riferimento al tema dell'esposizione al rischio, è necessario indicare il numero di lavoratori interessati (esposti) e la durata dei lavori.

Occorre precisare, comunque, che la norma dispone una sorta di "qualificazione" specifica delle imprese idonee ad operare in attività di bonifica dell'amianto. All'**art.256**, infatti, viene stabilito che *lavori di demolizione o di rimozione dell'amianto possono essere effettuati solo da imprese rispondenti ai requisiti di cui all'articolo 212 del decreto legislativo 3 aprile 2006, n. 152,* prevedendo che l'impresa sia iscritta ad un apposito **Albo dei Gestori Ambientali,** costituito presso il Ministero dell'Ambiente e della Tutela del Territorio e del Mare (oggi Ministero dell'Ambiente e della Sicurezza Energetica).

Al datore di lavoro di queste imprese, prima dell'inizio di lavori di demolizione o di rimozione dell'amianto, viene richiesta la predisposizione di un **piano di lavoro** (detto *Piano di Rimozione*) al cui interno devono essere riportate, tra l'altro, tutte le misure adottate per la protezione, anche individuale, dei lavoratori esposti, le misure per *decontaminazione* del personale incaricato (**art.252**) dei lavori, nonché le misure per la protezione dei terzi e per la raccolta e lo smaltimento dei materiali.

Importantissimo è l'**art.254** - *Valore limite* in cui viene fissato il *valore limite di esposizione* per l'amianto pari a *0,1 fibre per centimetro cubo di aria,* misurato come media ponderata nel tempo di riferimento di otto ore, con le modalità previste dall'**art.253**.

In ultimo, occorre riferirsi anche agli artt. **257** (*Informazione dei lavoratori*), **258** (*Formazione dei lavoratori*) ed in modo particolare, **259** (*Sorveglianza sanitaria*) in cui, oltre a fornire disposizioni sul piano di sorveglianza, si prevede che i lavoratori iscritti nel **registro degli esposti** (cfr. agenti cancerogeni e mutageni) devono essere sottoposti ad una visita medica anche **all'atto della cessazione del rapporto di lavoro**.

RISCHI DA AGENTI FISICI

Praticamente in ogni attività lavorativa occorre valutare i rischi derivanti da **agenti fisici**, intesi come rischi da esposizione a *grandezze fisiche* che interagiscono in vari modi con l'organismo umano.

Gli agenti fisici sono definiti all'art.180 del TUSL e elencati in *rumore, ultrasuoni, infrasuoni, vibrazioni meccaniche, campi elettromagnetici, radiazioni ottiche di origine artificiale, il microclima e le atmosfere iperbariche*, anche se, in realtà, potrebbero aggiungersi anche una serie di rischi, considerati trasversali, di cui ugualmente tratteremo nel seguito, sottolineandone la potenziale collocazione in entrambe le classificazioni.

Ciascuno di questi rischi non è "titolare" di un Titolo specifico del d.lgs. n.81/2008, ma vengono trattati dal **Titolo VIII** *Agenti Fisici* all'interno del quale, in termini di Valutazione del Rischio, si fa un generale rinvio al Titolo I con l'aggiunta però di alcune peculiarità riguardanti lo specifico agente.

Rischi da esposizione al Rumore

Istintivamente, potremmo dire che il rumore è un suono che provoca una sensazione sgradevole, fastidiosa o intollerabile. Per definirla in maniera più tecnica, occorre necessariamente rifarsi all'Acustica che ci dice che: *il suono è una perturbazione meccanica che si propaga in un mezzo elastico (gas, liquido, solido) e che è in grado di eccitare il senso dell'udito (onda sonora). Se l'onda sonora che attraversa il mezzo è molto irregolare senza alcuna periodicità oscillatoria si parlerà di rumore, ovvero un suono percepito come un disturbo.*

In ogni caso, secondo i dati INAIL, il "rumore" è, ancora oggi, la terza causa di malattia professionale denunciata in quanto può provocare una serie di danni alla salute di cui il più grave è l'**ipoacusia**, cioè la perdita permanente di vario grado della capacità uditiva. Ma il rumore può anche agire su altri organi ed apparati (*apparato cardiovascolare, endocrino, sistema nervoso centrale*, etc.), provocando l'insorgenza di fatica mentale, diminuzione dell'efficienza e del rendimento lavorativo, interferenze sul sonno e sul riposo, che possono anche cronicizzarsi nel tempo, comportando:

- problemi di tipo cardiovascolare con l'insorgenza dell'ipertensione o l'incremento rischio infarto;
- indebolimento difese immunitarie;
- disturbi neurosensoriali (mal di testa, fatica mentale, vertigini);
- disturbi socio-comportamentali (nervosismo e aggressività);
- problemi gastrointestinali.

Oltre all'aspetto della salute, anche in termini di sicurezza il rumore può creare situazioni ad alta probabilità di infortunio, principalmente a causa dell'effetto di *mascheramento* che può disturbare le comunicazioni verbali o la percezione di segnali acustici di sicurezza.

Per quanto concerne i potenziali effetti all'apparato uditivo, la specifica valutazione del rischio è oggetto di specifica previsione all'interno del Capo II, Titolo VIII (che vedremo di seguito), mentre apparentemente nulla sembra riferirsi alla valutazione dei rischi e degli effetti extrauditivi. Occorre però rammentare che la norma prevede che il datore di lavoro è obbligato alla valutazione di *tutti* i rischi (artt.17 e 28) e che per effetto dell'art.63 e del punto 1.3.1 dell'All. IV *"i luoghi di lavoro, a meno che non sia richiesto diversamente dalle necessità delle lavorazioni, devono essere provvisti di un isolamento acustico sufficiente tenuto conto del tipo di impresa e dell'attività dei lavoratori"*. Per le ragioni suddette, appare evidente che la valutazione debba concentrarsi su ogni conseguenza possa essere causata dall'esposizione al rumore.

Riferimenti e approfondimenti

Il rischio da esposizione al rumore è oggetto del **Titolo VIII Agenti Fisici, Capo II** *"Protezione dei lavoratori contro i rischi di esposizione al rumore durante il lavoro"*, **dall'art. 187 all'art.198**.

Per le finalità di valutazione del rischio specifico, l'**art.190** impone al datore di lavoro di effettuare una valutazione del rumore all'interno della propria azienda al fine di individuare i lavoratori esposti al rischio ed attuare gli appropriati interventi di prevenzione e protezione della salute (e della sicurezza). La valutazione del rischio deve essere effettuata da **persona qualificata** in tutte le aziende, **indipendentemente dal settore produttivo**.

Nella valutazione occorrerà individuare:

- il **livello**, il tipo e la durata dell'esposizione, ivi inclusa ogni esposizione a rumore impulsivo;
- i **valori limite** di esposizione e i valori di **azione**;
- tutti gli effetti sulla salute e sulla sicurezza dei lavoratori particolarmente sensibili al rumore, con particolare riferimento alle **donne in gravidanza e i minori**;
- per quanto possibile a livello tecnico, tutti gli effetti sulla salute e sicurezza dei lavoratori derivanti da interazioni fra **rumore e vibrazioni**;
- tutti gli effetti indiretti sulla salute e sulla sicurezza dei lavoratori risultanti da **interazioni fra rumore e segnali di avvertimento** o altri suoni che vanno osservati al fine di ridurre il rischio di infortuni;

- le informazioni sull'emissione di rumore fornite dai **costruttori dell'attrezzatura** di lavoro in conformità alle vigenti disposizioni in materia;
- il **prolungamento del periodo di esposizione** al rumore oltre l'orario di lavoro normale;
- le informazioni raccolte dalla **sorveglianza sanitaria**, comprese, per quanto possibile, quelle reperibili nella letteratura scientifica;
- la disponibilità di **dispositivi di protezione** dell'udito con adeguate caratteristiche di attenuazione.

All'**art.188** vengono definiti:

- la **pressione acustica di picco (ppeak)**: il valore massimo della pressione acustica istantanea ponderata in frequenza "C";
- il **livello di esposizione giornaliera al rumore (LEX,8h)**: [in dB(A) riferito a pressione di 20 μPa]: valore medio, ponderato in funzione del tempo, dei livelli di esposizione al rumore per una giornata lavorativa nominale di otto ore, riferito a tutti i rumori sul lavoro, incluso il rumore impulsivo;
- **livello di esposizione settimanale al rumore (LEX, w)**: valore medio, ponderato in funzione del tempo, dei livelli di esposizione giornaliera al rumore per una settimana nominale di cinque giornate lavorative di otto ore.

Di conseguenza, all'**art.189** vengono definiti i *valori limite di esposizione e i valori di azione*, in relazione al livello di esposizione giornaliera al rumore e alla pressione acustica di picco, sono fissati a:

- **valori limite di esposizione** rispettivamente **LEX = 87 dB(A)** e ppeak = 200 Pa (140 dB(C) riferito a 20 μPa);
- **valori superiori di azione**: rispettivamente **LEX = 85 dB(A)** e ppeak = 140 Pa (137 dB(C) riferito a 20 μPa);
- **valori inferiori di azione**: rispettivamente **LEX = 80 dB(A)** e ppeak = 112 Pa (135 dB(C) riferito a 20 μPa).:

Una valutazione del rischio da rumore può ritenersi efficace e completa se:

- *definisce i LEX e Lpicco, C degli esposti a più di 80 dB(A) e 135 dB(C);*
- *individua i fattori accentuanti il rischio (vibrazioni, rumori impulsivi, etc.);*
- *individua le aree e delle macchine a forte rischio (LAeq > 85 dB(A) e LCpicco > 137 dB(C));*
- *definisce le misure tecniche e organizzative di contenimento del rischio.*

Ovviamente per pervenire a questi risultati, occorre effettuare una **valutazione strumentale** del rumore che viene eseguita mediante l'utilizzo di **fonometri**, strumenti in grado di quantificare i livelli nell'arco temporale delle otto ore lavorative, restituendo *valori di fondo e di picco* i quali, confrontati con i valori limite definiti per legge, forniscono una univoca indicazione sulla necessità o meno di dover adottare misure preventive e/o protettive. In questo caso, tutti i dati empirici devono essere tutti riportati all'interno di uno *specifico allegato* al DVR. L'esito della valutazione potrà essere inserito all'interno di altri documenti riguardanti la sicurezza, tra cui:

- Piano Operativo della Sicurezza (POS);
- Documento Unico di Valutazione dei Rischi Interferenti (DUVRI).

Solo nei casi in cui il livello di esposizione al rumore è già preventivamente ipotizzabile come *trascurabile* o *irrilevante* o, comunque, con Lex normalmente minori ad 80 DB(A) (p.e. *uffici, alberghi, bar, commercio al dettaglio, mense, ristoranti, sartorie, etc.*)[27], la valutazione può essere effettuata senza l'ausilio di strumenti (*valutazione del rischio rumore senza misurazione*), avvalendosi comunque di banche dati presenti in letteratura, approvate dalla Commissione consultiva permanente e/o di specifici algoritmi di calcolo, riportandoli nel DVR come gli elementi a sostegno di quanto affermato.

In ogni caso, l'**art.181** stabilisce che *"la valutazione dei rischi derivanti da esposizioni ad agenti fisici è programmata ed effettuata, con cadenza almeno*

---

[27] Un elenco di attività e mansioni con Lex normalmente minori di 80 DB(A) può essere consultato nell'Allegato 2 del PAF (Portale Agenti Fisici) – www.portaleagentifisici.it

quadriennale, *da personale qualificato nell'ambito del servizio di prevenzione e protezione in possesso di specifiche conoscenze in materia".*

Ovviamente, la valutazione, anche prima della scadenza quadriennale, dovrà essere aggiornata per:

- introduzione di nuovi macchinari;
- verifica su macchinari esistenti con presumibile aumento del livello di rumorosità;
- modifiche dei processi lavorativi (turni, rotazioni, picchi produttivi, etc.) con conseguente variazione dei livelli di esposizione media ponderata giornaliera.

Sull'argomento dell'esposizione al rumore, oltre alle tante pubblicazioni di carattere più specifico, si suggerisce la lettura e consultazione della monografia **"La valutazione del rischio rumore"** - Edizioni Inail – 2015, consultabile anche in rete sul portale dell'Istituto.

Si suggerisce, inoltre, la consultazione delle molteplici banche dati presenti sul portale **"Agenti Fisici"** all'indirizzo *www.portaleagentifisici.it.*

Rischi da esposizione a Vibrazioni

Le **vibrazioni** sono oscillazioni meccaniche rispetto ad un punto di riferimento, determinate da onde di pressione che si trasmettono generalmente attraverso corpi solidi; le vibrazioni possono essere libere o forzate, cioè influenzate da una forza esterna come nel caso dell'utilizzo di strumenti da parte di un lavoratore.

La vibrazione meccanica è caratterizzata dai seguenti parametri:
- la **frequenza (f)**: numero di cicli completi nell'unità di tempo;
- il **periodo (T)**: intervallo di tempo necessario per completare un ciclo (reciproco della frequenza);
- la **lunghezza d'onda (l)**: spazio percorso dall'onda in un periodo;
- l'**ampiezza (A)**: ampiezza dell'onda;
- la **velocità di propagazione (cS)**: velocità alla quale l'onda si sposta nel mezzo in cui si propaga.

Nell'ambito della redazione del DVR e dunque con riferimento alla valutazione dello specifico rischio e del potenziale impatto sulla salute dei lavoratori, le vibrazioni vengono tipicamente quantificate mediante l'**accelerazione** espressa in m/s^2.

Inoltre, occorre considerare che, quasi sempre, la valutazione deve essere *diversificata*, in quanto vanno valutate indipendentemente:

- le vibrazioni trasmesse al **sistema mano-braccio** o **HAV** (*handarm vibration*);
- le vibrazioni trasmesse al **sistema corpo intero** o **WBV** (*whole body vibration*).

Questo anche in considerazione dei differenti effetti per la salute che ciascuno di questi rischi può comportare: *disturbi vascolari, osteoarticolari, neurologici o muscolari* nel primo caso, *lombalgie e traumi del rachide* nel secondo, ma specialmente in funzione dell'attività lavorativa prestata dall'operatore: le vibrazioni trasmesse al *sistema mano-braccio* sono tipiche di chi usa utensili vibranti quali *martelli demolitori, decespugliatori, motoseghe, smerigliatrici, scalpellatori,* mentre le vibrazioni al *sistema corpo intero* sono frequenti per quelle lavorazioni che si svolgono a bordo di mezzi e macchine industriali vibranti (*gru, autogru, trattori, ruspe, carrelli elevatori,* etc.).

Ciò che emerge chiaramente, comunque, è che nel rispetto di entrambe le fattispecie di rischio, occorre fare una **valutazione** anche sulla base di *appropriate informazioni sulla probabile entità delle vibrazioni per le attrezzature o i tipi di attrezzature nelle particolari condizioni di uso reperibili presso banche dati dell'INAIL* [n.d.r.] *o delle regioni o, in loro assenza, dalle informazioni fornite in materia dal costruttore delle attrezzature* ma, all'occorrenza (cioè nel *semplice* dubbio che possano essere superati i valori limite) occorre avvalersi di metodi empirici tramite la **misurazione**, con l'impiego di attrezzature specifiche e di una metodologia appropriata. La misurazione *"resta comunque il metodo di riferimento".*

Riferimenti e approfondimenti

Il rischio da esposizione alle vibrazioni meccaniche è oggetto del **Titolo VIII Agenti Fisici, Capo III** *"Protezione dei lavoratori da i rischi di esposizione a vibrazione",* **dall'art. 199 all'art.205** con il "coinvolgimento" dell'**Allegato XXXV** *Agenti Fisici* **parte A** *Vibrazioni trasmesse al sistema mano-braccio* e **parte B** *Vibrazioni trasmesse al corpo-intero.*

Per le finalità della valutazione del rischio, l'**art.202** prevede, in ciascuno dei due casi, che il DdL tenga conto, in particolare, dei seguenti elementi:

- **livello, tipo e durata** dell'esposizione, anche per esposizione a vibrazioni intermittenti o a urti ripetuti;
- **valori** limite di esposizione e i valori d'azione;
- gli eventuali effetti sulla salute e sulla sicurezza dei lavoratori particolarmente sensibili al rischio con particolare riferimento alle **donne in gravidanza e ai minori**;

- eventuali **effetti indiretti** sulla sicurezza e salute dei lavoratori risultanti da interazioni tra le vibrazioni meccaniche, il rumore e l'ambiente di lavoro o altre attrezzature;
- le informazioni fornite dal **costruttore dell'attrezzatura** di lavoro;
- l'esistenza di **attrezzature alternative** progettate per ridurre i livelli di esposizione alle vibrazioni meccaniche;
- eventuale **prolungamento** del periodo di esposizione a vibrazioni trasmesse al corpo intero al di là delle ore lavorative, in locali di cui è responsabile;
- informazioni raccolte dalla **sorveglianza sanitaria**, comprese, per quanto possibile, quelle reperibili nella letteratura scientifica.

Dalla valutazione ne consegue l'adozione delle misure di prevenzione e protezione di cui al successivo **art.203**.

Nello specifico delle **vibrazioni trasmesse al sistema mano-braccio**, l'Allegato XXXV, parte A, dispone che la **valutazione** si basi principalmente sul calcolo del *valore dell'esposizione giornaliera normalizzato a un periodo di riferimento di 8 ore*, secondo la formula:

$$A(8) = a_v \sqrt{\frac{T_e}{8}}$$

dove Te è la durata complessiva giornaliera di esposizione a vibrazioni (ore) e a_v è il valore dell'accelerazione somma vettoriale delle componenti rilevate sui tre assi:

$$a_v = \sqrt{(a_{wx}^2 + a_{wy}^2 + a_{wz}^2}$$

conformemente alla Norma UNI EN ISO 5349-1 (2004). Per il calcolo possono essere adottate le linee guida INAIL con valore di norma tecnica.

Se si procede a **misurazione**:

✓ è possibile effettuare una misura a **campionatura**, purché sia rappresentativa dell'esposizione di un lavoratore alle vibrazioni meccaniche considerate, conformemente alla Norma ISO 5349-2 (2001);

✓ nel caso di attrezzature che devono essere tenute con **entrambe le mani**, la misurazione è eseguita su ogni mano. L'esposizione è determinata facendo riferimento al più alto dei due valori; deve essere inoltre fornita l'informazione relativa all'altra mano.

L'**art.201** ci dice che:

- il **valore limite** di esposizione giornaliero, normalizzato a un periodo di riferimento di *8 ore*, è fissato a **5 m/s²**; mentre su periodi *brevi* è pari a **20 m/s²**;
- il **valore d'azione giornaliero**, normalizzato a un periodo di riferimento di *8 ore*, che fa scattare l'azione, è fissato a **2,5 m/s²**.

Nello caso, invece, delle <u>**vibrazioni trasmesse al sistema intero corpo**</u>, l'Allegato XXXV, parte B, dispone che la **valutazione** si basi principalmente sul calcolo *dell'esposizione giornaliera A (8) espressa come l'accelerazione continua equivalente su 8 ore*, calcolata secondo la formula:

$$A(8) = a_w max \sqrt{\frac{T_e}{8}}$$

dove T_e è la durata complessiva giornaliera di esposizione a vibrazioni (ore) e a_w max è il valore massimo delle 3 componenti assiali dell'accelerazione:

$$a_w max = MAX(1,4a_{wx}; 1,4a_{wy}; a_{wz})$$

conformemente alla Norma ISO 2631-1 (1997). Per il calcolo possono essere adottate le linee guida INAIL con valore di norma tecnica.

Se si procede a **misurazione**, è possibile effettuare una misura a **campionatura**, purché sia rappresentativa dell'esposizione di un lavoratore alle vibrazioni meccaniche considerate.

L'**art.201** ci dice che:

- il **valore limite** di esposizione giornaliero, normalizzato a un periodo di riferimento di *8 ore*, è fissato a **1 m/s²**; mentre su periodi *brevi* è pari a **1,5 m/s²**;
- il **valore d'azione giornaliero**, normalizzato a un periodo di riferimento di *8 ore*, che fa scattare l'azione, è fissato a **0,5 m/s²**.

Sull'argomento, oltre alle tante pubblicazioni di carattere più specifico, si suggerisce la lettura e consultazione della monografia **"La valutazione del rischio vibrazioni"** - Edizioni Inail – 2019, consultabile anche in rete sul portale dell'Istituto.

Si suggerisce, inoltre, la consultazione delle molteplici banche dati presenti sul portale **"Agenti Fisici"** all'indirizzo *www.portaleagentifisici.it* che offre anche degli algoritmi di calcolo di agevole utilizzo.

Rischi da esposizione a Campi Elettromagnetici

Nella valutazione del rischio da esposizione a **campi elettromagnetici** occorre sostanzialmente valutare le c.d. *radiazioni non ionizzanti* (*NIR Non-Ionizing Radiation*) nel campo della frequenza *non ottica* (0 Hz – 300 GHz), come da schema che segue:

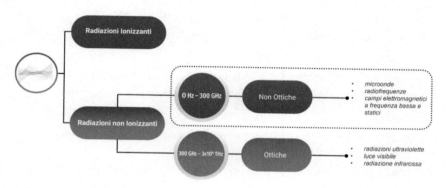

La valutazione da campi elettromagnetici è estremamente importante in quanto questo tipo di esposizione può avere importanti e seri effetti ***diretti* sulla salute** quali:

- vertigini e nausea
- effetti su organi sensoriali, nervi e muscoli
- riscaldamento di tutto il corpo o di parti del corpo
- depressione, ansia
- irritabilità, insonnia
- allergie
- ipertensione
- sterilità e problemi durante la gravidanza

Da non trascurare, per una valutazione che possa definirsi completa, anche gli effetti ***indiretti*** che possono influire **su salute e sicurezza** e derivanti da:

- interferenze con attrezzature e altri dispositivi medici elettronici;
- interferenze con attrezzature o dispositivi medici impiantati attivi, ad esempio stimolatori cardiaci o defibrillatori;
- interferenze con dispositivi medici portati sul corpo, ad esempio pompe insuliniche;
- interferenze con dispositivi impiantati passivi, ad esempio protesi articolari, chiodi, fili o piastre di metallo;
- effetti su schegge metalliche, tatuaggi, body piercing e body art;
- rischio di proiettili a causa di oggetti ferromagnetici non fissi in un campo magnetico statico;
- innesco involontario di detonatori;
- innesco di incendi o esplosioni a causa di materiali infiammabili o esplosivi;
- scosse elettriche o ustioni dovute a correnti di contatto.

Sul punto, occorre precisare che, sfortunatamente, il Testo Unico attualmente non prende in esame la prevenzione degli effetti indiretti, che, dunque, vanno considerati in maniera specifica dal datore di lavoro.

Per quanto concerne la valutazione specifica (sulla quale, indubbiamente, è bene riferirsi anche alla letteratura specializzata), occorre tenere

anche conto delle guide pratiche della Commissione europea, delle pertinenti norme tecniche europee e del Comitato Elettrotecnico Italiano (CEI), delle specifiche buone prassi individuate o emanate dalla Commissione consultiva permanente (..), e delle informazioni reperibili presso banche dati dell'INAIL o delle regioni oltre alle *informazioni sull'uso e sulla sicurezza rilasciate dai fabbricanti o dai distributori delle attrezzature, ovvero dei livelli di emissione indicati in conformità alla legislazione europea* ma, all'occorrenza (cioè nel *semplice* dubbio che possano essere superati i valori limite) occorre avvalersi di metodi empirici tramite la **misurazione** o **calcolo**, tenendo conto delle incertezze riguardanti la misurazione o il calcolo.

Il rischio da esposizione a campi elettromagnetici è oggetto del **Titolo VIII Agenti Fisici, Capo II** *"Protezione dei lavoratori da i rischi di esposizione a campi elettromagnetici"*, **dall'art. 206 all'art.212** con approfondimento all'**Allegato XXXVI** *Campi Elettromagnetici* **parte I** *Grandezze fisiche concernenti l'esposizione ai campi elettromagnetici*, **parte II** *Effetti non termici* e **parte III** *Effetti termici*.

Stante la complessità dei tabulati contenuti al citato Allegato, questi non vengono riportati nella presente trattazione e, dunque, se ne suggerisce la consultazione diretta.

Per le finalità della valutazione del rischio, l'**art.207** fornisce la definizione dei valori limite di esposizione:

- **valori limite di esposizione (VLE)**, valori stabiliti sulla base di considerazioni biofisiche e biologiche, in particolare sulla base degli effetti diretti acuti e a breve termine scientificamente accertati, ossia gli effetti termici e la stimolazione elettrica dei tessuti;
- **VLE relativi agli effetti sanitari**, VLE al di sopra dei quali i lavoratori potrebbero essere soggetti a effetti nocivi per la salute, quali il *riscaldamento termico o la stimolazione del tessuto nervoso o muscolare*;
- **VLE relativi agli effetti sensoriali**, VLE al di sopra dei quali i lavoratori potrebbero essere soggetti a *disturbi transitori delle percezioni sensoriali e a modifiche minori nelle funzioni cerebrali*;
- **valori di azione (VA)**, livelli operativi stabiliti per semplificare il processo di dimostrazione della conformità ai pertinenti VLE e, ove appropriato, per prendere le opportune misure di protezione o prevenzione specificate nel presente capo. Nell'allegato XXXVI, parte II:
  - per i campi elettrici, per «VA inferiori» e «VA superiori» s'intendono i livelli connessi alle specifiche misure di protezione o prevenzione stabilite nel presente capo;

o per i campi magnetici, per «VA inferiori» s'intendono i valori connessi ai VLE relativi agli effetti sensoriali e per «VA superiori» i valori connessi ai VLE relativi agli effetti sanitari.

Nell'ambito della valutazione dei rischi, il datore di lavoro valuta tutti i rischi per i lavoratori derivanti da campi elettromagnetici sul luogo di lavoro e, quando necessario, **misura o calcola** i livelli dei campi elettromagnetici ai quali sono esposti i lavoratori.

La valutazione, la misurazione e il calcolo devono essere effettuati tenendo anche conto delle guide pratiche della Commissione europea, delle pertinenti norme tecniche europee e del Comitato Elettrotecnico Italiano (CEI), delle specifiche buone prassi individuate o emanate dalla Commissione consultiva permanente e delle informazioni reperibili presso banche dati dell'INAIL o delle regioni.

La valutazione, la misurazione e il calcolo devono essere effettuati, inoltre, tenendo anche conto delle informazioni sull'uso e sulla sicurezza rilasciate dai fabbricanti o dai distributori delle attrezzature, ovvero dei livelli di emissione indicati in conformità alla legislazione europea, ove applicabili alle condizioni di esposizione sul luogo di lavoro o sul luogo di installazione.

Sul punto, occorre ricordare che il CEI, Comitato Elettrotecnico Italiano, ha pubblicato nel 2020 la nuova revisione della Norma **CEI EN 50499:2020** *"Procedura per la valutazione dell'esposizione dei lavoratori ai campi elettromagnetici (CEM)".*

Questa norma tecnica fornisce una procedura generale per la valutazione dell'esposizione dei lavoratori a campi elettrici, magnetici ed elettromagnetici nei luoghi di lavoro al fine di determinare la conformità ai valori limite di esposizione e/o ai livelli di azione come indicato nella Direttiva Europea 2013/35/EU con lo scopo di proteggere i lavoratori dai rischi per la loro salute e sicurezza derivanti o che potrebbero derivare dall'esposizione a campi elettromagnetici (da 0 Hz a 300 GHz) durante il loro lavoro.

Si suggerisce, inoltre, la consultazione delle molteplici banche dati presenti sul portale **"Agenti Fisici"** all'indirizzo *www.portaleagentifisici.it* al cui interno è anche possibile utilizzare un algoritmo di calcolo automatico basato sulla procedura CEI EN 50499:2020.

Rischi da esposizione a Radiazioni Ottiche Artificiali

Nella valutazione del rischio da esposizione a **Radiazioni Ottiche** occorre sostanzialmente valutare le c.d. *radiazioni non ionizzanti* (*NIR Non-Ionizing Radiation*) nel campo della frequenza *ottica* (300 GHz – 3×10^4 THz), come da schema che segue:

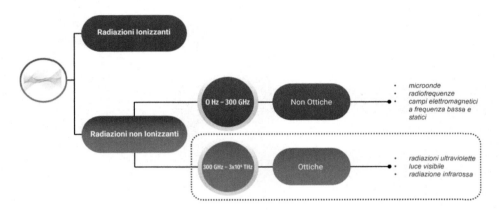

Le radiazioni ottiche hanno origine sia *naturale* che *artificiale*. La sorgente naturale per eccellenza è il sole che emette in tutto lo spettro elettromagnetico che va dall'ultravioletto (UV) all'infrarosso (IR), passando per il visibile (VIS).

Nonostante in tempi recenti si cominci a considerare l'esposizione a radiazione solare ultravioletta un rischio professionale per tutti i lavoratori che operano all'aperto (agricoltura, edilizia, personale marittimo, etc.), il Testo Unico, al momento, stabilisce le prescrizioni minime di protezione, in particolare dagli effetti nocivi sugli occhi e sulla cute, per i lavoratori esposti professionalmente alle **Radiazioni Ottiche Artificiali**.

Le sorgenti artificiali vengono classificate, preliminarmente, in **coerenti** quando emettono radiazioni in fase fra loro (i minimi e i massimi delle radiazioni coincidono) e **non coerenti** quando emettono radiazioni sfasate.

Nelle attività lavorative esistono svariate *sorgenti artificiali* **non coerenti di ultravioletti (UV)** *nella sterilizzazione, nella essicazione di inchiostri e vernici, nella* *fotoincisione, nel controllo di difetti di fabbricazione, in campo medico e/o estetico (fototerapia dermatologica, abbronzatura), nella saldatura,* e sorgenti artificiali **non coerenti di infrarossi (IF)**, quali ad esempio i *forni di fusione, i riscaldatori radianti, le lampade per riscaldamento a incandescenza, i dispositivi per la visione notturna.*

I dispositivi **L.A.S.E.R.** (*Amplificazione di Luce mediante Emissione Stimolata di Radiazione*) sono sorgenti **coerenti** in quanto emettono radiazioni ottiche di un'unica lunghezza d'onda, direzionali e di elevata intensità, che possono trovare specifiche applicazioni professionali in *campo medico e/o estetico, nelle telecomunicazioni e nell'informatica, nella lavorazione di vari tipi di materiali e di componenti microscopici (taglio, saldatura, marcatura e incisione), in metrologia, nei laboratori di ricerca, in beni di consumo (lettori CD e lettori a distanza - "bar code") e nell'intrattenimento (laser per discoteche e concerti).*

In base alla potenza del fascio emesso, i LASER sono suddivisi in 4 classi di pericolosità crescente per cui il loro utilizzo impone una certa cautela e, in molti casi, l'obbligo di adeguate misure di sicurezza.

I potenziali danni derivanti da radiazioni ottiche artificiali includono:
- *disturbi temporanei visivi come abbagliamento e accecamento temporaneo;*
- *danneggiamento dell'occhio (cristallino, cornea, retina);*
- *danneggiamento della cute, provocando ustioni, cataratta, fotosensibilizzazione o altre manifestazioni patologiche (tumori della pelle);*
- *rischi di incendio e di esplosione innescati dalle sorgenti stesse e/o dal fascio di radiazione.*

Riferimenti e approfondimenti

Il rischio da esposizione a radiazioni ottiche artificiali è oggetto del **Titolo VIII Agenti Fisici, Capo V** *"Protezione dei lavoratori da i rischi di esposizione a radiazioni ottiche artificiali"*, **dall'art. 213 all'art.218** con richiamo all'**Allegato XXXVII** *Radiazioni Ottiche* **parte I** *Radiazioni ottiche non coerenti* e **parte II** *Radiazioni Laser* che contengono e riferiscono i rispettivi

Valori limite di esposizione (*limiti di esposizione alle radiazioni ottiche che sono basati direttamente sugli effetti sulla salute accertati e su considerazioni biologiche. Il rispetto di questi limiti garantisce che i lavoratori esposti a sorgenti artificiali di radiazioni ottiche siano protetti contro tutti gli effetti nocivi sugli occhi e sulla cute conosciuti – art. 214*)

Stante la complessità dei tabulati contenuti al citato Allegato, questi non vengono riportati nella presente trattazione e, dunque, se ne suggerisce la consultazione diretta.

Per le finalità della valutazione del rischio, l'**art.215** prevede, in ciascuno dei due casi (sorgenti non coerenti e LASER), che il DdL *valuta e, quando necessario, misura e/o calcola i livelli delle radiazioni ottiche a cui possono essere esposti i lavoratori.*

La metodologia seguita nella valutazione, nella misurazione e/o nel calcolo rispetta le norme della Commissione elettrotecnica internazionale (IEC), per quanto riguarda le radiazioni laser, e le raccomandazioni della Commissione internazionale per l'illuminazione (CIE) e del Comitato europeo di normazione (CEN) per quanto riguarda le radiazioni incoerenti.

Nelle situazioni di esposizione che esulano dalle suddette norme e raccomandazioni, e fino a quando non saranno disponibili norme e raccomandazioni adeguate dell'Unione Europea, il datore di lavoro adotta le buone prassi individuate od emanate dalla Commissione consultiva permanente per la prevenzione degli infortuni e per l'igiene del lavoro o, in subordine, linee guida nazionali o internazionali scientificamente fondate.

In tutti i casi di esposizione, la valutazione tiene conto dei dati indicati dai fabbricanti delle attrezzature, se contemplate da pertinenti Direttive comunitarie di prodotto.

Sull'argomento, si suggerisce la consultazione delle molteplici banche dati presenti sul portale **"Agenti Fisici"** all'indirizzo *www.portaleagentifisici.it* al cui interno è anche possibile utilizzare degli algoritmi di calcolo automatico, di seguito elencati:

- Valutazione esposizione: **saldatura**
  - *Calcolo dei Dispositivi di Protezione per saldature in funzione della distanza e delle grandezze radiometriche misurate*
  - *Calcolo dei Dispositivi di Protezione per saldature in funzione della distanza e dei parametri di saldatura definiti nella norma UNI EN 169*
- **Illuminazione**
  - *Valutazione rischio: sistemi di illuminazione*
- **Altri calcolatori e procedure**
  - *Procedura guidata valutazione rischio laser*
  - *Foglio di calcolo radiometria Allegato XXXVII e fotometria*
  - *Foglio di calcolo corpo nero*
  - *Tabelle per la stima delle emissioni di radiazione infrarossa da superfici calde*

Sulla base dei risultati della valutazione del rischio, la norma, all'**art.217**, fornisce le prescrizioni che il DdL deve adottare per l'abbattimento/mitigazione del rischio:

il datore di lavoro definisce e attua un programma d'azione che comprende misure tecniche e/o organizzative destinate ad evitare che l'esposizione superi i valori limite, tenendo conto in particolare:

- di altri **metodi di lavoro** che comportano una minore esposizione alle radiazioni ottiche;
- della scelta di **attrezzature** che emettano meno radiazioni ottiche, tenuto conto del lavoro da svolgere;
- delle **misure tecniche** per ridurre l'emissione delle radiazioni ottiche, incluso, quando necessario, l'uso di dispositivi di sicurezza, schermatura o analoghi meccanismi di protezione della salute;
- degli opportuni **programmi di manutenzione** delle attrezzature di lavoro, dei luoghi e delle postazioni di lavoro;
- della **progettazione** e della struttura dei luoghi e delle postazioni di lavoro;
- della limitazione della **durata** e del livello dell'esposizione;

- della disponibilità di adeguati **dispositivi di protezione individuale**;
- delle **istruzioni** del fabbricante delle attrezzature.

All'**art.218**, il Testo Unico richiama l'attenzione sulla sorveglianza sanitaria, intesa a prevenire e scoprire tempestivamente effetti negativi per la salute, nonché prevenire effetti a lungo termine negativi per la salute e rischi di malattie croniche derivanti dall'esposizione a radiazioni ottiche. Deve essere effettuata di norma una volta l'anno o con periodicità inferiore decisa dal medico competente con particolare riguardo ai lavoratori particolarmente sensibili al rischio, tenuto conto dei risultati della valutazione dei rischi trasmessi dal datore di lavoro.

Rischi da esposizione a Radiazioni Ottiche Naturali

Come per le radiazioni ottiche artificiali, di cui al paragrafo precedente, anche in questo caso ci troviamo nell'ambito delle *radiazioni non ionizzanti* (*NIR Non-Ionizing Radiation*) nel campo della frequenza *ottica* ($300\,GHz - 3x10^4\,THz$).

Abbiamo già detto che le radiazioni ottiche hanno origine sia *naturale* che *artificiale* e che la sorgente naturale per eccellenza è il Sole che emette in tutto lo spettro elettromagnetico che va dall'ultravioletto (UV) all'infrarosso (IR), passando per il visibile (VIS).

Tutte le più autorevoli organizzazioni internazionali (ICNIRP, ILO, WHO) e nazionali (Istituto Superiore di Sanità) preposte alla tutela della salute e della sicurezza concordano nel considerare la **radiazione ultravioletta solare** un rischio di natura professionale per tutti i lavoratori che lavorano all'aperto (**lavoratori outdoor**) che, dunque, devono essere oggetto di tutela e di misure di prevenzione alla stregua di tutti gli altri rischi (chimici, fisici, biologici) presenti nell'ambiente di lavoro.

Un'esposizione prolungata ed intensa può provocare ustioni, invecchiamento precoce, danni agli occhi, indebolimento del sistema immunitario, reazioni fotoallergiche e fototossiche e addirittura forme tumorali dell'epidermide.

La radiazione solare, infatti, nel 1992 è stata classificata nel gruppo degli agenti cancerogeni per gli esseri umani dall'International Agency of Research on Cancer (IARC), agenzia dell'Organizzazione Mondiale della Sanità (OMS) deputata alla valutazione di cancerogenicità di sostanze, agenti e circostanze di esposizione (valutazione poi riconfermata nel 2022).

Inoltre, occorre considerare anche i cosiddetti effetti indiretti come l'*abbagliamento* che deriva dalla riflessione della luce solare su superfici lisci e altamente riflettenti e può dunque inibire temporaneamente la funzione visiva, provocando l'incremento del rischio di infortuni.

A causa di questi effetti, dunque, il datore di lavoro, la cui attività imprenditoriale è interessata da questo rischio, è obbligato a effettuare un'accurata valutazione per evitare o prevenire conseguenze negative sulla salute dei lavoratori, anche se tale obbligo non è esplicitamente previsto dal Testo Unico.

Le radiazioni ultraviolette o *raggi UV* possono essere catalogati in:

- **UVC**, radiazioni che vengono arrestate dall'atmosfera e che non giungono sulla superficie terrestre;
- **UVB**, radiazioni che 'favoriscono l'abbronzatura' ma che provocano eritemi e scottature; queste radiazioni vengono correlate all'aumento di rischio di tumori della pelle e degli occhi;
- **UVA**, radiazioni che 'favoriscono l'abbronzatura' ma che provocano l'invecchiamento della pelle e anch'essi sono correlati all'aumento del rischio per l'insorgenza di tumori.

Gli effetti dovuti all'esposizione a radiazioni ottiche naturali varia in base a diversi fattori, alcuni tra i quali sono legati all'ambiente ma altri sono soggettivi ed individuali, come ad esempio il c.d. *fototipo*, ragione per cui l'attuazione delle misure di tutela a seguito alla valutazione dell'esposizione andrebbe effettuata individualmente, in relazione appunto al fototipo, ma anche a fattori come l'assunzione di farmaci, la presenza di patologie, etc.

Il fototipo è una tipizzazione medica che consente di classificare la pelle in diverse 'classi' ciascuna delle quali ha una differente sensibilità e reazione all'esposizione al sole. Esistono sei differenti fototipi come da tabella successiva:

Fototipo	Caratteristiche	Sensibilità all'esposizione
1	Capelli rossi o biondi Pelle lattea Possibili efelidi	Non si abbronza ma la pelle si scotta
2	Capelli biondi o castano chiari Pelle chiara	Si abbronza con difficoltà, in genere si scotta
3	Capelli castani Pelle chiara con coloritura	Abbronzatura chiara. Probabili scottature

4	Capelli castano scuri o bruni Pelle olivastra	Si abbronza facilmente. Raramente si scotta
5	Capelli neri Pelle olivastra	Abbronzatura facile e scura. Non si scottano quasi mai
6	Capelli neri Pelle nera	Non si scottano mai

Appare evidente, come già accennato, che le maggiori probabilità di incorrere in questo genere di rischi, siano riservate ai *lavoratori outdoor* cioè quei lavoratori che svolgono una frazione significativa del proprio orario lavorativo all'aperto. In via del tutto esemplificativa e non esaustiva, possiamo dire che le attività che possono comportare un rischio elevato di esposizione a radiazione sono:

- *lavorazioni agricolo o forestali;*
- *floricoltura e giardinaggio;*
- *addetti alla balneazione e ad altre attività in spiaggia o a bordo piscina;*
- *edilizia e cantieristica stradale, ferroviaria o navale;*
- *lavorazioni in cave e miniere a cielo aperto;*
- *pesca e lavori a bordo di imbarcazioni, ormeggiatori, attività portuali;*
- *addetti di piazzale, movimentazione merci in varie tipologie lavorative (compresi addetti di scalo aeroportuali);*
- *addetti alle attività alla ricerca e stoccaggio idrocarburi liquidi e gassosi nel territorio, nel mare e nelle piattaforme continentali;*
- *maestri di sci o addetti impianti di risalita;*
- *altri istruttori di sport all'aperto;*
- *parcheggiatori;*
- *operatori ecologici e netturbini;*
- *addetti agli automezzi per la movimentazione di terra;*
- *rifornimento carburante: stradale/aeroportuale;*
- *portalettere/recapito spedizioni/volantinaggio;*
- *conducente di taxi, autobus, autocarri etc.*
- *forze dell'ordine e militari con mansioni all'aperto;*
- *addetti alla ristorazione all'aperto e venditori ambulanti;*
- *operatori di eventi all'aperto;*
- *manutenzioni piscine;*
- *manutenzione linee elettriche ed idrauliche esterne.*

Nonostante la radiazione ottica naturale non sia direttamente trattata all'interno del Testo Unico, occorre rammentare che gli **artt. 17 e 28** stabiliscono l'obbligo di valutare **tutti i rischi** per la sicurezza e la salute, così come fa l'**art. 181** che indica l'obbligo di valutare tutti i rischi da esposizione ad agenti fisici.

Esistono diverse procedure che possono essere applicate per determinare e valutare le esposizioni alle radiazioni ottiche naturali, tra le quali spiccano due calcolatori per la valutazione del rischio oculare e del rischio cutaneo alla radiazione UV solare, implementati sulla base dei criteri contenuti nel documento *ICNIRP 14/2007 "Protecting Work from Ultraviolet radiation"*.

La determinazione del fattore cutaneo si basa su una serie di elementi che influenzano quantitativamente l'esposizione della pelle. Il fattore di rischio pelle **Fp**, è dato dalla seguente espressione in cui ad ogni fattore, corrispondono dei valori che moltiplicati tra loro restituiscono il fattore di rischio.

$$Fp = F1 \cdot F2 \cdot F3 \cdot F4 \cdot F5 \cdot F6$$

dove:

F1 fa riferimento alla stagione:

Stagione	fattore di latitudine geografica (F1)		
	> 50 °N	30°N-50°N	< 30°N
Primavera/Estate	4	7	9
Autunno/Inverno	0,3	1,5	5

F2 fa riferimento alla copertura nuvolosa:

Copertura nuvolosa	fattore (F2)
Cielo sereno	1
Parzialmente nuvoloso	0,7
Coperto	0,2

F3 fa riferimento alla durata di esposizione:

Durata esposizione	fattore (F3)
Tutto il giorno	1
una o due ore tra le 12 e le 16	0,5
prima mattina (entro le 10) e dopo le 17	0,2

F4 fa riferimento alla riflettanza del suolo:

Riflettanza del suolo	fattore (F4)
Neve fresca/ghiaccio/marmo bianco/sale	1,8
Sabbia chiara asciutta, piscina/ mare, cemento	1,2
Tutte le altre superfici, inclusa acqua	1

F5 fa riferimento al vestiario:

Vestiario	fattore (F5)
Tronco, spalle e braccia nude	1
Tronco protetto ma esposte braccia e gambe	0,5

F6 fa riferimento all'ombreggiamento:

Ombra	fattore (F6)
Assenza totale di aree all'ombra	1
Parziale ombreggiatura (es. alberi, ombrelloni, teli, tettoie)	0,3

A seconda del risultato, vengono indicati i dispositivi di protezione da adottare e l'entità del rischio come da tabella che segue:

≤ 1	Non richiesta ulteriore protezione pelle
>1 ÷ ≤3	T-shirt, cappello a falde
>3 ÷ ≤ 5	Indumenti protettivi maniche lunghe, cappello a falde, crema protezione solare. Eventuale uso di creme solari solo se prescritte e valutate dal medico competente.
> 5	Come precedente + Modificare ambiente lavoro con aree all'ombra o organizzazione lavoro

Il fattore di rischio oculare Fo, invece, è dato dall'espressione:

$$Fo = F1 \cdot F2 \cdot F3 \cdot F4 \cdot F5 \cdot F6$$

dove:

F1 fa riferimento alla stagione:

Stagione	fattore di latitudine geografica (F1)		
	> 50 °N	30°N-50°N	< 30°N
Primavera/Estate	4	7	9
Autunno/Inverno	0,3	1,5	5

F2 fa riferimento alla copertura nuvolosa:

Copertura nuvolosa	fattore (F2)
Cielo sereno	1
Parzialmente nuvoloso	1,5
Coperto	0,8

F3 fa riferimento alla durata di esposizione:

Durata esposizione	fattore (F3)
Tutto il giorno	1
una o due ore tra le 11 e le 13	0,3
quattro o cinque ore tra le 10 e le 15	0,5
prima mattina (entro le 10) e dopo le 17	0,2

F4 fa riferimento alla riflettanza del suolo:

Riflettanza del suolo	fattore (F4)
Neve fresca/ghiaccio/marmo bianco/sale	1
Sabbia chiara asciutta, piscina/ mare, cemento	0,1
Tutte le altre superfici, inclusa acqua	0,02

F5 fa riferimento agli occhiali protettivi:

Occhiali Protettivi	fattore (F5)
Nessuno	1
Occhiali da sole senza cappello	0,5
Occhiali di protezione (DPI trasparenti) senza cappello con falda	0,2
Occhiali da sole o occhiali di protezione con cappello a falda	0,02

F6 fa riferimento all'ombreggiamento:

Ombra	fattore (F6)
Assenza totale di aree all'ombra	1
Parziale ombreggiatura (es. alberi, costruzioni)	0,3
Buona ombreggiatura (es. bosco fitto, tettoie, alta densità di edifici, etc.)	0,02

Anche in questo caso, in base al risultato vengono indicati i dispositivi di protezione da adottare e l'entità del rischio come indicato nella seguente tabella:

≤ 1	Non richiesta ulteriore protezione oculare
>1 ÷ ≤3	Cappello con visiera
>3 ÷ ≤ 5	Occhiali da sole e cappello con visiera
> 5	Occhiali da sole avvolgenti e cappello con visiera

Dal punto di vista delle misure di prevenzione, occorre prestare particolare attenzione:

- ai lavoratori con fototipo basso;
- ai lavoratori che assumono farmaci che potrebbero riscontrare reazioni allergiche potenziate dall'esposizione ai raggi UV.

Occorre, inoltre, quando possibile, attuare misure di tipo organizzativo:

- organizzare l'orario di lavoro all'aperto nelle fasce mattutine e serali, evitando l'esposizione nelle ore in cui i raggi solari sono più dannosi;
- sfruttare le zone d'ombra per le pause e per il consumo dei pasti.

Rischi da esposizione a Radiazioni Ionizzanti

L'essere umano è da sempre esposto a **radiazioni ionizzanti** di origine *naturale* (raggi cosmici, prodotti di decadimento dei cosiddetti nuclidi primordiali, etc.), ma, a partire dalla fine del diciannovesimo secolo, le radiazioni ionizzanti sono state deliberatamente utilizzate per scopi medici e industriali, e questo ha comportato la possibilità di un'accresciuta esposizione da parte dei lavoratori che le utilizzano e della popolazione in generale.

Le radiazioni ionizzanti sono onde elettromagnetiche o particelle sub-atomiche che, irradiando la materia, determinano la creazione di particelle cariche (*ionizzate*). Nel caso dell'esposizione dell'uomo, le particelle cariche formatesi possono determinare, in funzione dell'entità dell'esposizione e delle modalità con cui questa avviene, danni per la salute molto gravi, tra cui:

- Alterazioni dell'attività enzimatica della ornitinadecarbossilasi (un enzima che, quando è attivo, è associato all' insorgenza di tumori);
- Modifica del tenore di calcio nelle cellule (trasporto degli ioni dentro e fuori dalle cellule);
- Alterazioni delle proteine della membrana cellulare e modifica del trasporto di ioni attraverso la membrana stessa (un fenomeno essenziale per le cellule cerebrali);
- Aumento del rischio di sviluppare un cancro sul lungo termine;
- Danneggiamento del DNA all'interno delle nostre cellule, interrompendo il loro normale funzionamento e causando possibili mutazioni genetiche.

È bene ricordare che tutte le radiazioni ionizzanti sono classificate dallo IARC nel GRUPPO 1 - *Cancerogeni certi per l'uomo.*

Per la protezione dagli effetti negativi delle radiazioni ionizzanti, già dal secondo dopoguerra sono state emanate stringenti normative specifiche, tali che il loro impiego possa avvenire solo se adeguatamente giustificato e se fornisce vantaggi assai superiori rispetto agli eventuali danni sanitari che potrebbe determinare.

La norma di riferimento in Italia è il **d.lgs. 31 luglio 2020, n. 101**[28] che ha abrogato e sostituito il d.lgs. 17 marzo 1995 n° 230 e ss.mm.ii., che regolamenta la protezione sanitaria delle persone soggette a qualsiasi tipo di esposizione alle radiazioni ionizzanti, il mantenimento e la promozione della sicurezza nucleare degli impianti nucleari civili e la gestione responsabile e sicura del combustibile nucleare esaurito e dei rifiuti radioattivi.

L'argomento, anche in termini di valutazione del rischio specifico, è ovviamente molto ostico, tant'è che normativamente prevista la presenza di un *tecnico esperto di radioprotezione* in possesso di requisiti distintivi. Per queste ragioni, nel seguito, ci limiteremo a fornire una disamina del rischio da radiazioni ionizzanti con il principale intento di evidenziarne la gravità.

Occorre innanzitutto evidenziare i molti campi professionali in cui si fa uso **diretto o indiretto** delle radiazioni ionizzanti di origine artificiale sono molteplici.

1. *La produzione di energia elettronucleare*

Sebbene l'Italia abbia rinunciato alla produzione elettronucleare, è sempre necessario gestire comunque problematiche di rilevante entità radioprotezionistica legate alla gestione ed allo smaltimento dei rifiuti radioattivi prodotti in passato dal funzionamento delle centrali che sono state dismesse e/o derivanti dallo smantellamento delle stesse.

2. *Le applicazioni mediche*

---

[28] d.lgs. 31 luglio 2020, n. 101. *Attuazione della direttiva 2013/59/Euratom, che stabilisce norme fondamentali di sicurezza relative alla protezione contro i pericoli derivanti dall'esposizione alle radiazioni ionizzanti, e che abroga le direttive 89/618/Euratom, 90/641/Euratom, 96/29/Euratom, 97/43/Euratom e 2003/122/Euratom e riordino della normativa di settore in attuazione dell'articolo 20, comma 1, lettera a), della legge 4 ottobre 2019, n. 117.* (20G00121) (GU Serie Generale n.201 del 12-08-2020 - Suppl. Ordinario n. 29). Entrata in vigore del provvedimento: 27/08/2020

Attualmente gli utilizzi di carattere medico costituiscono la maggiore fonte di esposizione dell'uomo alle radiazioni artificiali. Le applicazioni mediche delle radiazioni appartengono a due categorie fondamentali: la radiodiagnostica e la radioterapia.

In ambito diagnostico sono usati i **raggi X** nella diagnostica radiologica e nella TAC; nella MOC si utilizzano o **tubi RX** o sorgenti radioattive sigillate. Vi sono anche **radiocomposti** che vengono somministrati al paziente (sorgenti non sigillate) per la visualizzazione delle immagini di organi e tessuti in scintigrafia nucleare e nella PET. Con le tecniche diagnostiche multimodali (PET/CT, PET/MR e SPECT/CT) si utilizzano **radiofarmaci** per aggiungere alle informazioni anatomiche e morfostrutturali proprie delle indagini radiologiche (TC e RM), informazioni legate al metabolismo cellulare, alla modulazione di recettori specifici consentendo di definire le malattie non più per la disfunzione di organi o apparati o singole linee cellulari ma documentando a livello molecolare l'alterazione che induce un processo patologico.

La **radioterapia**, che sfrutta la capacità delle radiazioni di distruggere i tessuti patologici, è ampiamente utilizzata soprattutto per la cura del cancro.

3. Le applicazioni agrobiologiche

L'uso delle radiazioni ionizzanti trova impiego nello sviluppo di **tecniche antiparassitarie e di fertilizzazione** comunemente impiegate in agricoltura. Le radiazioni ionizzanti sono utilizzate anche nell'industria *agroalimentare*, sottoponendo a irraggiamento le derrate per la **distruzione di insetti, muffe e batteri** responsabili del loro deperimento o per finalità antigerminative.

4. Le applicazioni industriali

Un'applicazione molto diffusa delle radiazioni ionizzanti in ambito industriale riguarda le **radiografie industriali**, che prevedono l'impiego di intensi fasci di raggi X prodotti da tubi a raggi X o di raggi gamma (prodotti da sorgenti radioattive sigillate) per radiografare *componenti meccanici, per assicurare la* *qualità delle fusioni e delle saldature e per verificare l'integrità di componenti impiantistici* di elevato spessore rilevanti ai fini della sicurezza.

Emettitori di particelle beta sono diffusamente utilizzati nell'industria *cartaria* per la misurazione dello spessore dei fogli di carta durante il processo di fabbricazione.

Le radiazioni ionizzanti sono anche impiegate per modificarne opportunamente le caratteristiche superficiali e di massa dei materiali. Il flusso neutronico prodotto da reattori nucleari trova impiego nella *produzione di materiali semiconduttori* per l'industria elettronica

Una applicazione ampiamente diffusa è infine la *sterilizzazione di materiali sanitari e presidi chirurgici* mediante impianti di sterilizzazione con sorgenti radioisotopiche o acceleratori di elettroni.

5. *Le applicazioni ambientali*

L'uso dei *traccianti radioattivi* consente di monitorare la dispersione e la diffusione degli inquinanti e consente anche di studiare la mappatura delle falde acquifere e delle risorse idriche sotterranee, di analizzare e misurare l'accumulo dei sedimenti sul fondo marino, di seguire il corso delle correnti oceaniche e atmosferiche e di misurare il tasso di accumulo dei ghiacci nelle calotte polari.

6. *Geologia e prospezione mineraria*

La geologia e la prospezione mineraria sono due settori nei quali le radiazioni trovano applicazioni di notevole interesse. La presenza di *radioisotopi a vita lunga* nei minerali consente di datare con buona approssimazione le formazioni geologiche, ricavando informazioni preziose per la ricerca di minerali. La stratigrafia per attivazione neutronica è invece una tecnica molto utilizzata nell'industria petrolifera per determinare la composizione degli strati geologici attraversati da una perforazione di sondaggio.

7. *Applicazioni relative alla sicurezza*

Le radiazioni trovano un campo di impiego significativo in alcune applicazioni relative alla sicurezza. Molto diffuso è ad esempio il *controllo del contenuto dei bagagli negli aeroporti*, effettuato con stazioni radiografiche che impiegano raggi X a bassa intensità.

8. *Analisi e Ricerca*

Quella della ricerca scientifica e tecnologica costituisce un'area di estesa applicazione della radioattività e delle radiazioni ionizzanti, sia come argomento di studio sia come strumento di indagine. I fenomeni e le reazioni nucleari sono argomento di studio nella fisica nucleare e subnucleare fondamentale, con particolare riferimento alle ricerche sulla composizione intima della materia (nelle quali si fa uso estensivo di acceleratori e rivelatori di grandi dimensioni) e alle ricerche sull'utilizzazione dell'energia nucleare (sistemi a fissione e a fusione).

Riferimenti e approfondimenti

Come accennato, il rischio da esposizione a radiazioni ionizzanti non è direttamente trattato all'interno del Testo Unico ma l'**art. 28** ne fa esplicita menzione tra i rischi da valutare negli ambienti di lavoro. Come detto, la norma di riferimento è il d.lgs. 31 luglio 2020, n. 101 che detta le regole per la protezione sanitaria (denominata **radioprotezione**) delle persone, e dunque anche i lavoratori, soggette a qualsiasi tipo di esposizione alle radiazioni ionizzanti.

La radioprotezione è, infatti, l'insieme di leggi, regole e procedure tese alla protezione della popolazione e dei lavoratori dagli effetti nocivi delle radiazioni ionizzanti. In termini di valutazione del rischio specifico, il richiamato d.lgs. n.101/2020, **all'art. 109 del D.lgs. 101/20** (*obblighi dei datori di lavoro, dirigenti e preposti*), comma 5 stabilisce che la **relazione redatta dall'esperto di radioprotezione** per la valutazione e la prevenzione dell'esposizione di lavoratori e popolazione a seguito della esecuzione della pratica radiologica, costituisce il documento di cui all'articolo 28, comma 2, lettera a), del decreto legislativo del 9 aprile 2008, n. 81, per gli aspetti relativi ai rischi di esposizione alle radiazioni ionizzanti ed è munita di data certa in qualsiasi modo attestata, nel rispetto dell'articolo 28, comma 2, del decreto legislativo n. 81 del 2008.

In questo senso, la valutazione del rischio e le conseguenti azioni devono tendere alla filosofia di *limitazione delle dosi* proposta dall'**ICRP** (*International Commission on Radiological Protection*) basata su tre principi fondamentali della radioprotezione:

- *giustificazione;*
- *ottimizzazione;*
- *limitazione del rischio individuale.*

In linea generale le esposizioni alle radiazioni ionizzanti devono, dunque, essere **giustificate** dai vantaggi che ne possono derivare in termini di risultato per il soggetto esposto, a condizione che tale miglior risultato non sia altrimenti conseguibile: principio di giustificazione. Il principio di giustificazione impone un raffronto tra beneficio e detrimento.

Laddove l'impiego di radiazioni ionizzanti risulti essere giustificato, le dosi individuali, il numero di persone esposte e la probabilità di esposizione dovranno essere mantenute al **livello più basso ragionevolmente ottenibile**, tenuto conto di fattori sanitari economici e sociali: principio di ottimizzazione.

Infine, le dosi individuali, anche se ammissibili sulla base dei due principi sopra descritti, non devono comunque eccedere **specifici limiti** introdotti dalla normativa per i lavoratori esposti: rispetto limiti di dose.

A parità di dose, però, gli effetti sanitari indotti dalle radiazioni ionizzanti sono funzione sia della qualità della radiazione (fotoni, elettroni, protoni, particelle alfa e neutroni) che dello specifico organo o tessuto interessato, ragione per cui sono state create due grandezze fisiche in grado di misurare questi fattori: la **dose equivalente** e la **dose efficace**.

I limiti di dose introdotti dal D. Lgs 101/20 (nelle tabelle che seguono) hanno, dunque, l'obiettivo di prevenire l'insorgenza di effetti deterministici (acuti) e limitare il sopraggiungere di effetti stocastici (a lungo termine).

DOSE EFFICACE	
LAVORATORE	LIMITE DOSE EFFICACE (mSV/Anno)
NON ESPOSTO	1
ESPOSTO	20

DOSE EQUIVALENTE		
LAVORATORE	TESSUTO O ORGANO	LIMITE DOSE EQUIVALENTE (mSV/Anno)
NON ESPOSTO	CRISTALLINO	15
	PELLE	50
	ESTREMITA'	50
ESPOSTO	CRISTALLINO	20 (IN PASSATO 150)
	PELLE	500
	ESTREMITA'	500

Nel decreto, che si invita a consultare approfonditamente per la valutazione del rischio, i limiti di dose sono espressi proprio in termini delle grandezze dose equivalente per alcuni organi e dose efficace per il corpo intero per le diverse categorie: lavoratori esposti, lavoratori non esposti, apprendisti, studenti e individui della popolazione, fissando un limite di dose per i lavoratori classificati non esposti uguale a quello della popolazione.

La norma, inoltre, indica quattro importanti elementi riferiti all'obiettivo prevenzionistico e di radioprotezione:

- *la sorveglianza medica;*
- *la sorveglianza fisica;*
- *la classificazione delle aree;*
- *la classificazione dei lavoratori esposti.*

Per quanto concerne la sorveglianza medica, il decreto individua le figure professionali che sovraintendono alla gestione del "rischio radiologico", e più precisamente il già citato *esperto di radioprotezione* (precedentemente denominato 'esperto qualificato'), per quanto concerne l'attuazione dei principi di radioprotezione e la sorveglianza fisica, e il *medico addetto alla sorveglianza medica*, per quanto attiene la sorveglianza medica del personale esposto e l'adozione di eventuali provvedimenti successivi ad una esposizione ritenuta significativa.

L'esperto di radioprotezione è **consulente obbligatorio** del datore di lavoro che prima dell'inizio delle attività disciplinate da detto decreto, deve acquisire da un esperto di radioprotezione una relazione scritta contenente le valutazioni e le indicazioni di radioprotezione inerenti alle attività stesse che possono esporre a rischio radiologico. Prima di avviare una Pratica, ovvero prima di iniziare l'impiego di apparecchiature radiologiche ai fini di diagnostica medica, l'Esercente è tenuto a valutarne i rischi, con il coinvolgimento dell'Esperto di Radioprotezione di cui dovrà acquisire la specifica Relazione, e progettarne l'installazione (compresa l'individuazione delle Apparecchiature da acquisire) con il coinvolgimento dello Specialista in Fisica Medica e del Responsabile dell'Impianto Radiologico.

La sorveglianza medica è assegnata in via esclusiva a un **Medico Autorizzato**, la cui qualifica è riconosciuta attraverso il superamento di un esame di abilitazione presso il Ministero del Lavoro, in seguito al quale viene iscritto in un apposito elenco nazionale istituito presso lo stesso Ministero.

La **sorveglianza fisica** è definita come l'insieme dei dispositivi adottati, delle valutazioni, delle misure e degli esami effettuati, delle indicazioni fornite e dei provvedimenti formulati dall'esperto qualificato al fine di garantire la protezione sanitaria dei lavoratori e della popolazione.

Il datore di lavoro deve, quindi assicurare la sorveglianza fisica per mezzo di esperti in radioprotezione ed è tenuto a comunicare all'Ispettorato provinciale del Lavoro competente per territorio i nominativi degli esperti prescelti, allegando altresì la dichiarazione di accettazione dell'incarico oltre che a fornire i mezzi e le informazioni, nonché ad assicurare le condizioni necessarie all'esperto lo svolgimento dei suoi compiti.

La normativa prevede che *"le funzioni di esperto in radioprotezione non possono essere assolte dalla persona fisica del datore di lavoro né dai dirigenti che esercisono e dirigono l'attività disciplinata né dai preposti che ad essa sovraintendono"*, essendo questi soggetti i destinatari degli obblighi previsti dalla normativa a tutela dei lavoratori e della popolazione, né *"dagli addetti alla vigilanza"*.

La *documentazione* relativa alla sorveglianza fisica della protezione dalle radiazioni ionizzanti deve essere istituita e tenuta aggiornata dall'esperto di radioprotezione, per conto del datore di lavoro. Essa deve essere *"conservata e mantenuta disponibile presso la sede di lavoro o, se necessario per una maggiore garanzia di conservazione, presso la sede legale del datore di lavoro"*.

Tale documentazione è costituita essenzialmente dal **registro di sorveglianza fisica** e dalla **scheda personale dosimetrica** (ove necessaria).

Per quanto concerne la **classificazione degli ambienti** di lavoro la norma dispone due differenti classi in ragione dell'esposizione dei lavoratori che vi operano:

- **Zona Sorvegliata**, ogni area di lavoro in cui sussiste per i lavoratori la possibilità di superare uno dei valori limite di dose fissati per le persone del pubblico e che non sia classificata Zona Controllata.
- **Zona Controllata**, ogni area di lavoro in cui, sulla base degli accertamenti dell'esperto qualificato, sussiste per i lavoratori la possibilità di superare uno dei valori limite di dose stabiliti per i lavoratori esposti di categoria A. L'accesso a tale zona deve essere segnalato e regolamentato.

Per la **classificazione dei lavoratori**, il decreto suddivide i lavoratori in due categorie: **lavoratori esposti e non esposti**; i lavoratori esposti sono, a loro volta, classificati in lavoratori esposti di **categoria A** o di **categoria B**.

I lavoratori *esposti* sono quei soggetti che, in ragione dell'attività lavorativa svolta per conto del datore di lavoro, sono suscettibili di una esposizione alle radiazioni *superiore ad uno qualsiasi dei limiti fissati per le persone del pubblico*.

I lavoratori esposti di *categoria A* sono quei lavoratori che effettuano un'attività che li esponga al pericolo delle radiazioni ionizzanti e che possono *ricevere una dose superiore a 6 mSv per anno*. Per tali lavoratori deve essere assicurata la *sorveglianza fisica e medica* della protezione da parte di un esperto qualificato e di un medico autorizzato attraverso visite periodiche almeno semestrali.

I lavoratori esposti di *categoria B* sono quelle persone che per motivi di lavoro che possono ricevere una *dose compresa tra 1 mSv e 6 mSv* per anno. Tali lavoratori devono essere soggetti a sorveglianza fisica della protezione e devono essere sottoposti a visite periodiche almeno annuali da parte di un medico Autorizzato.

I lavoratori non esposti sono quelle persone che possono lavorare in prossimità di una Zona Controllata ma che non sono suscettibili di ricevere una dose superiore a 1 mSv per anno.

Nel caso dell'irradiazione *esterna*, la valutazione della dose individuale ricevuta dai lavoratori viene di norma effettuata mediante dosimetri individuali, le cui letture vengono integrate con i risultati della dosimetria ambientale. La dosimetria individuale è obbligatoria per i professionalmente esposti di categoria A.

Nel caso di valutazioni dosimetriche da irradiazione *interna*, la valutazione della dose individuale deve generalmente essere effettuata mediante tecniche radiotossicologiche specifiche, in relazione alla tipologia di radiocomposto manipolato dal lavoratore.

Nel contesto della specifica valutazione del rischio è indispensabile considerare la necessità di utilizzare appositi dispositivi di protezione individuale che, per questo tipo di rischio, il Testo Unico provvede a classificarli esplicitamente in **DPI di terza categoria** (*"salvavita"*, n.d.r.). Ogni dispositivo di sicurezza deve essere dotato di un manuale di istruzioni per l'uso, controllo e marcatura.

I protocolli per il corretto impiego e la gestione dei DPI, tenuto conto di quanto indicato nel manuale di istruzioni ed uso fornito dal costruttore, nonché le modalità di verifica periodica dell'efficienza degli stessi, devono essere stabiliti dall'esperto di radioprotezione[29].

Per tutte le finalità legate alla valutazione del rischio, comunque, si raccomanda la consultazione delle monografie INAIL e delle molteplici banche dati presenti sul portale **"Agenti Fisici"** all'indirizzo *www.portaleagentifisici.it.*

---

[29] Per ulteriori approfondimenti si rimanda al documento INAIL *Proposta di procedura per la gestione dei dispositivi di protezione individuale dalla radiazione X per uso medico-diagnostico: camici e collari per la protezione del lavoratore.*

Rischi da Microclima

Almeno sino all'avvento delle Direttive comunitarie degli anni '90 e, dunque, all'emanazione del d.lgs. n.626/94, le situazioni di disagio all'interno dei luoghi di lavoro legate alle condizioni microclimatiche (livelli di temperatura, umidità, correnti e sbalzi d'aria), erano molto spesso sottovalutate, se non addirittura ignorate; in realtà, oggi sappiamo bene che i disagi derivanti dal **micro-clima** possono avere un impatto anche significativo sia sulla salute fisica che sul benessere psicologico dei lavoratori, con ricadute non trascurabili sulla produttività individuale ed aziendale.

Il Testo Unico oggi definisce i *requisiti minimi* che i luoghi di lavoro devono possedere per poter risultare conformi e quindi garantire condizioni di benessere adeguate.

Un primo aspetto regolamentato (e, dunque, da valutare) è quello relativo alla *aerazione* dei luoghi di lavoro chiusi, che deve essere sempre garantita preferenzialmente con **finestre** e, qualora non possibile, con **impianti di aerazione** periodicamente controllati e manutenuti in modo da non esporre i lavoratori a correnti d'aria diretta.

Un altro aspetto da valutare è quello della corretta **regolazione delle temperature**, che devono essere adeguatamente regolate in considerazione dei metodi di lavoro e degli sforzi fisici previsti.

Occorre precisare che la norma non fornisce una precisa indicazione della temperatura da adottare, che varia appunto tenendo conto delle specifiche attività e che deve essere regolata anche in funzione delle temperature ambientali esterne, evitando sbalzi rapidi ed eccessivi (soprattutto durante la stagione calda).

Infine, anche il **grado di umidità** riveste un ruolo importante e deve essere sempre tenuta sotto controllo e mantenuta all'interno di livelli adeguati, compatibilmente con le esigenze tecniche e produttive dell'attività.

Da quanto abbiamo accennato, appare evidente che le linee di indirizzo definite dalla norma trovano differente applicazione a seconda dalla natura del luogo di lavoro e dall'attività svolta; la regolazione delle condizioni in un ambiente di lavoro chiuso e destinato ad attività prevalentemente d'ufficio risulta ovviamente più semplice rispetto a situazioni lavorative che prevedono una attività fisica continua, in spazi magari ampi.

Proviamo a pensare, ad esempio, alle grandi attività industriali, in cui centinaia di lavoratori prestano la loro opera utilizzando macchinari e strumentazioni che producono calore, o, al contrario, a addetti dell'industria del comparto alimentare che eseguono attività dove vengono utilizzate celle frigorifere per la conservazione dei prodotti.

Da considerare, ancora, è la componente legata all'affollamento del luogo di lavoro: in ambienti in cui operano tante persone contemporaneamente (call center, open space, etc.) vi possono essere conseguenze di natura microclimatica dovuta ad inadeguati ricambi d'aria e, ancora, di carattere più soggettivo e psicologico, come *stress da affollamento, sensazione di mancanza d'aria, rischio biologico da trasmissione interpersonale, rischio da rumore*, etc.

In tutte queste situazioni il datore di lavoro ha l'obbligo di eseguire un'attenta valutazione dei rischi correlati a esposizione a temperature disagevoli, o a improvvisi sbalzi termici, sfruttando ogni misura tecnica, organizzativa e procedurale volta a garantire prevenzione e protezione dal rischio.

Un forte stress termico, così come esposizioni prolungate a temperature non adeguate o a correnti d'aria dirette, possono provocare malesseri fisici a carico dell'*apparato respiratorio, muscolo scheletrico, gastro intestinale*, fino ad arrivare in casi estremi a colpi di calore o di freddo con conseguenze anche gravi sull'intero organismo.

A ciò aggiungiamo che un'inadeguata manutenzione degli impianti di condizionamento e una revisione non accurata dei filtri dell'aria può essere concausa di una *proliferazione batterica* negli impianti, soprattutto se associata a livelli di umidità elevati, con possibili ricadute a livello biologico (p.e. contaminazione da *legionella*[30]).

Come già detto, non bisogna sottovalutare anche la componente soggettiva del rischio legato al microclima, soprattutto negli ambienti frequentati da più persone in cui si innescano spesso tensioni e malumori legati alla differente percezione che ognuno di noi ha della condizione ambientale che può degenerare in disagi lavorativi che, per quanto non direttamente collegati al microclima, ne sono una non trascurabile conseguenza.

Nel seguito, inoltre, esamineremo anche il rischio legato a **condizioni climatiche esterne** fortemente disagiate e legate a tutte le attività che devono essere svolte all'esterno a temperature basse in inverno o molto elevate in estate, concentrandoci in particolare su quest'ultima fattispecie (*rischio da ondate di calore*) in quanto oggetto di recente interessamento da parte del legislatore.

Riferimenti e approfondimenti

Il rischio da esposizione al Microclima, a differenza di molti altri trattati in questa sezione del testo, non è oggetto di uno specifico Capo. Rimane comunque l'indicazione dell'**art.180** del **Titolo VIII Agenti Fisici** che perlappunto inserisce il microclima tra gli agenti fisici, ragione per la quale rimane l'obbligo di effettuare una specifica valutazione dei rischi da esposizione secondo le modalità indicate allo stesso Titolo VIII e, in particolare, a cura di personale *qualificato* che, identificate le sorgenti e gli esposti, determini in quale classe di rischio i lavoratori sono stati collocati e quali misure preventive e protettive sono state adottate e previste.

---

[30] La legionella è un bacillo che provoca una malattia che si trasmette per via aerea chiamata legionellosi che colpisce prevalentemente il sistema respiratorio con forme anche acute di polmonite.

Le principali indicazioni normative sono contenute all'**Allegato IV** *Requisiti dei luoghi di lavoro* al **punto 1** *Ambienti di lavoro* e al **punto 1.9** *Microclima*.

Invitando il lettore all'attenta consultazione di questi precetti, anche alla luce della eterogeneità dei diversi ambienti lavorativi, appare utile ricordare che esistono svariate norme tecniche di riferimento e numerosi metodi di calcolo utili a pervenire ad una compiuta valutazione specifica del rischio.

Principali Norme Tecniche di riferimento:

- *UNI EN ISO 7726:2002, Ergonomia degli ambienti termici - Strumenti per la misurazione delle grandezze fisiche*
- *UNI EN ISO 7730:2006, Ergonomia degli ambienti termici - Determinazione analitica e interpretazione del benessere termico mediante il calcolo degli indici PMV e PPD e dei criteri di benessere termico locale*
- *UNI EN ISO 7933:2005, Ergonomia dell'ambiente termico - Determinazione analitica ed interpretazione dello stress termico da calore mediante il calcolo della sollecitazione termica prevedibile*
- *UNI EN ISO 8996:2005, Ergonomia dell'ambiente termico - Determinazione del metabolismo energetico*
- *UNI EN ISO 9920:2009, Ergonomia dell'ambiente termico - Valutazione dell'isolamento termico e della resistenza evaporativa dell'abbigliamento*
- *UNI EN ISO 11079:2008, Ergonomia degli ambienti termici - Determinazione e interpretazione dello stress termico da freddo con l'utilizzo dell'isolamento termico dell'abbigliamento richiesto (IREQ) e degli effetti del raffreddamento locale*
- *UNI EN ISO 15743:2008, Ergonomia dell'ambiente termico - Posti di lavoro al freddo - Valutazione e gestione del rischio*

Modelli algoritmici di valutazione:

- Metodo PMV (Predicted Mean Vote)
- Metodo PHS (Predicted Heat Strain)
- Metodo IREQ (Insulation REQired)

In ogni caso, una dei primi fattori fondamentali da tenere, dunque, in considerazione è la possibilità o meno di intervenire "a monte" e cioè la possibilità di attuare interventi "correttivi" già sull'ambiente di lavoro.

Si configura, in sostanza, la necessità di operare una discriminazione fra due tipologie di ambienti:

1. **ambienti termicamente moderabili**: *ambienti nei quali non esistono vincoli in grado di pregiudicare il raggiungimento di condizioni di comfort;*
2. **ambienti termicamente vincolati**: *ambienti nei quali esistono vincoli, in primo luogo sulla temperatura e sulle altre quantità ambientali, ma anche sull'attività metabolica e sul vestiario, in grado di pregiudicare il raggiungimento di condizioni di comfort.*

Risulta essenziale, dunque, stabilire "a monte" le *necessità* dell'ambiente e delle postazioni di lavoro occupate e ai tempi di permanenza nelle stesse, prendendo atto della sussistenza di:

- eventuali vincoli, posti dall'attività lavorativa, relativamente alle condizioni termo-igrometriche ambientali (si pensi alla differenza tra un ufficio, un magazzino, un posto di lavoro in prossimità di celle frigorifere, etc.);
- eventuali vincoli, posti dall'attività lavorativa, relativamente all'abbigliamento e/o all'attività metabolica del soggetto (necessità di indossare tute protettive, schermature, etc.).

Se tali vincoli non esistono, nell'ambiente oggetto di indagine sono realisticamente perseguibili condizioni di comfort. L'ambiente termico è di conseguenza definito "moderabile" e deve essere valutato in un'ottica di perseguimento del comfort ai sensi del punto 1.9.2 dell'Allegato IV "*La temperatura nei locali di lavoro deve essere adeguata all'organismo umano durante il tempo di lavoro, tenuto conto dei metodi di lavoro applicati e degli sforzi fisici imposti ai lavoratori.*" etc.

Se, viceversa, tali vincoli esistono, e dunque non è possibile intervenire sull'ambiente di lavoro per il raggiungimento di condizioni di comfort, l'ambiente termico è definito "vincolato" e la valutazione del rischio va impostata **sul lavoratore**, in un'ottica di tutela della salute con le prescrizioni del **Titolo VIII, Capo I, artt.** dal **180** al **186,** considerando prioritari gli aspetti di formazione, informazione, sorveglianza sanitaria e di protezione (anche individuale).

Rischi da esposizione ad Agenti Biologici

La disamina dei rischi collegati alle attività lavorative e professionali che possono comportare l'esposizione ad agenti biologici risulta estremamente complessa anche in virtù del fatto che spesso non è semplice cogliere il nesso causale tra l'esposizione e l'effetto che può verificarsi anche ad una certa distanza di tempo. In genere, comunque, le patologie causate da agenti biologici vengono inquadrate come **malattie-infortunio** sulla base dell'assimilazione del concetto di causa virulenta a quello di causa violenta.

La materia, inoltre, è caratterizzata da una costante necessità di adeguamento, tant'è che, proprio in tempi recentissimi, è stato pubblicato il **Decreto Interministeriale del 27 dicembre 2021** (Ministero del Lavoro, Ministero delle Salute e Ministero dello Sviluppo Economico), che in materia di agenti biologici, recepisce definitivamente la Direttiva 2000/54/CE come modificata dalla **Direttiva n. 2019/1833/UE** della Commissione del 24 ottobre 2019.

Il DI 27/12/2020 sostituisce gli allegati XLIV, XLVI e XLVII del d.lgs. n.81/2008, aggiornandone il contenuto in conformità con la citata Direttiva 2000/54/CE (come modificata, appunto, dalla Direttiva n. 2019/1833/UE).

I settori maggiormente interessati da questi rischi (e, dunque, dagli obblighi di una puntuale valutazione degli stessi) sono riportati di seguito:

- *assistenza sanitaria*
- *assistenza asili nido e scuole materne*
- *farmaceutica*
- *agricoltura*
- *zootecnia*
- *macellazione e lavorazione delle carni*
- *piscicoltura*
- *industria di trasformazione di derivati animali (cuoio, pelle, lana, etc.)*
- *servizi mortuari e cimiteriali*
- *servizi veterinari*

- *pulizia e manutenzione*
- *gestione delle acque reflue e dei rifiuti*
- *giardinaggio*
- *attività di laboratorio*

Occorre aggiungere (e la recente *pandemia* da SARS-CoV-2 ne è la prova) che fattori relativi alle caratteristiche degli agenti biologici (variabilità genetica, adattamento all'ambiente, etc.) e degli ospiti (stato immunitario), al fenomeno della globalizzazione (sviluppo economico, progresso tecnologico, flussi migratori, etc.) e a mutamenti ambientali (disastri naturali, alterazioni degli ecosistemi, etc.) determinano, sempre più spesso, la comparsa di nuovi patogeni o di varianti di patogeni già conosciuti che, indubbiamente, vanno poi a riguardare anche l'ambito occupazionale.

Anche sulle conseguenze in termini di *danno* per la popolazione e, dunque, per i lavoratori, possono essere differenti e con svariati livelli di gravità:

- *reazioni allergiche*
- *allergie*
- *eruzioni cutanee*
- *infezioni cutanee*
- *infezioni batteriche*
- *granulomi*
- *malattie infettive*
- *intossicazione*
- *forme tumorali anche gravi*

A livello di definizioni, un **Agente Biologico** è *qualsiasi microrganismo (entità microbiologica, cellulare o meno, in grado di riprodursi o trasferire materiale genetico) anche microrganismi geneticamente modificati, coltura cellulare ed endoparassita umano che potrebbe provocare infezioni o allergie o intossicazioni, in grado di riprodursi o trasferire materiale genetico.*

Con *patogenicità* si intende ogni processo caratterizzato da penetrazione e moltiplicazione, nei tessuti viventi, di microrganismi patogeni unicellulari (agenti infettivi: batteri, miceti, protozoi) o da virus. La *neutralizzabilità* è la capacità sviluppata dall'uomo di combattere l'agente patogeno, mediante l'impiego di forme di profilassi o terapeutiche.

Gli agenti biologici sono poi classificati in quattro gruppi a seconda del rischio di infezione:

Gruppo di Rischio 1 - *Microrganismi che presentano poche probabilità di causare malattie in soggetti umani e nella popolazione.*

- Rischio Individuale: *nessuno/basso*
- Rischio Collettivo: *nessuno/basso*

es. Bacillus subtilis – funghi – Escherichia coli (ceppi non patogeni), etc.

Gruppo di Rischio 2 - *Possono causare malattie nell'uomo, possono costituire un rischio per i lavoratori, hanno una bassa probabilità di propagarsi nella comunità, sono di norma disponibili misure profilattiche o terapeutiche efficaci.*

- Rischio Individuale: *moderato*
- Rischio Collettivo: *rischio di propagazione basso*

es. S. pyogenes – Herpesviridae – virus dell'epatite – HCV – HIV, etc.

Gruppo di Rischio 3 - *Possono causare malattie gravi nell'uomo, possono costituire un serio rischio per i lavoratori e la popolazione, hanno una moderata probabilità di propagarsi in comunità (trasmissibilità), di norma sono disponibili misure profilattiche terapeutiche efficaci.*

- Rischio Individuale: *elevato*
- Rischio Collettivo: *moderato*

es. M. tuberculosis – Dengue virus – virus Chikungunya – MERS/SARS-Covid, etc.

Gruppo di Rischio 4 - *Possono provocare malattie gravi nell'uomo, costituiscono un grave rischio per gli operatori, hanno un elevato rischio di propagazione nella comunità, modalità di trasmissione collettiva, non sono disponibili di norma efficaci misure preventive o terapie.*

- Rischio Individuale: *elevato*

- Rischio Collettivo: *elevato*

es. Filovirus (virus Ebola, Marburg) – Crimean- Congo Febbre emorragica virus – Lassa virus – Variola virus, etc.

Occorre precisare che il datore di lavoro che intende utilizzare, nell'esercizio della propria attività, un agente biologico del gruppo 4 deve munirsi di autorizzazione del Ministero della salute.

Il rischio biologico può essere anche classificato come **deliberato** (ovvero gli agenti biologici sono introdotti o presenti in maniera deliberata e consapevole nell'ambito del ciclo produttivo) sia **potenziale** od **occasionale**.

Occorre anche tenere conto delle diverse modalità attraverso le quali gli agenti biologici possono raggiungere l'organismo umano in ambito occupazionale:

- **contatto diretto**: *trasferimento diretto ed essenzialmente immediato di agenti infettivi verso un ospite recettivo (es. scabbia) oppure diffusione di microrganismi attraverso goccioline (droplet) nelle congiuntive o nelle membrane mucose dell'occhio, del naso o della bocca (es. influenza);*
- **contatto indiretto**: *comporta il contatto tra un ospite suscettibile e un oggetto contaminato, come aghi e taglienti contaminati da materiale biologico (es. AIDS, epatite virale b e C), oppure attraverso il morso di un animale infetto o la puntura di un artropode ematofago (es. infezione rabbica, malattia di Lyme);*
- **via aerea**: *disseminazione di goccioline (droplet nuclei) contenenti microrganismi (es. tubercolosi).*

In ogni caso, la Legge obbliga il DdL, di qualunque attività lavorativa, a effettuare la valutazione del rischio biologico per verificare l'esposizione agli agenti biologici dei lavoratori. Il datore di lavoro ha l'obbligo di mettere in atto tutte quelle misure tecniche, organizzative e di attrezzature, necessarie a limitare al massimo il rischio di infortuni e di malattie professionali per i propri lavoratori.

Nella valutazione dei rischi in processi industriali o qualunque altra tipologia di attività e settori lavorativi si devono predisporre le adeguate misure di contenimento a seconda della pericolosità dell'agente biologico, dell'esposizione, delle quantità in uso/manipolazione, etc.

Partendo dall'elenco degli agenti biologici, devono essere valutati tutti i rischi correlati; sono da predisporre le misure da adottare, principalmente misure preventive; si devono poi prevedere adeguati livelli di contenimento, le precauzioni e le procedure di emergenza in caso di eventi accidentali. Da non dimenticare poi la cartellonistica e il segnale di rischio specifico che, se è il caso, evidenzi determinate situazioni o specifici agenti.

Come misura di protezione dei lavoratori, si dovranno individuare gli adeguati dispositivi di protezione, dando ovviamente priorità a quelli collettivi ed infine a quelli individuali (come indumenti, maschere, occhiali, guanti, etc.).

L'azienda, inoltre, dovrà predisporre una propria **linea guida interna** e le prassi da seguire per tenere sotto controllo tale rischio.

In caso di possibile contaminazione del personale e rischio di malattie infettive, il medico competente dovrà valutare la necessità o meno di sorveglianza sanitaria specifica in conformità con il protocollo sanitario.

Il rischio da esposizione alle vibrazioni meccaniche è oggetto del **Titolo X Esposizione ad Agenti Biologici, dall'art.266 all'art.281** con rinvio all'**Allegato XLVI** *Elenco degli agenti biologici classificati.*

La classificazione degli agenti biologici in gruppi, inserita nell'Allegato XLVI del Testo Unico, è stilata sulla base *"della loro pericolosità, valutata sia nei confronti dei lavoratori che della popolazione generale"* e tiene conto delle caratteristiche di seguito riportate:

- *Infettività*: capacità di penetrare e moltiplicarsi nell'ospite;
- *Patogenicità*: capacità di produrre malattia a seguito di infezione;
- *Trasmissibilità*: capacità di essere trasmesso da un soggetto infetto a uno suscettibile;
- *Neutralizzabilità*: disponibilità di efficaci misure profilattiche per prevenire la malattia o misure terapeutiche per la sua cura.

In tema di valutazione del rischio, la norma precisa che si tratta di un *"processo complesso atto a valutare la probabilità che si verifichino eventi indesiderati in particolari circostanze ben definite di utilizzo di agenti pericolosi, nella fattispecie di agenti biologici. Questo processo è basato sulla ricerca di tutte le informazioni disponibili relative alle caratteristiche dell'agente biologico e delle modalità lavorative ed in particolare deve tener conto:*

- *della classificazione degli agenti biologici (vista in precedenza - n.d.r.);*
- *delle malattie che possono essere contratte;*
- *dei potenziali effetti allergici e tossici;*
- *di eventuali effetti sinergici in caso di coinfezione".*

Alle misure di prevenzione e di emergenza il Testo Unico dedica diversi articoli:

- *Articolo 272 - Misure tecniche, organizzative, procedurali*
- *Articolo 273 - Misure igieniche*
- *Articolo274 - Misure specifiche per strutture sanitarie e veterinarie*
- *Articolo 275 - Misure specifiche per i laboratori e gli stabulari*
- *Articolo 276 - Misure specifiche per i processi industriali*
- *Articolo 277 - Misure di emergenza*

Di particolare interesse ed importanza è l'**art.272** nel quale è possibile, ancora una volta, cogliere la più volte citata "filosofia" prevenzionistica della norma che impone un preciso rispetto gerarchico delle misure da adottare (sostituzione, misure organizzative, etc.):

(..) il datore di lavoro:

a) **evita l'utilizzazione** *di agenti biologici nocivi, se il tipo di attività lavorativa lo consente;*

b) **limita al minimo** *i lavoratori esposti, o potenzialmente esposti, al rischio di agenti biologici;*

c) *progetta adeguatamente i* **processi lavorativi**, *anche attraverso l'uso di dispositivi di sicurezza atti a proteggere dall'esposizione accidentale ad agenti biologici;*

d) *adotta* **misure collettive di protezione** *ovvero misure di protezione individuali qualora non sia possibile evitare altrimenti l'esposizione;*

e) *adotta* **misure igieniche** *per prevenire e ridurre al minimo la propagazione accidentale di un agente biologico fuori dal luogo di lavoro;*

f) *usa il* **segnale di rischio biologico**, *rappresentato nell'ALLEGATO XLV, e altri segnali di avvertimento appropriati;*

g) *elabora idonee* **procedure** *per prelevare, manipolare e trattare campioni di origine umana ed animale;*

h) *definisce* **procedure** *di emergenza per affrontare incidenti;*

i) *verifica la presenza di agenti biologici sul luogo di lavoro al di fuori del contenimento fisico primario, se necessario o tecnicamente realizzabile;*

l) *predispone i mezzi necessari per la raccolta, l'immagazzinamento e lo smaltimento dei rifiuti in condizioni di sicurezza, mediante l'impiego di contenitori adeguati ed identificabili eventualmente dopo idoneo trattamento dei rifiuti stessi;*

m) *concorda* **procedure** *per la manipolazione ed il trasporto in condizioni di sicurezza di agenti biologici all'interno e all'esterno del luogo di lavoro*

Riferendosi all'elenco di agenti biologici dell'Allegato XLV (*batteri, virus, agenti di malattie prioniche, parassiti, funghi*) e alla loro classificazione, il DdL potrà effettuare la valutazione da rischio specifico, anche in termini di potenziali danni e, di conseguenza, dovrà adottare le misure preventive e protettive più idonee per l'attività lavorativa.

Come puntualizzato in precedenza, i rischi da Agenti Biologici non sono di semplicissima valutazione ma, fortunatamente, sull'argomento, esiste una vasta letteratura che include molte linee guida internazionali, nazionali, Inail ed anche alcuni modelli matematici per il calcolo dell'esposizione e dell'entità delle conseguenze dannose.

I RISCHI TRASVERSALI E ORGANIZZATIVI

I **rischi trasversali** sono quelli che impattano sia sulla salute che sulla sicurezza e possono derivare dal tipo di organizzazione del lavoro, da dinamiche aziendali, da specifiche caratteristiche dell'ambiente lavorativo, dal clima, dal carico di lavoro fisico e mentale o persino dai rapporti interpersonali tra i colleghi.

Nel seguito si provvederà ad una disamina dei rischi trasversali e organizzativi più "classici" ma è bene che il lettore, futuro estensore del DVR, sappia che occorre fare un'ulteriore analisi dei rischi "propri" e specifici dell'attività, in quanto possono essere presenti ulteriori fattori di pericolosità legati alle dinamiche aziendali (p.e. rischio rapina, aggressione, etc.).

In questa indagine sui rischi più ricorrenti, abbiamo voluto inserire anche le fattispecie, previste dall'art.28, delle c.d. *diversità* di età, genere e provenienza da altri Paesi, le quali però debbono essere considerate anche come eventuali "aggravanti" ad ogni tipologia di rischio, sia per la salute che per la sicurezza dei lavoratori.

Rischi da Movimentazione Manuale dei Carichi

In quasi tutti i comparti produttivi, dall'agricoltura, all'edilizia e all'industria, passando anche per il terziario, la logistica e i servizi, possiamo dire che è sempre presente il rischio derivante da attività di **movimentazione manuale di carichi (MMC).** Le statistiche ufficiali ci dicono che almeno il 30% dei lavoratori è sottoposto a rischio nello svolgimento di operazioni che comportano questa attività.

I lavoratori di sesso maschile risultano essere maggiormente coinvolti rispetto alle lavoratrici che però rappresentano la stragrande maggioranza nel settore della Sanità, specificatamente nell'assistenza e nella cura dei pazienti, attività che prevedono fasi di movimentazione degli stessi pazienti o di manufatti e attrezzature.

La movimentazione di carichi può rappresentare una delle cause favorenti l'insorgenza di *disturbi e patologie a livello delle strutture osteo-muscolari della colonna vertebrale.*

Tali disturbi, con effetti anche gravosi, sono principalmente rappresentati da mal di schiena o dolori muscolari localizzati a livello di collo, spalle ed arti superiori.

Le attività lavorative che implicano **movimenti ripetuti degli arti superiori,** con o senza peso, sono infatti responsabili di un elevato numero di patologie. Anche la movimentazione manuale eseguita **trainando o spingendo** un oggetto, ove effettuata senza i corretti requisiti ergonomici, può provocare danni a carico delle strutture degli arti superiori e della schiena.

Lo svolgimento di compiti ripetitivi per lunghi periodi può essere causa di **affaticamento,** con conseguente minore produttività e alienazione.

Nello specifico della valutazione dei rischi occorre tenere presenti anche i seguenti effetti:

- Schiacciamento delle mani o dei piedi dovuti alla caduta od oscillazione del carico;
- Patologie da sovraccarico biomeccanico (lesioni dorso-lombari).

È dunque necessario procedere ad una corretta e specifica valutazione del rischio, al fine dell'attuazione di idonei interventi di prevenzione e protezione che vadano a mitigare, se non annullare, eventuali danni a carico degli operatori, anche mediante **ausili meccanici di sollevamento** (gru, paranchi, piattaforme elevabili) o **di spinta** (carrelli, muletti) e/o una efficace **progettazione degli spazi** di lavoro.

Anche in questo caso, oltre alle norme specifiche del Testo Unico, esiste un'ampia letteratura scientifica. *L'Agenzia europea per la sicurezza e la salute sul lavoro* (EU-OSHA) ha pubblicato negli anni numerosi dati che rilevano la gravità del problema e ha organizzato, nel periodo 2020-2022, una apposita campagna informativa europea con l'obiettivo di promuovere un approccio gestionale integrato per i disturbi muscolo-scheletrici lavoro-correlati. Dal 24 marzo 2022 è anche in vigore una specifica norma tecnica, la **UNI ISO 11228-1:2022** *Ergonomia - Movimentazione manuale - Parte 1: Sollevamento, abbassamento e trasporto* di utile riferimento anche in sede di valutazione, a cui si affiancano la **UNI EN 1005.2** e il technical report **ISO/TR 12295:2014**.

Numerosi sono anche i modelli di algoritmo che possono essere utilizzati, tra questi, in particolare, ricordiamo il **NIOSH** (che analizzeremo nel seguito), il metodo **SNOOK/CIRIELLO** per valutare il rischio correlato al trasporto in piano, al traino e alla spinta dei carichi, come richiamato nella norma ISO 11228-2, il metodo **OWAS** che studia le possibili posture assunte da un lavoratore, raggruppandole in varie configurazioni basandosi sulla posizione di schiena, braccia, gambe e sull'entità del peso sollevato.

Il rischio da esposizione alle vibrazioni meccaniche è oggetto del **Titolo VI Movimentazione manuale dei carichi, Capo I** *"Disposizioni generali"*, **dall'art. 167 all'art.169** con esplicito e diretto "coinvolgimento" dell'**Allegato XXXIII** *Movimentazione manuale dei carichi.*

Le disposizioni della norma si riferiscono a specifici elementi da considerare ai fini della valutazione:

1. Le **caratteristiche del carico**

A partire dalle conseguenze patologiche da sovraccarico biomeccanico, occorre considerare se:

- il carico è troppo pesante;
- è ingombrante o difficile da afferrare;
- è in equilibrio instabile o il suo contenuto rischia di spostarsi;
- è collocato in una posizione tale per cui deve essere tenuto o maneggiato a una certa distanza dal tronco o con una torsione o inclinazione del tronco;
- può, a motivo della struttura esterna e/o della consistenza, comportare lesioni per il lavoratore, in particolare in caso di urto.

2. Lo **sforzo fisico richiesto**

Lo sforzo fisico può presentare rischi di patologie se:

- è eccessivo;
- può essere effettuato soltanto con un movimento di torsione del tronco;
- può comportare un movimento brusco del carico;
- è compiuto col corpo in posizione instabile.

3. Le **caratteristiche dell'ambiente di lavoro**

Le caratteristiche dell'ambiente di lavoro possono aumentare le possibilità di rischio nei seguenti casi:

- lo spazio libero, in particolare verticale, è insufficiente per lo svolgimento dell'attività richiesta;
- il pavimento è ineguale, quindi presenta rischi di inciampo o è scivoloso;
- il posto o l'ambiente di lavoro non consentono al lavoratore la movimentazione manuale di carichi a un'altezza di sicurezza o in buona posizione;
- il pavimento o il piano di lavoro presenta dislivelli che implicano la manipolazione del carico a livelli diversi;
- il pavimento o il punto di appoggio sono instabili;
- la temperatura, l'umidità o la ventilazione sono inadeguate.

4. Le **esigenze connesse all'attività**

L'attività può comportare rischio se comporta una o più delle seguenti esigenze:

- sforzi fisici che sollecitano in particolare la colonna vertebrale, troppo frequenti o troppo prolungati;
- pause e periodi di recupero fisiologico insufficienti;
- distanze troppo grandi di sollevamento, di abbassamento o di trasporto;
- un ritmo imposto da un processo che non può essere modulato dal lavoratore.

Occorre poi tenere presenti anche i **fattori individuali di rischio** in quanto il lavoratore può correre un rischio nei seguenti casi:

- inidoneità fisica a svolgere il compito in questione tenuto altresì conto delle differenze di genere e di età;
- indumenti, calzature o altri effetti personali inadeguati portati dal lavoratore;

- insufficienza o inadeguatezza delle conoscenze o della formazione o dell'addestramento

Dalle considerazioni fatte, deriva la stringente necessità di una corretta valutazione del rischio, secondo le disposizioni di cui all'**art.168** e l'importanza della *informazione, formazione e addestramento*, oltre alla *sorveglianza sanitaria* mirata, di cui all'art.**169**.

Si suggerisce, ovviamente, la consultazione delle norme tecniche citate in precedenza e l'uso appropriato dei vari algoritmi di valutazione specifica.

Rischi da Stress Lavoro Correlato

Nell'Accordo quadro europeo del 2004[31], lo **stress lavoro-correlato (Slc)** viene definito come *"una condizione che può essere accompagnata da disturbi o disfunzioni di natura fisica, psicologica o sociale ed è conseguenza del fatto che taluni individui non si sentono in grado di corrispondere alle richieste o alle aspettative riposte in loro"*.

Lo Slc, pertanto, può potenzialmente interessare ogni luogo di lavoro e ogni lavoratore in quanto dipendente da svariati aspetti strettamente connessi con l'organizzazione e l'ambiente di lavoro.

In senso generale, possiamo dire che tutti i lavoratori sono esposti a **stress**: il termine, in sé, non deve trarre in inganno, in quanto lo stress non ha sempre effetti negativi. Esiste infatti anche uno "stress positivo" o *eustress*, che è costituito dalla risposta positiva a stimoli esterni, utili al miglioramento delle capacità personali.

Al contrario, lo "stress negativo" o *distress*, è una reazione negativa a stimoli esterni, ai quali l'interessato non è in grado di rispondere in modo costruttivo: *eccessivo carico di lavoro, demansionamento o sovramansionamento, mobbing, difficoltà nella conciliazione dell'attività lavorativa con la vita privata.*

Se queste sollecitazioni sono prolungate nel tempo, il lavoratore non è più in grado di reagire e subentrano conseguenze negative di tipo **fisico** (*emicranie, ipertensione, problemi alla tiroide, problemi digestivi*), di tipo

---

[31] ACCORDO EUROPEO SULLO STRESS SUL LAVORO (8/10/2004). (Accordo siglato da CES - sindacato Europeo; UNICE- "Confindustria europea"; UEAPME - associazione europea artigianato e PMI; CEEP - associazione europea delle imprese partecipate dal pubblico e di interesse economico generale) Bruxelles 8 ottobre 2004

psicologico (*ansia, depressione, depressione maggiore*) e **comportamentale** (*disturbi del sonno, inattività, iperattività, irritabilità, etc.*).

Il datore di lavoro, dunque, nel contesto del suo DVR, ha l'esplicito obbligo di valutare anche il c.d. *rischio da stress lavoro-correlato* per evitare le suddette conseguenze negative sui lavoratori che, tra l'altro, possono avere sensibili ricadute sull'efficienza e sulla produttività aziendale.

In recepimento dei contenuti del citato Accordo quadro europeo, nel novembre del 2010, la Commissione Consultiva Permanente per la Salute e La Sicurezza sul Lavoro ha elaborato le indicazioni necessarie alla valutazione del rischio Slc, individuando anche un percorso metodologico che, in sostanza, rappresenta il livello minimo di attuazione di tale obbligo.

Nel 2011, il *Dipartimento di medicina, epidemiologia, igiene del lavoro e ambientale* ha pubblicato una *"Metodologia per la valutazione e gestione del rischio Slc"*, aggiornata nel 2017, per supportare le aziende nella valutazione di tale rischio, sulla base di un percorso metodologico e strumenti di valutazione validi e affidabili, inclusa una piattaforma online per supportare le aziende (https://www.inail.it/sol-stresslavorocorrelato/).

Riferimenti e approfondimenti

La valutazione sul rischio da stress lavoro correlato è obbligatoria per ogni tipo di attività e per qualsiasi settore produttivo secondo quanto stabilito dall'**art.28, co.1** *"(..) deve riguardare tutti i rischi per la sicurezza e la salute dei lavoratori (..) tra cui anche quelli collegati allo stress lavoro-correlato, secondo i contenuti dell'Accordo Europeo dell'8 ottobre 2004, (..)".*

Come indicato, infatti, la norma rinvia ai contenuti dell'Accordo e, di conseguenza, alle metodologie di cui si è fatto cenno in precedenza.

In particolare, il datore di lavoro potrà fare riferimento alla guida INAIL (disponibile e consultabile anche online) *"La metodologia per la valutazione e gestione del rischio stress lavoro-correlato"* – agg.2017, della quale, di seguito, tratteggiamo i princìpi fondamentali e i metodi essenziali.

La valutazione specifica si dovrà strutturare nei seguenti step:

✓ una **Valutazione Preliminare**. Consistente nella rilevazione, in tutte le aziende, di *'indicatori di rischio SLC oggettivi e verificabili e ove possibile numericamente apprezzabili'*. A titolo esemplificativo, la Commissione ha proposto *'quanto meno'* tre famiglie distinte:
   1. eventi sentinella;
   2. fattori di Contenuto del lavoro;
   3. fattori di Contesto del lavoro.

Se la valutazione preliminare non rileva elementi di rischio SLC e, quindi, si conclude con un 'esito negativo', tale risultato è riportato nel DVR con la previsione, comunque, di un piano di monitoraggio.

Nel caso in cui la valutazione preliminare abbia un 'esito positivo', cioè emergano elementi di rischio 'tali da richiedere il ricorso ad azioni correttive', si procede alla pianificazione ed alla adozione degli opportuni interventi correttivi [...]'; se questi ultimi si rivelano 'inefficaci', si passa alla valutazione successiva, cosiddetta 'valutazione approfondita'.

✓ una **Valutazione Approfondita**. A tal fine, le indicazioni della Commissione prevedono la valutazione delle percezioni dei lavoratori sulle citate famiglie di indicatori già oggetto di valutazione nella fase preliminare con la possibilità, per le aziende di maggiori dimensioni, del coinvolgimento di *'un campione rappresentativo di lavoratori'*. Gli strumenti indicati per la suddetta valutazione delle percezioni dei lavoratori sono (a titolo esemplificativo): *questionari, focus group,* *interviste semi strutturate, etc.'.* Per le imprese fino a 5 lavoratori, in sostituzione, il DdL *'può scegliere di utilizzare modalità di valutazione (es. riunioni) che garantiscano il coinvolgimento diretto dei lavoratori nella ricerca delle soluzioni e nella verifica della loro efficacia'.*

La norma prevede anche la formale costituzione di una **Gruppo di gestione della valutazione**, generalmente composto dal DdL stesso e/o dirigente delegato, il RSPP, i componenti del SPP, il MC e il RLS/RLST.

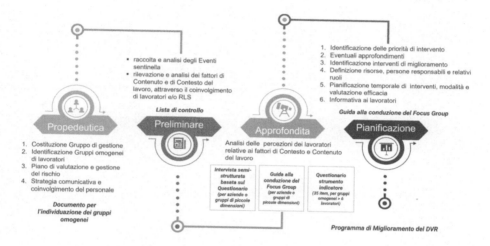

La funzione del Gruppo di gestione è quella di *programmare, monitorare e agevolare* l'attuazione delle attività di valutazione e gestione del rischio attraverso:

- ✓ *pianificazione delle attività, delle procedure e degli strumenti da utilizzare, e stesura della relativa programmazione temporale (cronoprogramma);*
- ✓ *gestione e monitoraggio del percorso metodologico;*
- ✓ *informazione e coinvolgimento dei lavoratori nel percorso;*
- ✓ *approvazione dei report di valutazione e restituzione dei risultati della valutazione ai lavoratori;*
- ✓ *pianificazione degli interventi necessari a correggere e prevenire il rischio;*

✓ *messa a punto di un piano di monitoraggio del rischio.*

Sostanzialmente, il Gruppo agisce direttamente sul *Programma di Miglioramento*, parte integrante del DVR sulla cui importanza e obbligatorietà abbiamo già ampiamente trattato.

Rischi da Illuminazione

Sebbene si parli di un agente fisico (la "luce"[32]), si è preferito inserire questo tipo di rischio tra quelli trasversali in virtù del fatto che il rischio stesso può derivare proprio da scelte organizzative o strutturali sulla progettazione e realizzazione dell'ambiente di lavoro. All'interno dei luoghi di lavoro è, infatti, necessaria una corretta illuminazione, sia essa **naturale** o **artificiale**, quale garanzia del benessere visivo dei lavoratori oltre che, ovviamente, della sicurezza degli stessi.

Ambienti di lavoro in cui le fonti di luce sono scarse, inappropriate o posizionate in modo 'incoerente' potrebbero creare dei pericolosi ostacoli ai lavoratori durante lo svolgimento delle loro attività, oltre a mettere a rischio la loro salute.

I requisiti dell'ambiente luminoso in ambito lavorativo devono soddisfare, dunque, esigenze di carattere produttivo senza però trascurare la tutela della salute dei lavoratori. In generale, l'illuminazione degli ambienti di lavoro deve avvicinarsi il più possibile a quella naturale per consentire una buona visione e un corretto svolgimento del lavoro in tutte le ore del giorno e in tutte le stagioni.

Un'illuminazione insufficiente o comunque non adeguata può comportare la *riduzione della capacità visiva* con conseguenti disturbi fisici, diretti e indiretti, tra cui *l'affaticamento visivo, i disturbi muscolo scheletrici, l'affaticamento mentale e lo stress*. Se il *punto di luce* è insufficiente o eccessivo possono verificarsi disagi per gli occhi (bruciore, etc.), mal di testa o effetti di abbagliamento che possono compromettere lo svolgimento in sicurezza dell'attività lavorativa.

---

[32] Il termine luce è riferito alla porzione dello spettro elettromagnetico visibile dall'occhio umano, compresa tra 400 e 700 nanometri di lunghezza d'onda, ossia tra 790 e 434 THz di frequenza. Questo intervallo coincide con il centro della regione spettrale della radiazione elettromagnetica emessa dal Sole che riesce ad arrivare al suolo attraverso l'atmosfera.

Ne consegue, con evidenza, che una corretta valutazione di questo rischio possegga un ruolo centrale e che sia altrettanto importante il costante monitoraggio e l'eventuale aggiornamento a seguito di una qualsiasi modifica organizzativa (spostamento di una postazione di lavoro, introduzione di un nuovo macchinario, etc.) o in funzione dei risultati della sorveglianza sanitaria. Da qui, ancora una volta, la necessità di considerare il rischio "trasversale" in quanto riscontrabile praticamente in ogni settore produttivo ed è in strettissima correlazione con altri rischi come quelli *da carenze strutturali dell'Ambiente di Lavoro* (attraverso l'All.IV), quelli *da Microclima* e quelli derivanti da uso di *Videoterminali* (per le indicazioni riguardanti l'illuminazione delle postazioni di lavoro dei videoterminalisti).

In generale, l'utilizzo di *luce naturale* negli ambienti di lavoro, ad eccezione dei casi in cui esigenze produttive ne limitino o impediscano l'impiego, deve essere senz'altro favorito in quanto contribuisce al miglioramento della qualità e del comfort visivo (oltre che essere consigliabile per ragioni legate al risparmio energetico).

Negli ambienti di lavoro interni i principali parametri sui quali è necessario focalizzare l'attenzione sono i livelli di:

- illuminamento,
- uniformità dell'illuminamento,
- distribuzione delle luminanze,
- abbagliamento e resa dei colori.

L'eventuale contributo fornito dalla quota-parte luminosa di tipo *artificiale* deve essere finalizzato a compensare la carenza o la totale assenza (p.e. *lavori notturni*) di illuminazione naturale, al fine di rispettare i requisiti illuminotecnici previsti in relazione alle caratteristiche dell'ambiente di lavoro, la destinazione d'uso e i compiti visivi richiesti.

Il rischio da illuminazione è inserito dell'**Allegato IV** *Requisiti dei luoghi di lavoro, Ambienti di Lavoro,* **al punto 1.10.** *Illuminazione naturale ed artificiale dei luoghi di lavoro* con la seguente premessa:

"A meno che non sia richiesto diversamente dalle necessità delle lavorazioni e salvo che non si tratti di locali sotterranei, i luoghi di lavoro devono disporre di sufficiente luce naturale. In ogni caso, tutti i predetti locali e luoghi di lavoro devono essere dotati di dispositivi che consentano un'illuminazione artificiale adeguata per salvaguardare la sicurezza, la salute e il benessere di lavoratori".

Le disposizioni dell'Allegato sono di carattere abbastanza generale e, dunque, per un'efficace valutazione del rischio, conviene riferirsi alla **norma UNI EN 12464-1:2021** relativa a *"Illuminazione dei posti di lavoro – Posti di lavoro interni"* che riporta i requisiti illuminotecnici per le postazioni di lavoro ai fini di garantire esigenze di prestazione visiva e comfort visivo. La norma fornisce valori di riferimento e indicazioni operative, per un'ampia varietà di ambienti e settori produttivi, dettagliati per singole attività o compiti. Vengono anche definite indicazioni operative e metodi per una corretta valutazione dell'ambiente lavorativo.

Secondo la norma tecnica la valutazione dovrà tenere conto dei seguenti step, coerenti con i tipici processi di "mitigazione" del rischio:

- la presenza di un'adeguata illuminazione naturale;
- la presenza di un"illuminazione artificiale ove quella naturale non fosse sufficiente;
- la presenza di illuminazioni particolari in aree specifiche;
- la presenza di illuminazioni di sicurezza.

Per quanto riguarda le misurazioni è opportuno tener conto non solo della natura dell'illuminazione, ma anche di grandezze fotometriche che caratterizzano l'ambiente luminoso indoor:

- Flusso luminoso (F) - *quantità di energia luminosa emessa da una sorgente o ricevuta da una superficie nell'unità di tempo, ponderata secondo lo spettro di sensibilità standardizzato dell'occhio umano; è espresso in lumen [lm].*

- Intensità luminosa (I) - *flusso luminoso di una sorgente emesso in una determinata direzione per unità di angolo solido; si misura in candele [cd = lumen/steradiante].*

- Illuminamento (E) - *flusso luminoso incidente per unità di superficie illuminata. L'unità di misura è il lux [lx] = [lm/m2]. L'illuminamento rappresenta la quantità di flusso luminoso intercettata da una superficie e non dipende pertanto dalla posizione dell'osservatore.*

- Luminanza (L) - *il rapporto tra l'intensità luminosa prodotta in una determinata direzione di osservazione e la proiezione di tale superficie sul piano perpendicolare alla direzione (area apparente verso l'osservatore). La luminanza consente di valutare in modo soggettivo la quantità di luce in quanto dipende dalla posizione dell'osservatore.*

Nella valutazione dell'illuminazione **naturale** occorre ammettere che un ambiente di lavoro illuminato naturalmente presenta indubbi vantaggi sia per la visibilità che per l'apporto positivo sui lavoratori, dal punto di vista fisiologico è psicologico, ma tuttavia non è esente da rischi da valutare.

Infatti, un ambiente chiuso illuminato da luce naturale è soggetto alle *variazioni di quantità, qualità e direzione della luce* in funzione alla posizione del sole. Occorre anche 'calcolare' la possibilità di **abbagliamento** in alcuni momenti della giornata anche con la finalità di scegliere correttamente:

- le caratteristiche e le condizioni di vetrate e finestre;
- la presenza di superfici in grado di riflettere la luce;
- il contrasto di luminanza tra le superfici all'interno dell'ambiente di lavoro.

Quando, invece, si utilizza la luce **artificiale** per compensare la mancanza di illuminazione naturale, si deve prestare attenzione a parametri diversi che potrebbero influire sul benessere visivo dei lavoratori. Si tratta di fattori come:

- distribuzione naturale delle luminanze;

- illuminamento;
- direzione della luce;
- aspetti del colore;
- calore apparente della luce.

In questi casi è bene mantenere l'uniformità dell'illuminamento e soddisfare i requisiti illuminotecnici indicati proprio dalla norma EN 12464-1:2011.

Rischi da Ondate di Calore

Uno degli effetti del cambiamento climatico è rappresentato dalla ricorrenza delle c.d. *ondate di calore*, episodi di caldo intenso e prolungato, la cui frequenza nei mesi più caldi della stagione estiva rappresentano un rischio, di natura cardiaca e non solo, per la salute della popolazione, soprattutto anziana e fragile, e dei lavoratori, principalmente i c.d. "outdoor" a causa dello stress a cui viene sottoposto l'organismo.

L'incidenza delle ondate di calore è crescente in particolare nelle aree urbane, dove la temperatura è superiore (fino a + 3 °C) rispetto a quella delle aree rurali circostanti (effetto "isola di calore"), accentuando gli episodi di caldo intenso.

In meteorologia, per definire le condizioni climatiche caratteristiche di una certa regione, vengono utilizzati i valori medi delle grandezze climatiche su un periodo sufficientemente lungo (solitamente ci si riferisce ad un *trentennio standard*), preso come riferimento.

Le ondate di calore vengono individuate attraverso indici rappresentativi delle condizioni estreme, come il numero di *giorni estivi*, il numero di *notti tropicali* e l'indice *WSDI* (*Warm Spell Duration Index*), che identifica proprio episodi di caldo intenso e prolungato.

Secondo gli studi effettuati dall'ISPRA (*Istituto Superiore per la Protezione e la Ricerca Ambientale*), in Italia si è riscontrato un graduale e costante aumento di tutti questi indici negli ultimi 50 anni.

In genere, a livello di valutazione del rischio, questo fenomeno viene affrontato all'interno delle valutazioni da *esposizione a raggi U.V.A.* o al *micro-clima* ma, considerato il costante riproporsi di queste situazioni e i gravi effetti registrati (con situazioni anche mortali), sia lo Stato (con i Ministeri del Lavoro e della Salute e con l'INL) che le Regioni si sono pronunciate mediante campagne informative (ed anche ispettive), vademecum, circolari ordinanze e delibere, invitando i datori di lavoro a considerare il fenomeno all'interno della loro VdR e ad adottare apposite misure organizzative, protettive e preventive.

I principali effetti dell'esposizione alle ondate di calore sono:

- **Crampi da calore.** *Dolori muscolari causati dalla perdita di sali e liquidi corporei durante la sudorazione.*
- **Dermatite da sudore.** *Problema più comune negli ambienti di lavoro caldi. È causata dalla macerazione cutanea indotta dalla eccessiva presenza di sudore e si presenta sotto forma di piccoli brufoli o vescicole. L'eruzione cutanea può comparire sul collo, sulla parte superiore del torace, sull'inguine, sotto il seno e sulle pieghe del gomito.*
- **Squilibri idrominerali.** *Conseguenti a profuse perdite idriche, in genere dovute a sudorazione e a iperventilazione, in assenza di adeguato reintegro di acqua. Successivamente si instaura un deficit sodico dovuto ad inadeguato ripristino del sodio perso con il sudore.*
- **Sincope dovuta a calore.** *Consegue ad un'eccessiva vasodilatazione, con stasi venosa periferica, ipotensione e insufficiente flusso sanguigno cerebrale, e si manifesta con una perdita di coscienza preceduta da pallore, stordimento e vertigini. Può esserci ipertermia fino a 39°C, ma senza abolizione della sudorazione né agitazione motoria.*
- **Esaurimento o stress da calore.** *È caratterizzato da un esaurimento della capacità di adattamento (del cuore e del sistema termoregolatorio), specie in soggetti non acclimatati sottoposti a sforzi fisici intensi. I sintomi possono essere improvviso malessere generale, mal di testa, ipotensione arteriosa, confusione, irritabilità, tachicardia, senso di nausea e vomito*
- **Colpo di calore.** *Si verifica se lo stress da calore non è trattato tempestivamente, quando il centro di termoregolazione dell'organismo è gravemente compromesso dall'esposizione al caldo e la temperatura corporea sale a livelli critici (superiori a 40°C). Si tratta di un'emergenza medica che può provocare danni agli organi interni e nei casi più gravi la morte.*

In seno alla valutazione, occorre anche prestare particolare attenzione ai lavoratori affetti da patologie croniche che aumentano il rischio di danni da caldo. Tra queste, oltre alle diversità di genere, le *malattie della tiroide, l'obesità, l'asma e la bronchite cronica, il diabete e le patologie cardiovascolari.*

Per lo specifico rischio, oltre alle misure di mitigazione si suggerisce anche di avvalersi di strumenti di identificazione che includono l'utilizzo di piattaforme previsionali di allerta da caldo specifiche per i lavoratori, come quella messa a punto nell'ambito del **Progetto Worklimate** (https://www.worklimate.it/scelta-mappa/), in grado di fornire previsioni personalizzate sulla base dell'attività fisica svolta dal lavoratore e dell'ambiente di lavoro (es. esposizione al sole o in zone d'ombra).

Rischi connessi all'uso dei Videoterminali

Per comprendere appieno la necessità di effettuare una valutazione del rischio per la salute derivante dall'uso dei videoterminali è necessario tratteggiarne i contorni "storici" che ne hanno sancito l'obbligatorietà.

Con la Direttiva 90/270/CEE - *Direttiva del Consiglio del 29 maggio 1990, relativa alle prescrizioni minime in materia di sicurezza e di salute per le attività lavorative svolte su attrezzature munite di videoterminali* il legislatore europeo intendeva fornire delle indicazioni rispetto ad un fenomeno che si stava affermando in maniera importante all'interno dei luoghi di lavoro: la vasta e improvvisa diffusione dei Personal Computer quale strumento utile allo svolgimento di numerose attività professionali.

Se vogliamo dare un giudizio a distanza di un arco di tempo che può apparire 'enorme', potremmo dire che, in quegli anni, le problematiche riguardavano principalmente lo stato dell'arte della tecnologia, l'inesperienza nell'interazione tra l'uomo e questa nuova *macchina* e la scarsa considerazione dei fattori ergonomici necessariamente legati all'uso di un nuovo sistema. Tutti questi fattori, a quel tempo, venivano 'mitigati' dal fatto che spesso l'utilizzo dei PC rappresentava ancora una frazione limitata della prestazione lavorativa, tant'è che si immaginò uno 'spartiacque temporale' di 20 ore/settimanali di applicazione al 'videoterminale', limite superato il quale scattavano tutta una serie di obblighi prevenzionistici, incluso quello della sorveglianza sanitaria dei lavoratori esposti.

Oggi, con l'iperbolico sviluppo della tecnologia e la sua introduzione sempre più marcata in ambito lavorativo, abbiamo un enorme numero di lavoratori che trascorrono l'intero orario lavorativo davanti allo schermo di un computer, per non parlare poi della recente trasformazione di alcune modalità di prestazione del lavoro, che viene svolto anche da casa (o comunque da remoto), come lo smart working e il telelavoro, avvalendosi di sistemi informatici.

D'altra parte, occorre dire che, col progresso tecnologico, anche la qualità, le dimensioni e la risoluzione degli schermi sono nettamente migliorate e pure l'ergonomia dei dispositivi, delle tastiere e dei puntatori ha beneficiato di evidenti perfezionamenti.

Il lavoro tramite computer ha dunque molti vantaggi ma può determinare anche diversi rischi per la salute dei lavoratori:

- *disturbi per la vista e per gli occhi*
- *problemi a carico dell'apparato muscolo-scheletrico*
- *affaticamento fisico e mentale*
- *disturbi connessi alle condizioni ergonomiche e all'igiene dell'ambiente*

Attraverso la lettura della norma definiamo "videoterminalisti" tutti coloro che svolgono la loro mansione davanti a un'attrezzatura munita di videoterminale, ossia uno schermo (o display) alfanumerico e/o grafico, in modo continuativo e abituale per un tempo di almeno 20 ore settimanali.

La postazione di lavoro del videoterminalista è costituita dal videoterminale, dalla seduta, dal piano di lavoro e dall'ambiente esterno ma comprende anche tutte le apparecchiature 'periferiche' come mouse, tastiere, software interfaccia uomo-macchina, modem, stampanti ed eventuali strumenti aggiuntivi.

Il Testo Unico (e prima ancora, il d.lgs. n.626/94) stabilisce precise indicazioni ed obblighi che conservano tuttora una loro cogente validità, sebbene, a giudizio di chi scrive, sarebbe necessaria una revisione delle stesse, non fosse altro che per tenere conto dell'utilizzo, sempre più frequente, di altre attrezzature miniaturizzate munite di display (smartphone, tablet ma oggi persino smartwatch) con le quali (e attraverso le quali) gli operatori rendono la loro prestazione lavorativa.

Riferimenti e approfondimenti

Il rischio da utilizzo di videoterminali è oggetto del **Titolo VII Attrezzature munite di Videoterminali, dall'art.172 all'art.177** con rinvio all'**Allegato XXXIV** *Videoterminali.*

Per le finalità della valutazione del rischio, infatti, l'**art.174** prevede, in combinato con il citato Allegato, la predisposizione delle **postazioni di lavoro** che tengano conto, in particolare, dei seguenti elementi:

- **Schermo**:
  - Deve essere regolabile e orientabile in base alle esigenze del lavoratore,
  - Deve essere posto a distanza degli occhi pari a circa 50-70 cm,
  - Deve avere buona risoluzione e privo di riflessi,
  - L'immagine deve essere stabile, non essere suscettibile di farfallamento,
  - Contrasto e brillantezza devono essere regolabili dall'utente in base alle condizioni ambientali.

- **Tastiera e dispositivi di puntamento**:
  - La tastiera deve essere regolabile e posizionata in maniera che il lavoratore mantenga una posizione confortevole tale da non affaticare le braccia,
  - Deve inoltre essere leggibile,
  - Il mouse o altri dispositivi di puntamento devono essere posizionati sullo stesso piano della tastiera e facilmente utilizzabili.

- **Piano di lavoro**:

- Deve essere stabile, di dimensioni sufficienti per posizionare videoterminale e strumenti accessori, e permettere al lavoratore di assumere una posizione confortevole di braccia e gambe,
- Solitamente l'altezza del piano lavoro deve essere compresa tra i 70 e gli 80 cm,
- Deve essere abbastanza profondo per garantire al lavoratore la distanza tra monitor e occhi.

- **Seduta**:
  - La seduta deve essere confortevole, stabile e permettere libertà nei movimenti,
  - Deve essere dotato di schienale che fornisca un adeguato supporto dorso-lombare,
  - Deve essere regolabile nell'altezza e nell'inclinazione dello schienale,
  - Il sedile deve essere dotato di meccanismo girevole per facilitare gli spostamenti e i movimenti del lavoratore,
  - Se richiesto deve essere fornito un poggiapiedi per permettere una postura adeguata degli arti inferiori.

La norma stabilisce anche un precetto che oggi appare di sempre più difficile attuazione, anche considerando l'evoluzione delle modalità di svolgimento di talune attività lavorative:

*"L'impiego prolungato dei **computer portatili** necessita della fornitura di una tastiera e di un mouse o altro dispositivo di puntamento esterni nonché di un idoneo supporto che consenta il corretto posizionamento dello schermo".*

Per quanto concerne l'**ambiente di lavoro** i fattori da tenere in considerazione sono:
- **Spazio**: il posto di lavoro deve essere ben dimensionato e allestito in modo che vi sia spazio sufficiente per permettere cambiamenti di posizione e movimenti operativi.
- **Illuminazione**: l'illuminazione deve garantire un illuminamento sufficiente, bisogna evitare riflessi sullo schermo, eccessivi contrasti di luminanza e abbagliamenti dell'operatore. Le finestre devono essere

munite di un opportuno dispositivo di copertura regolabile per attenuare la luce diurna che illumina il posto di lavoro.

- **Rumore**: il rumore emesso dalle attrezzature presenti nel posto di lavoro non deve perturbare l'attenzione e la comunicazione verbale.
- **Radiazioni**: tutte le radiazioni, eccezion fatta per la parte visibile dello spettro elettromagnetico, devono essere ridotte a livelli trascurabili.
- **Parametri microclimatici**: le condizioni micro-climatiche non devono essere causa di discomfort per i lavoratori.

Viene fornita anche una minima indicazione riferita al **software** (*interfaccia elaboratore – uomo*) utilizzato dal lavoratore, precisando che *deve essere adeguato alla mansione da svolgere. Di facile uso e adatto al livello di conoscenza e di esperienza dell'utilizzatore.*

Rispetto all'operatore, viene prescritto il diritto ad una **pausa di 15 minuti ogni 2 ore** di utilizzo del videoterminale, pausa intesa come cambio dell'attività lavorativa (es. fotocopie, archiviazione documentale, ecc.).

È inoltre previsto che i lavoratori inquadrati come videoterminalisti siano sottoposti a sorveglianza sanitaria con particolare riferimento ai **rischi per la vista** e per l'**apparato muscolo-scheletrico**. La periodicità minima delle visite è:

- Quinquennale, in generale;
- Biennale per i lavoratori che hanno idoneità con prescrizioni (o limitazioni) o hanno più di 50 anni.

Rischi derivanti da Ambienti Confinati

La disamina delle attività lavorative svolte in ambienti (o spazi) confinati è spesso inserita nel contesto dei rischi da agenti biologici ma, in realtà, i potenziali rischi (sia per la salute che per la sicurezza) a cui sono potenzialmente esposti i lavoratori sono talmente tanti e differenti da doverli necessariamente trattare come rischi trasversali:

- *asfissia*
- *condizioni microclimatiche esasperanti*
- *esplosione*
- *incendio*
- *intossicazione*
- *intrappolamento*
- *caduta in profondità*
- *seppellimento*
- *elettrocuzione*
- *contatto con organi in movimento*
- *investimento/schiacciamento*

I gravi incidenti accaduti nel corso degli anni in tali ambienti hanno aumentato talmente tanto la percezione del rischio per gli operatori del settore al punto che il legislatore ha dovuto emanare uno specifico decreto mirato alla *qualificazione* degli addetti ai lavori. Tuttavia, a distanza di oltre dieci anni dalla pubblicazione del D.P.R. n.177/2011 *"Regolamento recante norme per la qualificazione delle imprese e dei lavoratori autonomi operanti in ambienti sospetti di inquinamento o confinanti, a norma dell'articolo 6, comma 8, lettera g), del decreto legislativo 9 aprile 2008, n. 81"*, permangono ancora molte criticità:

- l'assenza di una definizione univoca di ambiente confinato e/o sospetto di inquinamento;
- l'esistenza di un elenco non esaustivo di ambienti confinati e/o sospetti di inquinamento nel d.lgs. n.81/08;
- la dubbiosità circa la natura dei c.d. "ambienti assimilabili" citati nel d.lgs. n.81/08;

- la mancata definizione di criteri, modalità, contenuti e durata per la formazione e l'addestramento dei lavoratori.

In merito al primo e al terzo punto, in seno al progetto di norma tecnica UNI1601920 *"Ambienti confinati - Classificazione e criteri di sicurezza"*, sono state fornite le seguenti definizioni:

1. Ambiente confinato e/o sospetto di inquinamento

Uno spazio circoscritto non progettato e costruito per la presenza continuativa di un lavoratore, ma di dimensioni tali da consentirne l'ingresso e lo svolgimento del lavoro assegnato caratterizzato da vie di ingresso o uscita limitate e/o difficoltose con possibile ventilazione sfavorevole, all'interno del quale è prevedibile la presenza o lo sviluppo di condizioni pericolose per la salute e la sicurezza dei lavoratori. Il termine "ambiente confinato" è da intendersi equivalente ad altri termini generalmente in uso, quali "spazio confinato".

2. Ambiente assimilabile

Ambiente per il quale, a valle della valutazione del rischio, sussistono condizioni pericolose assimilabili a quelle individuate per gli ambienti confinati e/o sospetti di inquinamento. Le suddette definizioni "restituiscono" un numero di ambienti sicuramente rilevante che possono essere presenti in diversi settori produttivi caratterizzati dai seguenti aspetti:

- spazio limitato di ingresso e uscita tale da rendere difficili le attività di recupero o primo soccorso del lavoratore;
- ventilazione sfavorevole che può creare una zona con aria inquinata;
- spazio dove non è svolta un'attività lavorativa continuativa.

Considerando sia la definizione di ambiente confinato che le indicazioni fornite per gli ambienti assimilabili, è possibile asserire che i settori produttivi potenzialmente caratterizzati da questo genere di rischio (o quantomeno dalla valutazione) sono molto numerosi e diversificati e, comunque, tutti quelli 'interessati' dalla presenza di:

- *Pozzi neri, Fogne e Pozzi in genere*
- *Camini*
- *Cunicoli e Gallerie*
- *Tubazioni, Condutture e Canalizzazioni ispezionabili*
- *Serbatoi, Recipienti, Silos*
- *Botti e Tini*
- *Vasche*
- *Fosse in genere*
- *Camere di combustione all'interno di forni, Caldaie e simili*
- *Locali tecnici di piscine e in genere*
- *Scavi a sezione ristretta*

In base al grado di rischio, è possibile suddividerli in tre classi:

- **Classe A**: *spazi in cui esiste un imminente pericolo di vita. Di solito questo si traduce in mancanza di ossigeno, presenza di atmosfere infiammabili o esplosive e alte concentrazioni di sostanze tossiche.*
- **Classe B**: *ambienti che possono provocare infortuni e/o malattie ma non comportano un pericolo per la vita e la salute delle persone.*
- **Classe C**: *spazi all'interno dei quali i rischi sono secondari, non influiscono sul normale svolgimento del lavoro e le cui condizioni sono stazionarie.*

Sotto l'aspetto della valutazione del rischio, dunque, è necessario che il DdL provveda ad effettuare la specifica valutazione del rischio da Ambienti Confinati o assimilabili anche per le attività che spesso vengono considerate "accessorie" (manutenzione, pulizia, etc.), esaminando anche le situazioni "straordinarie" o "urgenti" che, comunque, possano esporre gli operatori a questo tipo di rischi e che, spesso, vengono sottovalutate.

Il rischio derivato da Ambienti o Spazi Confinati o sospetti di inquinamento, all'interno del Testo Unico, è richiamato dal **art.66** che ne delinea le disposizioni generali per l'esecuzione dei lavori e l'**art. 121** che si occupa della presenza di gas negli scavi.

L'art. 66, sostanzialmente:

- *Vieta l'ingresso dei lavoratori in via prevalente in pozzi neri, fogne, camini, fosse, gallerie, e in genere in ambienti e recipienti, condutture, caldaie e simili, nei quali vi possa essere il rilascio di gas deleteri;*
- *Permette l'accesso a tali ambienti da parte dei lavoratori solo quando non sia evitabile per il tipo di lavorazione e quando preventivamente sia stata accertata l'assenza di pericoli per i lavoratori o sia stato risanato l'ambiente attraverso la ventilazione forzata o altri mezzi;*
- *Predispone l'utilizzo di dispositivi di sicurezza e di protezione individuale per i lavoratori in caso di dubbio sull'atmosfera presente in tali ambienti;*
- *Permette l'accesso dei lavoratori solo nel caso che l'apertura di accesso allo spazio confinato consenta l'agevole recupero di un lavoratore privo di sensi.*

L'art.121 prescrive per le attività lavorative in ambienti confinati:

- *l'utilizzo dei dispositivi di protezione individuale dei lavoratori e dei dispositivi di salvataggio;*
- *l'utilizzo di un efficace sistema di comunicazione tra operatore e lavoratori esterni allo spazio confinato;*
- *la possibilità di utilizzo di maschere facciali filtranti in condizioni di sicurezza;*
- *l'utilizzo di apparecchiature ATEX per le aree potenzialmente tali;*
- *il divieto per i lavoratori di operare singolarmente.*

In effetti, anche l'Allegato IV del d.lgs. n.81/2008 – *Requisiti dei luoghi di lavoro* al punto 3 – *"Vasche, canalizzazioni, tubazioni, serbatoi, recipienti, silos"* prescrive le modalità operative per lavorare negli ambienti confinati, dando indicazioni sui dispositivi di allarme di cui devono essere provvisti gli spazi confinati e prescrivendo la presenza di un **lavoratore che sovrintenda alle lavorazioni**, quindi di un **preposto** che vigili sull'adozione delle procedure di sicurezza e coordini le attività lavorative.

La norma di riferimento, invece, è il già citato **D.P.R. n.177/2011** (a cui si rinvia per dovuti approfondimenti) che introduce misure di innalzamento della tutela della salute e sicurezza degli operatori, dei lavoratori autonomi e delle imprese operanti in ambienti sospetti di inquinamento

Il D.P.R. stabilisce che tutte le attività lavorative svolte nei settori di cui sopra, *comprese quelle svolte in regime di appalto*, devono essere effettuate da imprese o lavoratori autonomi qualificati. Detta qualificazione è conseguente al possesso dei requisiti elencati all'art. 2 co. 1.

Con specifico riferimento ai lavoratori autonomi, si evidenzia che le disposizioni di cui all'art. 21 co. 2 lettere a) e b) del D.lgs. n. 81/2008 (formazione e sorveglianza sanitaria) assumono carattere obbligatorio.

Per le finalità della valutazione del rischio, di particolare interesse è l'**art.3** *"Procedure di sicurezza nel settore degli ambienti sospetti di inquinamento o confinati"*.

Il comma 1 prevede che *"Prima dell'accesso nei luoghi nei quali devono svolgersi le attività lavorative di cui all'articolo 1, comma 2 del decreto, **tutti i lavoratori impiegati** dalla impresa appaltatrice, compreso il datore di lavoro ove impiegato nelle medesime attività, o i lavoratori autonomi **devono essere puntualmente e dettagliatamente informati dal datore di lavoro committente sulle caratteristiche dei luoghi** in cui sono chiamati ad operare, su tutti i rischi esistenti negli ambienti, ivi compresi quelli derivanti dai precedenti utilizzi degli ambienti di lavoro, e sulle misure di prevenzione e emergenza adottate in relazione alla propria attività. L'attività di cui al precedente periodo va realizzata in un tempo sufficiente e adeguato all'effettivo* *completamento del trasferimento delle informazioni e, comunque, non inferiore ad un giorno".*

Il comma 2 chiede al **datore di lavoro committente** di individuare *"un proprio rappresentante, in possesso di adeguate competenze in materia di salute e sicurezza sul lavoro e che abbia comunque svolto le attività di informazione, formazione e addestramento di cui all'articolo 2, comma 1, lettere c) ed f), a conoscenza dei rischi presenti nei luoghi in cui si svolgono le attività lavorative, che vigili in funzione di indirizzo e coordinamento delle attività svolte dai lavoratori impiegati dalla impresa appaltatrice o dai lavoratori autonomi e per limitare il rischio da interferenza di tali lavorazioni con quelle del personale impiegato dal datore di lavoro committente".*

Il successivo comma 3 impone che *"Durante tutte le fasi delle lavorazioni in ambienti sospetti di inquinamento o confinati deve essere adottata ed efficacemente attuata una procedura di lavoro specificamente diretta a eliminare o, ove impossibile, ridurre al minimo i rischi propri delle attività in ambienti confinati, comprensiva della eventuale fase di soccorso e di coordinamento con il sistema di emergenza del Servizio sanitario nazionale e dei Vigili del Fuoco. Tale procedura potrà corrispondere a una buona prassi, qualora validata dalla Commissione consultiva permanente per la salute e sicurezza sul lavoro ai sensi dell'articolo 2, comma 1, lettera v), del decreto legislativo 9 aprile 2008, n. 81".*

La norma prevede che, a seguito di valutazione del rischio e di individuazione di ambienti confinati o assimilabili, questi vengano segnalati da apposita cartellonistica:

Una delle obiezioni che viene spesso mossa riguardo al DPR è se sia applicabile solo in regime d'appalto o, viceversa, anche per attività svolte da risorse interne.

In tal senso, vale la precisazione di cui all'art. 1 comma 3 (*Le disposizioni di cui agli articoli 2, comma 2, e 3, commi 1 e 2, operano unicamente in caso di affidamento da parte del datore di lavoro di lavori, servizi e forniture all'impresa appaltatrice o a lavoratori autonomi (..)*). Tale esclusione presuppone che la restante parte del Decreto sia valida e vincolante per qualsiasi tipologia di operatore che svolga attività lavorativa in ambienti sospetti di inquinamento o confinati. A supporto di questa tesi, vale anche la risposta a Interpello del MLPS 37/0011649/MA007.A001 del 27/06/2013 che recita: "*(..) Pertanto, la restante parte del D.P.R. 177/2011 è applicabile anche a chi svolge i lavori in ambienti confinati o sospetti di inquinamento senza ricorso ad appaltatori o lavoratori autonomi esterni*".

Pare finalmente risolta una delle criticità sia del citato DPR che del Testo Unico e cioè la mancanza di indicazioni precise sui criteri, le modalità, i contenuti e la durata per la formazione e l'addestramento (indubbiamente necessario) dei lavoratori addetti ad operazioni in ambienti confinati o sospetti di inquinamento.

Al momento della pubblicazione di questo testo, pare infatti imminente l'emanazione di un nuovo Accordo Stato-Regioni sulla Formazione, che dovrebbe essere intervenuto anche su questo delicatissimo ambito, istituendo una formazione specifica della durata minima di 12h suddivisa in parte teorica, tecnica e parte pratica.

Rischi derivanti da esposizione al Radon

Potrebbe apparire singolare la scelta di esaminare il rischio da Radon nell'ambito dei rischi trasversali, trattandosi in realtà di un **gas inerte e radioattivo** che troverebbe dunque altra naturale collocazione nel processo di valutazione dei rischi (in particolare, tra le radiazioni ionizzanti di origine naturale o come potenziale pericolo degli ambienti confinati).

Tale scelta dello scrivente, però, è determinata dal fatto che l'esposizione a questo agente non è quasi mai *deliberata*, trattandosi di una sostanza 'naturale' che si trova nel terreno e nelle rocce, in quantità estremamente variabile. Il suolo rappresenta dunque la principale sorgente del Radon ma occorre precisare che molti materiali edili che derivano da rocce vulcaniche (p.e. il tufo), estratti da cave o derivanti da lavorazioni dei terreni, sono ulteriori sorgenti di questo gas, il quale 'sfugge' dalle porosità del terreno o dei citati materiali, disperdendosi nell'aria o nell'acqua. In virtù della sensibile capacità di dispersione di questo gas in atmosfera, all'aperto la concentrazione di Radon non raggiunge mai livelli elevati ma, nei luoghi chiusi (case, uffici, fabbricati, scuole etc.) può arrivare a valori che comportano un rischio rilevante per la salute dell'uomo.

Il pericolo maggiore del gas Radon è correlato all'**inalazione**: inspirato in quantitativi in eccesso e per periodi prolungati, può infatti provocare seri danni all'organismo, in particolare ai polmoni, qualificandosi come seconda causa di rischio per l'**insorgenza dei tumori**, appena poco dopo il fumo, il che, peraltro, ci dice che i fumatori che vivono o operano a contatto con il radon corrono un rischio maggiore di malattia.

Questo gas è stato classificato dalla monografia IARC (*Agenzia Internazionale per la Ricerca sul Cancro*) come **agente cancerogeno** per l'uomo, appartenente al **gruppo 1**.

Il pericolo per la salute, in effetti, non deriva dal gas stesso ma dai prodotti del suo *decadimento*. Questi prodotti, essendo elettricamente carichi, si attaccano al particolato dell'aria e penetrano nel nostro organismo tramite le vie respiratorie.

Una volta penetrati nei tessuti polmonari, continuano a decadere e ad emettere particelle alfa che possono danneggiare in modo diretto o indiretto il DNA delle cellule. Se il danno non è riparato correttamente dagli appositi meccanismi cellulari, può evolversi dando origine a un **processo cancerogeno**.

Alcuni **sintomi** che l'elevata esposizione a gas radon può provocare sono:

- tosse,
- respiro difficoltoso o sibilante,
- raucedine, perdita di peso,
- strisce di sangue nell'espettorato.

Le evidenze epidemiologiche hanno dimostrato che all'esposizione al radon è correlato un aumento statisticamente significativo del rischio di **tumore polmonare**.

Inoltre, l'INAIL ha riconosciuto come malattie correlate all'esposizione al radon anche:

- **linfomi,**
- **leucemie.**

La 'trasversalità' del rischio di cui si parla è evidentemente dovuta anche al fatto che **qualsiasi settore produttivo** può essere interessato ai pericoli di esposizione al Radon, anche se, ovviamente, esistono attività lavorative che comportano più alte concentrazioni e maggiore esposizione:

- Stabilimenti termali
- Impianti di trattamento delle acque
- Attività di manutenzione di impianti situati in locali interrati
- Speleologia

- Attività lavorative in siti archeologici sotterranei (es. catacombe, tombe, etc.): scavo, restauro, manutenzione, custodia, accompagnamento turistico, etc.)

Quanto esposto sin ora ci conferma l'importanza di una compiuta valutazione di questo rischio all'interno di ogni attività produttiva, specie nei casi in cui sussistano occupazioni svolte in *ambienti sotterranei o seminterrati, in zone vulcaniche e/o termali* o all'interno di fabbricati nei quali possano essere presenti (naturalmente o quali materiali da costruzione): *Alum-shale (cemento contenente scisti alluminosi), granitoidi (quali graniti, sienite e ortogneiss), porfidi, tufo, pozzolana, pietra lavica, fosfogesso, scorie di fosforo, stagno o rame, fanghi rossi (residui della produzione dell'alluminio) e residui della produzione di acciaio.*

Riferimenti e approfondimenti

Come per altri rischi (Ambienti Confinati, Radiazioni Ionizzanti), il rischio da esposizione a Radon non trova nel Testo Unico il principale riferimento normativo, bensì nel **d.lgs. n.101/2020**[33], in vigore dal 27 agosto 2020, che recepisce **la Direttiva 2013/59/EURATOM** e che ha introdotto nuove disposizioni relative al controllo del radon nei luoghi di lavoro a partire dall'introduzione di un nuovo livello di riferimento pari a 300 Bq/m³, come concentrazione media annua di attività di radon in aria nei luoghi di lavoro e nelle abitazioni costruite prima del 31/12/2024. Per le abitazioni costruite dopo tale data il livello di riferimento è posto a 200 Bq/m³.

---

[33] DECRETO LEGISLATIVO 31 luglio 2020, n. 101 Attuazione della direttiva 2013/59/Euratom, che stabilisce norme fondamentali di sicurezza relative alla protezione contro i pericoli derivanti dall'esposizione alle radiazioni ionizzanti, e che abroga le direttive 89/618/Euratom, 90/641/Euratom, 96/29/Euratom, 97/43/Euratom e 2003/122/Euratom e riordino della normativa di settore in attuazione dell'articolo 20, comma 1, lettera a), della legge 4 ottobre 2019, n. 117. (20G00121) (GU Serie Generale n.201 del 12-08-2020 - Suppl. Ordinario n. 29). Entrata in vigore del provvedimento: 27/08/2020

Il radon (^{222}Rn), come già detto, è un gas radioattivo, chimicamente inerte, inodore e incolore e dunque non percepibile dai nostri sensi.

È un elemento radioattivo di origine naturale, appartenente alla serie dell'Uranio-238 (^{238}U) presente in tutte le rocce e i suoli.

In particolare, il radon (Rn) è un prodotto del decadimento nucleare del Radio all'interno della catena di decadimento dell'uranio. Il suo isotopo più stabile è il radon-222 che decade nel giro di pochi giorni, emettendo radiazioni ionizzanti di tipo alfa e formando i suoi prodotti di decadimento, tra cui il polonio-218 e il polonio-214 che emettono anch'essi radiazioni alfa.

Gli studi epidemiologici hanno rilevato che non esiste un valore di "concentrazione-soglia" al di sotto della quale l'esposizione al radon non presenti rischi. Anche basse concentrazioni di radon possono causare un piccolo aumento del rischio di cancro ai polmoni: è necessario, pertanto, fare in modo che le concentrazioni di radon indoor siano le più basse possibili.

La norma relativa alla protezione dal Radon nei luoghi di lavoro si applica, oltre che alle citate attività lavorative svolte in ambienti sotterranei, negli stabilimenti termali e nei seminterrati, anche luoghi di lavoro al piano terra se questi sono ubicati in **aree prioritarie** (opportunamente individuate all'art.11 del D.lgs. 101/2020), oppure se svolti in **"specifici luoghi di lavoro"** da individuare nell'ambito di quanto previsto dal **Piano Nazionale di Azione Radon,** del quale attualmente una specifica commissione ne ha individuato i profili.

L'adozione del Piano d'Azione Nazionale Radon permetterà di definire e normare:
- le attività lavorative per le quali il rischio di esposizione al lavoro deve essere oggetto di attenzione e valutazione mirata;
- strumenti metodologici necessari all'assolvimento degli obblighi previsti dalla legge;
- strumenti tecnici operativi (linee guida, procedure, modelli, algoritmi, etc.);

- strategie e criteri attraverso i quali le regioni potranno individuare le aree prioritarie, tenendo conto che un primo criterio di identificazione è già presente nel decreto. Il decreto infatti indica che le Regioni e le Provincie autonome, laddove sono disponibili dati di concentrazione del radon (o normalizzati) al piano terra, definiscono "aree prioritarie" quelle in cui in almeno il 15% degli edifici si supera il valore di riferimento.

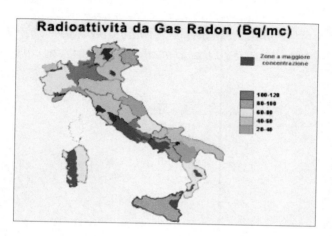

Come già accennato, il d.lgs. n.101/2020 ha introdotto un nuovo livello di riferimento pari a 300 Bq/m^3, come concentrazione media annua di attività di radon in aria nei luoghi di lavoro.

La prima valutazione della concentrazione media annua di attività del Radon deve essere effettuata entro 24 mesi dall'inizio dell'attività o dalla definizione delle aree a rischio o dalla identificazione delle specifiche tipologie nel Piano nazionale.

Le misure devono essere ripetute:

- *Ogni volta che vengono fatti degli interventi strutturali a livello di attacco a terra, o di isolamento termico;*
- *Ogni 8 anni, se il valore di concentrazione è inferiore a 300 Bq/m^3;*

Se viene superato il livello di riferimento, entro due anni vengono adottate **misure correttive per abbassare il livello sotto il valore di riferimento**. L'efficacia delle misure viene valutata tramite una nuova valutazione della concentrazione. In particolare:

- *A seguito di esito positivo (minore di 300 300 Bq/m³) le misurazioni vengono ripetute ogni 4 anni.*
- *Se la concentrazione risultasse ancora superiore diviene necessario effettuare la valutazione delle dosi efficaci annue, tramite esperto di radioprotezione che rilascia apposita relazione (il livello di riferimento questo caso è 6 mSv annui).*

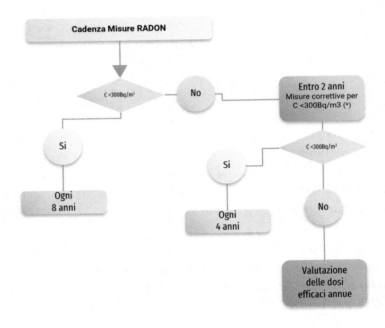

Le misurazioni della concentrazione media annua di attività di radon in aria sono effettuate da servizi di dosimetria riconosciuti con apposito Decreto. Sono riconosciuti competenti l'Ispettorato Nazionale per la Sicurezza Nucleare e la Radioprotezione (ISIN), l'INAIL, il laboratorio di difesa atomica del Dipartimento dei vigili del fuoco, del soccorso pubblico e della difesa civile, limitatamente ai servizi dedicati al personale operativo del Corpo nazionale dei vigili del fuoco.

Il Decreto prevede, inoltre, che, in caso di superamento nei luoghi di lavoro del livello massimo di riferimento di 300 Bq/m³, l'esercente deve inviare apposita comunicazione contenente la descrizione delle attività svolte e la relazione tecnica rilasciata dal servizio di dosimetria riconosciuto, al *Ministero del lavoro*, alle *ARPA/APPA*, agli organi del *SSN* e alla sede *dell'Ispettorato nazionale del lavoro* (INL) competenti per territorio.

Agli stessi enti, al termine delle misurazioni di concentrazione media annua di attività di radon in aria successive all'attuazione delle misure correttive, deve essere inviata una ulteriore comunicazione contenente la descrizione delle misure correttive attuate, corredata dei risultati delle misurazioni di verifica effettuate.

Le comunicazioni devono essere inviate **entro un mese** dal rilascio della relazione delle misurazioni effettuate.

Il Decreto, ancora, istituisce a tale scopo la figura dell'**"esperto in interventi di risanamento radon"**, un professionista che abbia il titolo di ingegnere o architetto o geometra e formazione specifica sull'argomento, attestata mediante la frequentazione di corsi di formazione o aggiornamento universitari dedicati, della durata di 60 ore, su progettazione, attuazione, gestione e controllo degli interventi correttivi per la riduzione della concentrazione del Radon negli ambienti.

Come anticipato, se viene superato il livello di riferimento, entro due anni devono essere adottate misure correttive (**tecniche di bonifica o mitigazione**) per abbassare il livello sotto il valore di riferimento che possono consistere in interventi di:

- *manutenzione straordinaria dell'edificio;*
- *restauro e di risanamento conservativo;*
- *ristrutturazione edilizia che comportano lavori strutturali a livello dell'attacco a terra;*
- *volti a migliorare l'isolamento termico e l'infiltrazione del radon;*
- *ventilazione naturale o forzata degli ambienti interni.*

Per tutte le finalità legate alla valutazione del rischio, comunque, si raccomanda la consultazione delle monografie INAIL e delle banche dati presenti sul portale **"Agenti Fisici"** all'indirizzo *www.portaleagentifisici.it.*

Condizioni di lavoro difficili

Sono classificabili come "difficili" una molteplicità di condizioni lavorative: il lavoro in presenza di *condizioni climatiche e di pressione logoranti, condizioni igieniche sfavorevoli, lavoro con animali, in acqua o in generale in situazioni in cui il lavoratore avverta la costante pressione del pericolo.*

In questi casi, ai rischi esaminati in questo testo vanno ad aggiungersi delle condizioni particolari che dobbiamo immaginare come dei *coefficienti incrementali,* che hanno la cioè tendenza ad aggravare ogni singola situazione lavorativa.

Si capisce bene, dunque, che la Valutazione richiesta dalla norma debba assumere, a tratti, caratteristiche *personalizzate* con le quali vanno attentamente considerati (valutati) elementi come:

- *la specifica mansione;*
- *la stagionalità, l'orario e la durata dell'attività o dei turni;*
- *l'età e il genere del lavoratore;*
- *il lavoro "in solitaria" o la presenza di altri lavoratori.*

L'incidenza delle differenze di genere, età, provenienza e tipologia contrattuale

Nell'effettuazione della valutazione dei rischi, purtroppo, si ragiona generalmente in termini omologanti e cioè di *"lavoratore standard"* che, erroneamente, viene qualificato come lavoratore *maschio, adulto, di mezza età, di media corporatura, in salute e madrelingua*.

Al contrario, l'Agenzia Europea per la Sicurezza e Salute sul Lavoro, mediante numerosi dati statistici incrociati e derivanti anche da studi non necessariamente mirati (ma i cui risultati si profilavano interessanti) ha individuato sei categorie di lavoratori esposti a maggiore rischio:

1. **lavoratori immigrati**
2. **lavoratori disabili**
3. **lavoratori giovani**
4. **lavoratori anziani**
5. **donne**
6. **lavoratori *temporanei***

Se ne deduce che, nelle valutazioni normalmente effettuate, c'è un altro "rischio occulto": quello di creare una situazione valutativa **non obiettiva e parziale** se non si considerano i lavoratori che ricadono al di fuori dei citati, presunti "standard".

La problematica è più estesa: persino in fase di progettazione di strumenti ed attrezzature, queste vengono 'pensate' su valori standard, il che significa che esistono lavoratori che non possono rientrare nei parametri adottati ed hanno quindi difficoltà nel trovare misure adatte a loro in termini di dotazioni di protezione, postazioni e piani di lavoro. Ciò potrebbe essere un problema solo parziale ma a condizione che, in successiva istanza, chi effettua la valutazione del rischio, tenga opportuno conto di questa diversità.

Purtroppo, ciò non avviene quasi mai e ad esempio, anche chi ha in organico una maggioranza assoluta di lavoratori stranieri, ignora (spesso volutamente) questa discriminante, basando la valutazione del rischio sul già tratteggiato 'lavoratore standard'.

Fortunatamente (anzi, sapientemente) è lo stesso d.lgs. n.81/2008 a richiedere di 'soppesare' in maniera chiara *le differenze di genere, età, provenienza e tipologia contrattuale* facendone un obbligo – penalmente perseguibile – all'interno del già analizzato **comma 1 dell'art.28**.

Tanto per cominciare, **genere** ed **età** rappresentano senza dubbio elementi rilevanti all'interno dell'attuale mercato del lavoro, sia in merito alle c.d. politiche (antidiscriminatorie) di genere e di incentivazione dell'occupazione giovanile ma, ad oggi, anche adulta, come conseguenza dell'inasprimento dei requisiti per il pensionamento e, dunque, del conseguente prolungamento della permanenza a lavoro.

In generale, dando un'occhiata ai dati, possiamo dire che il *genere* e l'*età* si prestano agevolmente ad una lettura integrata, giacché l'evoluzione umana, sia essa maschio o femmina, procede lungo un solco temporale che, a tappe più o meno predefinite, scandisce situazioni di unicità in termini di approccio al lavoro, alla salute ed alla sicurezza.

Da tale analisi escludiamo, al momento, la valutazione del rischio relativa alle lavoratrici gestanti e puerpere, in quanto specificamente disciplinato dal capo II del **d.lgs. n. 151/2001** (*Testo unico delle disposizioni legislative in materia di tutela e sostegno della maternità e della paternità*) e, almeno in questa analisi, esclusa dal ragionamento sulla differenza di genere femminile nella valutazione dei rischi.

Per le finalità di questo testo, anche in assenza di specifiche differenziazioni disciplinari all'interno del Testo Unico, possiamo concentrare l'attenzione su due specifiche fasce da analizzare:

- i **giovani adolescenti** (15-18 anni), disciplinati dalla legislazione sul lavoro minorile e sull'apprendistato per la qualifica e per il diploma professionale;
- i lavoratori **anziani** (over 50 e fino all'età pensionabile) disciplinati in base alle mutevoli regole per la pensione.

Come anticipato, appare fondamentale dedicare una compiuta trattazione alla prima fascia di età, quella che va dai 15 ai 18 anni e che abbiamo definito come **giovani adolescenti.**

Questa fascia d'età è al centro della **direttiva 94/33/CE** del 22 giugno 1994 relativa alla *protezione dei giovani sul lavoro* dove, all'art. 2, si definisce **giovane**: *"ogni persona di età inferiore a 18 anni"* e **adolescente**: *"ogni giovane di almeno 15 anni che non ha ancora compiuto 18 anni e che non ha più obblighi scolastici a tempo pieno imposti dalla legislazione nazionale"*. Diversamente, si deve intendere **bambino**: *"ogni giovane che non ha ancora compiuto 15 anni o che ha ancora obblighi scolastici a tempo pieno imposti dalla legislazione nazionale"*.

In seguito al recepimento della citata direttiva da parte d.lgs. n. 345/1999 che modifica la l. n. 977/1967 in materia di lavoro minorile, poi ulteriormente corretta ed integrata ad opera del d.lgs. n. 262/2000, l'età minima, fissata dalla lett. c) dell'art. 1, per poter essere ammessi al lavoro coincide con il momento in cui il minore, definito "adolescente", non è più soggetto all'obbligo scolastico, non potendo, comunque, essere inferiore ai 15 anni.

Con il progressivo innalzamento dell'obbligo di istruzione disposto a partire dalla legge n. 9 del 1999, in seguito ai processi di riorganizzazione normativa dell'istruzione scolastica, si è arrivati alla legge n. 296 del 2006, la quale ha stabilito che dal 1° gennaio 2007 l'obbligo scolastico debba essere esteso per almeno 10 anni, per cui l'età minima per accedere al lavoro passa da 15 a 16 anni.

Tuttavia, ad opera del d.lgs. n. 167/2011 il legislatore ha stabilito che possono essere assunti con il contratto di apprendistato per la qualifica e per il diploma professionale, in tutti i settori di attività e anche per l'assolvimento dell'obbligo scolastico, i soggetti della fascia d'età compresa tra i 15 e i 25 anni.

In virtù di questa norma si può, dunque, confermare che, ad esclusione della fattispecie riguardante il contratto di apprendistato per la qualifica e per il diploma professionale, tutte le altre tipologie contrattuali di lavoro potranno essere concluse da giovani di 16 anni, fermo restando l'assolvimento dell'obbligo scolastico.

Se osserviamo i dispositivi di questa norma e li combiniamo con la definizione di lavoratore di cui all'art. 2, lett. a), del T.U.S.L., ci accorgiamo che la disciplina di tutela dei giovani adolescenti si applica ai minori di 18 anni che effettuano tirocini di orientamento e formazione, curricolari ed extra curricolari, finalizzati a favorirne l'inserimento lavorativo (i c.d. "Stage"), i quali si svolgano, anche parzialmente, all'interno di un luogo di lavoro, facendo uso di laboratori, attrezzature, ivi comprese quelle munite di videoterminali, agenti chimici, fisici e biologici. Così, tale fascia di età diventa particolarmente sensibile ad essere presa in considerazione per una compiuta valutazione dei rischi lavorativi.

Dunque, l'art. 7 della l. n. 977/1967, combinato all'art. 28 del d.lgs. n.81/2008, impone al datore di lavoro una specifica valutazione dei rischi lavorativi più attenta ed approfondita, con particolare riguardo alle seguenti circostanze:

- *sviluppo non ancora completo*;
- *mancanza di esperienza* e di consapevolezza nei riguardi dei rischi lavorativi esistenti o possibili in base all'età;
- *mancanza di conoscenza delle attrezzature* e della sistemazione del luogo e del posto di lavoro;

- mancanza di consapevolezza nella corretta *movimentazione manuale dei carichi*;
- mancanza di adeguata *informazione, formazione ed addestramento* in materia di salute e sicurezza sul lavoro.

In questo senso, oltre alla figura del datore di lavoro, obbligato a valutare il rischio nei termini anzidetti, è il **"tutor"** ad avere un ruolo preminente nel caso di apprendistato o di stage, dovendosi occupare dell'inserimento e, conseguentemente, anche della vigilanza e del controllo sulla sicurezza e la salubrità dell'attività lavorativa svolta dal giovane adolescente. Occorre precisare, sul punto, che tale soggetto non può sostituirsi agli obblighi di garanzia propri della figura datoriale, sebbene la giurisprudenza di merito ne abbia spesso rintracciato responsabilità penali, in caso di infortunio dell'adolescente.

La Legge n.977/1967, prevede che i minori **non possono essere adibiti a lavorazioni e lavori potenzialmente pregiudizievoli per il pieno sviluppo fisico**. All'allegato I, il legislatore elenca le attività vietate che, fondamentalmente, sono quelle che espongono ad agenti fisici, biologici e chimici e a processi e lavori pericolosi o pesanti in generale. A giudizio di chi scrive, però, l'elenco deve essere però considerato con una "riserva" parziale, in quanto oggi, grazie all'evoluzione tecnologica da una parte, ed in ragione della mutevolezza del mondo del lavoro dall'altra, possono sussistere situazioni in cui le 'pregiudiziali' vengono fortemente mitigate o, al contrario, possono nascere nuove attività potenzialmente pericolose.

Lavori vietati ai minori di 18 anni – All. I Legge n.977/1967

I.   Mansioni che espongono ai seguenti agenti:

  1.   Agenti fisici:
     a. atmosfera a pressione superiore a quella naturale, ad esempio in contenitori sotto pressione, immersione sottomarina;
     b. rumori con esposizione superiore al valore di 87 dB(A).
  2.   Agenti biologici:
     a. agenti biologici dei gruppi 3 e 4 ai sensi del titolo X del D.lgs. n. 81/2008 e di quelli geneticamente modificati del gruppo II.
  3.   Agenti chimici:

a. sostanze e preparati classificati tossici (T), molto tossici (T+), corrosivi (C), esplosivi (E), estremamente infiammabili (F+) ai sensi del decreto legislativo 3 febbraio 1997, n. 52, e successive modificazioni e integrazioni e del D.lgs. n. 65/2003;

b. sostanze e preparati classificati nocivi (Xn) ai sensi dei decreti legislativi di cui al punto 3 a) e comportanti uno o più rischi descritti dalle seguenti frasi:
   - pericolo di effetti irreversibili molto gravi;
   - possibilità di effetti irreversibili;
   - può provocare sensibilizzazione mediante inalazione;
   - può provocare sensibilizzazione per contatto con la pelle; se il rischio non è evitabile con l'uso di dispositivi di protezione
   - individuale per la cute
   - può provocare alterazioni genetiche ereditarie;
   - pericolo di gravi danni per la salute in caso di esposizione prolungata;
   - può ridurre la fertilità;
   - può danneggiare i bambini non ancora nati;

c. sostanze e preparati classificati irritanti (Xi) e comportanti uno o più rischi descritti dalle seguenti frasi:
   - può provocare sensibilizzazione mediante inalazione;
   - può provocare sensibilizzazione per contatto con la pelle;

d. sostanze e preparati cancerogeni di cui al Titolo IX, Capo II del d.lgs. n.81/2008;

e. piombo e composti;

f. amianto.

II. Processi e lavori (il divieto è riferito solo alle specifiche fasi del processo produttivo e non all'attività nel suo complesso):

1. Processi e lavori di cui all'allegato XLII del d.lgs. n.81/2008;

2. Lavori di fabbricazione e di manipolazione di dispositivi, ordigni ed oggetti diversi contenenti esplosivi, fermo restando le disposizioni di cui al DPR 19 marzo 1956, n. 302.

3. Lavori in serragli contenenti animali feroci o velenosi nonché condotta e governo di tori e stalloni.

4. Lavori di mattatoio.

5. Lavori comportanti la manipolazione di apparecchiature di produzione, di immagazzinamento o di impiego di gas compressi, liquidi o in soluzione.

6. Lavori su tini, bacini, serbatoi, damigiane o bombole contenenti agenti chimici di cui al punto I. 3.

7. Lavori edili comportanti rischi di crolli, allestimento e smontaggio delle armature esterne ed interne delle costruzioni.

8. Lavori comportanti rischi elettrici da alta tensione ("Lavori sotto tensione", come ora definito dall'art. 82 del d.lgs. n. 81/2008).

9. Lavori il cui ritmo è determinato dalla macchina e che sono pagati a cottimo.

10. Esercizio dei forni a temperatura superiore a 500 C come, ad esempio, quelli per la produzione di ghisa, ferroleghe, ferro o acciaio; operazioni di demolizione, ricostruzione e riparazione degli stessi; lavoro ai laminatoi.

11. Lavorazioni nelle fonderie.

12. Processi elettrolitici.

13. soppresso

14. Produzione dei metalli ferrosi e non ferrosi e loro leghe.

15. Produzione e lavorazione dello zolfo.

16. Lavorazioni di escavazione, comprese le operazioni di estirpazione del materiale, di collocamento e smontaggio delle armature, di conduzione e manovra dei mezzi meccanici, di taglio dei massi.

17. Lavorazioni in gallerie, cave, miniere, torbiere e industria estrattiva in genere.

18. Lavorazione meccanica dei minerali e delle rocce, limitatamente alle fasi di taglio, frantumazione, polverizzazione, vagliatura a secco dei prodotti polverulenti.

19. Lavorazione dei tabacchi.

20. Lavori di costruzione, trasformazione, riparazione, manutenzione e demolizione delle navi, esclusi i lavori di officina eseguiti nei reparti a terra.

21. Produzione di calce ventilata.

22. Lavorazioni che espongono a rischio silicotigeno.

23. Manovra degli apparecchi di sollevamento a trazione meccanica, ad eccezione di ascensori e montacarichi.

24. Lavori in pozzi, cisterne ed ambienti assimilabili.

25. Lavori nei magazzini frigoriferi.

26. Lavorazione, produzione e manipolazione comportanti esposizione a prodotti farmaceutici.

27. Condotta dei veicoli di trasporto, con esclusione di ciclomotori e motoveicoli fino a 125 cc, in base a quanto previsto dall'articolo 115 del d.lgs. n. 30/04/92 n. 285, e di macchine operatrici semoventi con propulsione meccanica nonché lavori di pulizia e di servizio dei motori e degli organi di trasmissione che sono in moto.

28. Operazioni di metallizzazione a spruzzo.

29. Legaggio ed abbattimento degli alberi.

30. Pulizia di camini e focolai negli impianti di combustione.
31. Apertura, battitura, cardatura e pulitura delle fibre tessili, del crine vegetale e animale, delle piume e dei peli.
32. Produzione e lavorazione di fibre minerali e artificiali.
33. Cernita e trituramento degli stracci e della carta usata senza l'uso di adeguati dispositivi di protezione individuale (nota: guanti e mascherine per polveri).
34. Lavori con impieghi di martelli pneumatici, mole ad albero flessibile e altri strumenti vibranti; uso di pistole fissachiodi di elevata potenza.
35. Produzione di polveri metalliche.
36. Saldatura e taglio dei metalli con arco elettrico o con fiamma ossidrica o ossiacetilenica.
37. Lavori nelle macellerie che comportano l'uso di utensili taglienti, seghe e macchine per tritare.

Le attività potenzialmente pericolose possono essere svolte, **in deroga al divieto**, solo:

- *su autorizzazione dell'Ispettorato Territoriale del Lavoro e previo parere della ASL/AST;*
- *per motivi didattici o di formazione professionale;*
- *per il tempo strettamente necessario alla formazione stessa;*
- *in aula o in laboratori adibiti all'attività formativa;*
- *sotto la sorveglianza di formatori competenti anche in materia di prevenzione e protezione.*

L'autorizzazione, ricorrendone i presupposti, viene rilasciata dall'Ispettorato territoriale del lavoro, entro 60 giorni dalla richiesta. Nella domanda di autorizzazione, corredata dalla VdR generale e specifico, devono essere indicate:

- le mansioni cui sarà adibito il minore;
- l'attività dell'azienda;
- i macchinari e le sostanze in uso;
- il numero dei dipendenti.

~

Per quanto concerne, invece, gli **over 50**, premettiamo che l'individuazione di tale limite quale parametro per specifici obblighi di valutazione, non è casuale, ma deriva dall'art. 176 del Testo Unico che (sebbene lo faccia per soli rischi legati all'uso dei videoterminali) impone una specifica misura di tutela per i lavoratori che superano tale soglia.

Del resto, ricerche medico-statistiche internazionali confermano che i problemi di salute e le malattie croniche a lungo termine aumentano con l'età, segnalando come circa il 30% degli uomini e delle donne nella fascia di età compresa fra i 50 ed i 64 anni necessiti di un adeguamento urgente del posto di lavoro allo scopo di prevenire i rischi di inabilità al lavoro e di forzato pensionamento anticipato.

Secondo queste ricerche, superati i 50 anni, le possibilità di infortuni, anche mortali, sono più elevate, giacché con l'avanzare dell'età si riduce la capacità di sostenere un lavoro fisico, si incrementano le malattie croniche, derivanti dal lavoro o che impattano sullo stesso e aumentano, in particolare i disturbi muscolo-scheletrici, cardio-circolatori e la depressione, la quale rappresenta una delle cause più comuni di pensionamento anticipato.

Analizzando nel dettaglio le possibili cause che rendono maggiormente vulnerabili tali lavoratori, possono individuarsi:

- **problematiche di tipo fisico**: *riduzione della capacità cardiorespiratoria; riduzione della massa e della forza muscolare; riduzione del numero dei neuroni cerebrali ed atrofia cerebrale (che può sfociare in demenza senile); alterazione delle fasi o stadi del sonno (insonnia, risveglio precoce, possono, infatti, creare problemi soprattutto nello svolgimento del lavoro, in particolare quello notturno); modifiche della termoregolazione (ipotermia, con conseguenti problemi in luoghi di lavoro soggetti a mutamenti di microclima); aumento della pressione arteriosa; aumento della sensibilità al dolore; etc.*
- **problematiche sensoriali**: *diminuzione della capacità visiva ed uditiva.*
- **problematiche cognitive**: *riduzione delle capacità intellettive e della memoria recente (con difficoltà ad assimilare le nuove informazioni in breve tempo); riduzione dei riflessi (che spesso determina l'incremento dei casi di infortunio); maggior difficoltà ad adeguarsi ai cambiamenti nel luogo di lavoro, etc.*

- **probabile o possibile insorgenza di malattie**: *muscolo scheletriche come tendiniti, epicondiliti, sindrome del tunnel carpale, becchi artrosici (artrosi), ma anche osteoporosi, soprattutto per le donne, nonché, ad esempio, il diabete, etc.*
- *insorgenza, per il genere femminile, di peculiari situazioni fisiopsichiche legate al termine del ciclo mestruale e dell'età fertile* (c.d. **menopausa**).
- *possibile insorgenza di malattie derivanti dallo* **stress lavoro-correlato**, *che, infatti, può provocare reazioni sia fisiologiche che psicologiche.*

In generale, l'indebolimento delle capacità lavorativa con il progredire dell'età è un processo biologico naturale, ma d'altra parte, è del tutto evidente che l'invecchiamento comporta una crescita professionale in termini di esperienza, prudenza, riflessione, abilità strategica e queste capacità, a differenza delle precedenti, hanno solo un modesto declino fra i 40 e i 65 anni, ed anzi sono capacità che migliorano con l'esercizio e si deteriorano solo se non utilizzate.

Da quanto detto, dunque, è evidente che il datore di lavoro non può **sottovalutare** la maggiore vulnerabilità dei lavoratori over 50 rispetto ai più giovani. In particolare, il datore di lavoro, nella sua valutazione del rischio, deve tener conto dei seguenti elementi: ridotta forza muscolare; diminuita mobilità delle articolazioni; aumento delle patologie del rachide; ridotta elasticità dei tessuti; ridotta tolleranza al caldo e al freddo; diminuita capacità visiva; diminuzione dell'udito. Infatti, il sistema neuromuscolare subisce deterioramenti correlati all'età che causano: dolori al collo, al dorso e alle spalle; rallentamenti dei riflessi; riduzione della capacità lavorativa.

Anche l'aspetto formativo deve essere adeguato all'impostazione culturale e alle caratteristiche dei lavoratori più avanti con l'età, in alcuni aspetti differenti da quelle dei più giovani. Per tali motivi, risulta opportuno progettare e attivare progetti di *formazione, informazione,* istruzione mirati e specifici, al fine di assicurare un pieno recupero e aggiornamento delle competenze e permettere ulteriori percorsi di carriera.

Quanto sin qui detto, trova validità anche per quanto concerne le differenze di genere che, spesso sottovalutate, possono avere un impatto significativo in fase di valutazione dei rischi nei luoghi di lavoro.

La necessità di una valutazione dei rischi che prenda in considerazione anche le differenze tra 'maschi' e 'femmine' è oggetto di molte accese discussioni, che oscillano tra l'idea di mantenere un approccio "neutrale" e la necessità di tenere conto delle incontrovertibili differenze biologiche tra lavoratrici e lavoratori.

Vi sono aspetti, infatti, che *biologicamente* distinguono uomini e donne e che senza dubbio hanno un'influenza in tema di sicurezza e salute nei luoghi di lavoro:

- Statura e corporatura: solitamente superiore nei maschi;
- Superficie cutanea esposta ai rischi: più estesa nei maschi;
- Capacità polmonare: generalmente inferiore nelle donne;
- Metabolismo: generalmente diverso tra i due sessi, specie rispetto all'assimilazione e smaltimento di sostanze chimiche;
- Sensibilità al microclima: la percezione della temperatura e delle caratteristiche ambientali è differente nei due sessi, comportando diversi riferimenti per il comfort;
- Effetti dell'invecchiamento: molto diversi nei due sessi.

Va poi considerato che, per taluni aspetti, l'organismo maschile o femminile possono rispondere in maniera molto diversa a una stessa fonte di rischio. Un esempio è quello degli effetti negativi dei rumori a bassa intensità sull'apparato riproduttivo femminile.

Un altro esempio riguarda la movimentazione manuale dei carichi, rispetto alla quale, attraverso le norme tecniche, si tende a distinguere tra i due sessi relativamente ai pesi massimi trasportabili o spostabili, anche in assenza di un preciso riferimento legislativo.

Il sesso femminile, biologicamente inteso, è poi interessato in termini esclusivi a gravidanza e allattamento, aspetti da considerare obbligatoriamente sia per la tutela del genitore che del neonato.

Le condizioni di gravidanza e allattamento, comunque, vengono considerate e tutelate da apposita normativa, escludendo le lavoratrici da alcune mansioni o, a seconda delle caratteristiche della gravidanza, dal lavoro in generale per alcuni periodi (*pre* e *post* parto).

Oltre agli aspetti biologici, occorre anche considerare la prevalente differenziazione in termini di ruolo sociale e culturale. Più specificatamente, le donne:

- Si occupano maggiormente del lavoro di tipo domestico;
- Sono maggiormente deputate della cura dei bambini;
- Sono maggiormente incaricate della cura degli anziani;
- Sono generalmente più prudenti e rispettose delle norme di sicurezza.

Entrambi gli aspetti citati comportano evidentemente una diversità di fattori di esposizione ai rischi sul lavoro, alcuni tra i quali sono di seguito esemplificati:

✓ È stata rilevata una maggiore incidenza dei **disturbi degli arti superiori** nelle donne, specie in alcune attività altamente ripetitive, quali i lavori alla catena di montaggio;

✓ Il sollevamento e la **movimentazione** di carichi pesanti è solitamente un rischio "maschile" ma è fortemente presente per le donne che lavorano nei settori delle pulizie, del catering e dell'assistenza;

✓ Lo **stress**, pur presentando elevati tassi per entrambi, le donne sono maggiormente soggette a specifici fattori di tensione quali le molestie sessuali, la discriminazione, i lavori poco qualificati, attività con elevato peso emotivo e il peso 'doppio' del 'lavoro familiare' (domestico non retribuito) che si aggiunge al lavoro ordinario;

✓ **Aggressività** da parte del pubblico: dati statistici asseriscono che le donne sono oggetto di un numero più elevato di aggressioni da parte del pubblico;

- ✓ **Cancro professionale**: nelle industrie manifatturiere le donne hanno tassi più elevati;
- ✓ **Asma e allergie**: ne sono affette più le donne, a causa, ad esempio, di prodotti detergenti, prodotti sterilizzanti e polvere nei guanti protettivi di latex usati in assistenza medica e polveri nell'industria della manifattura tessile e dell'abbigliamento.
- ✓ **Malattie della pelle**:   Quasi interamente appannaggio delle donne a causa del contatto con la pelle di sostanze detergenti o prodotti chimici per parrucchieri;
- ✓ **Malattie infettive**: nell'assistenza sanitaria o nelle attività a contatto con bambini;

Da questi e molti altri fattori è facile evincere che una valutazione dei rischi compiuta debba essere quanto più possibile 'aderente' alle caratteristiche specifiche di ogni lavoratore, comprendendone le differenze che il genere di appartenenza può comportare.

Per quanto concerne le *lavoratrici madri*, l'estensore del Documento di Valutazione del Rischio, anche a fronte di quanto disposto dall'art.183 del Testo Unico (*"Il datore di lavoro adatta le misure di cui all'articolo 182 alle esigenze dei lavoratori appartenenti a gruppi particolarmente sensibili al rischio, incluse le donne in stato di gravidanza ed i minori"*) dovrà fare riferimento anche alla normativa specifica: il d.lgs. 26 marzo 2001, n. 151[34], *Testo unico delle disposizioni legislative in materia di tutela e sostegno della maternità e della paternità*, comunemente denominato anche *T.U. sulla maternità* ed emanato anche a fronte della Direttiva 92/85 CEE concernente il *miglioramento della sicurezza e della salute sul lavoro delle lavoratrici gestanti, puerpere o in periodo di allattamento*, già recepita in precedenza con il d.lgs. 25 novembre 1996, n. 645 e   estendendo la tutela, che originariamente comprendeva le sole lavoratrici subordinate, anche alle lavoratrici autonome,

---

[34] DECRETO LEGISLATIVO 26 marzo 2001, n. 151 *Testo unico delle disposizioni legislative in materia di tutela e sostegno della maternità e della paternità, a norma dell'articolo 15 della legge 8 marzo 2000, n. 53.* Entrata in vigore del decreto: 27-4-2001 (GU n.96 del 26-04-2001 - Suppl. Ordinario n. 93) (Ultimo aggiornamento all'atto pubblicato il 29/12/2022)

alle imprenditrici agricole, alle libere professioniste ed ai titolari di rapporti di lavoro atipici o discontinui.

La norma citata prescrive misure per la tutela della sicurezza e della salute delle lavoratrici durante il periodo di gravidanza e fino all'età di sette mesi del figlio, con l'ovvio presupposto che abbiano informato il datore di lavoro del proprio stato.

In particolare, la norma dispone:

- l'**astensione obbligatoria** (*congedo di maternità*) consistente nel divieto assoluto di adibire le donne al lavoro nel periodo che va dai *due mesi antecedenti la data presunta del parto ai tre mesi successivi* (art. 16);

- il **divieto di adibire le lavoratrici a lavori faticosi,** al trasporto ed al sollevamento di pesi, nonché a lavori pericolosi ed insalubri (art. 7). In tale *periodo la lavoratrice deve essere spostata ad altre mansioni*; lo spostamento deve essere effettuato anche nei casi in cui i servizi ispettivi dell'Ispettorato Nazionale del Lavoro, su istanza della lavoratrice o d'ufficio, accertino che le condizioni di lavoro siano pregiudizievoli alla salute della donna;

- l'obbligo per il datore di lavoro di **valutare i rischi per la sicurezza e la salute delle lavoratrici** (art. 11) in merito a:
  - *esposizione ad agenti fisici che comportano lesioni del feto e/o rischiano di provocare il distacco della placenta;*
  - *esposizione ad agenti chimici o biologici nella misura in cui sia noto che tali agenti o le terapie che essi rendono necessarie mettono in pericolo la salute delle gestanti e del nascituro;*
  - *processi o condizioni di lavoro.*

- il **divieto di adibire al lavoro notturno** le lavoratrici (dalle ore 24 alle ore 6), dall'accertamento dello stato di gravidanza fino al compimento di un anno di età del bambino;

- il diritto delle lavoratrici gestanti a **permessi retribuiti** per l'effettuazione di esami prenatali, accertamenti clinici e visite mediche specialistiche, nel caso in cui debbano essere eseguiti durante l'orario di lavoro (art. 14).

Se il parto avviene successivamente alla data presunta, il periodo compreso è inglobato nel congedo di maternità, analogamente, se il parto avviene anticipatamente rispetto alla data presunta, il periodo non goduto viene aggiunto al congedo di maternità successivo al parto. Se la lavoratrice è adibita a lavori gravosi o pregiudizievoli, l'astensione dal lavoro è anticipata a tre mesi dalla data presunta del parto (art. 17, comma 1).

Il congedo di maternità può essere richiesto anche dalle lavoratrici che abbiano adottato od ottenuto **in affidamento** un bambino di età non superiore a sei anni all'atto dell'adozione o dell'affidamento (art. 26).

Il congedo può anche essere ulteriormente anticipato (art. 17, comma 2), per un periodo stabilito dall'Ispettorato del lavoro, nei casi di:

- gravi complicanze della gravidanza;
- impossibilità di adibire la lavoratrice a mansioni non pregiudizievoli per la stessa e per la salute del bambino;
- se la lavoratrice non può essere adibita ad altre mansioni, caso in cui, l'Ispettorato del Lavoro territorialmente competente può disporre l'interdizione dal lavoro fino al compimento del settimo mese d'età del bambino.

La valutazione del rischio specifico dovrà dunque essere particolarmente accurata tenendo maggior conto di eventuali esposizioni a campi elettromagnetici, radiazioni ionizzanti o attività che, per le donne che allattano, potrebbero comportare un rischio di contaminazione, al rischio rumore e alle posture incongrue.

Oltre all'età e al genere, in ossequio alla previsione della direttiva del Consiglio Europeo del 12 giugno 1989, n. 391, concernente l'attuazione di misure volte a promuovere il miglioramento della sicurezza e della salute dei lavoratori durante il lavoro, l'art. 28, comma 1, del d.lgs. n.81/2008, dispone che la valutazione del rischio (con le conseguenti misure di mitigazione dello stesso) debba tenere conto anche della provenienza dei lavoratori da altri paesi, principalmente in ragione dei seguenti fattori:

- *difficoltà di comprensione ed espressione della lingua;*
- *diversità culturale e sociale;*
- *incidenza, anche nell'ambito lavorativo, dell'appartenenza religiosa;*
- *problematiche connesse e derivanti da fenomeni discriminatori.*

In questa logica, il lettore (poi estensore del DVR) deve considerare che, pur non dimenticando il fenomeno dell'immigrazione, clandestina e non (connessa a scenari di guerra e di crisi internazionali), la forte crescita del flusso migratorio che interessa il nostro Paese nasce anche dall'esigenza di reperimento della manodopera straniera che risulta ormai vitale per il nostro sistema produttivo, con una tendenza certamente crescente.

La valutazione dei rischi posta a tutela del lavoratore straniero, dunque, deve essere condotta anche in un'ottica culturale di derivazione geografico-nazionale.

Verificata, purtroppo, l'eventuale incidenza infortunistica dei comportamenti, dei modi di agire, delle abitudini, che derivano dalla civiltà geografico-nazionale di appartenenza, la valutazione dei rischi lavorativi dovrebbe avere ad oggetto, oltre agli elementi linguistici-espositivi (eccessivamente trascurati) e tecnico-funzionale, anche l'elemento **culturale** della percezione del pericolo e dell'esercizio del potere direttivo della c.d. *catena di comando* prevenzionistica, tenendo conto anche del fatto che, a seconda della provenienza geografica, i lavoratori hanno una tendenza culturale ad essere più collaborativi e "collettivisti" (lavoratori dell'America Latina, della regione

Indiana, del nord Africa occidentale) o più "individualisti" (lavoratori dell'est Europa, della Cina, dell'Africa sub-sahariana).

Anche l'**appartenenza religiosa** deve essere annoverata fra le differenze che il datore di lavoro deve rilevare, al fine della valutazione dei rischi lavorativi, non solo nell'ottica culturale, bensì, in particolare, nella prospettiva dell'esposizione soggettiva al rischio lavorativo in termini di misure, tecniche organizzative e procedurali, di sicurezza e salute.

L'argomento, purtroppo, si intreccia spesso con quello delle pratiche discriminatorie e ne confonde i reali contorni, in quanto l'appartenenza religiosa di uno o più lavoratori può ripercuotersi anche sulla sicurezza e la salute degli stessi e degli altri. Il caso più evidente di rischio per la sicurezza e la salute derivante da una pratica religiosa, necessitante di particolare valutazione, è certamente quello relativo alla prestazione resa dal lavoratore di fede islamica durante il periodo del *Ramadan*.

Il Ramadan, chiamato anche periodo del Digiuno, cade durante il nono mese del calendario musulmano[35], ha una durata di 29-30 giorni e in questo arco temporale il credente musulmano deve astenersi dal mangiare e dal bere dall'alba al tramonto.

Essendo del tutto evidente che il digiuno diurno incide sull'attività lavorativa, rappresenta una condizione afflittiva che espone il lavoratore ad un maggiore rischio per la propria salute e sicurezza, soprattutto nello svolgimento di attività faticose, in luoghi con temperature elevate (settore siderurgico, agricolo, edile, etc.) soprattutto nei mesi estivi e perciò, il datore di lavoro dovrà necessariamente valutarne la ricaduta in termini prevenzionistici, evitando di esporre i lavoratori praticanti a condizioni lavorative rischiose quando si

---

[35] Il Ramadan in Europa non cade sempre nello stesso periodo, perché segue il calendario lunare islamico, che è di 11 giorni più corto rispetto a quello gregoriano; pertanto, ogni anno il Ramadan cade sempre prima rispetto all'anno precedente.

trovino in quella conclamata condizione di debolezza fisica e psichica, adottando misure organizzative specificamente finalizzate.

In ultimo, non dobbiamo trascurare l'incidenza infortunistica derivante dai frequenti abusi, dallo sfruttamento e dalla ghettizzazione di cui i lavoratori immigrati sono vittime. Anche in questo caso, il datore di lavoro dovrà adoperarsi, proprio a partire dalla valutazione dei rischi, affinché tali soggetti risultino destinatari di specifico indirizzo organizzativo, tecnico-culturale e di adeguate misure di salute e sicurezza che coinvolgano però anche gli altri lavoratori, per evitare, al contempo, che queste azioni diventino ulteriore motivo di discriminazione e odio raziale.

SINOTTICO RISCHIO/DANNO POTENZIALE

Con la tabella sottostante si intende fornire al lettore uno "strumento visivo" con il quale rilevare i danni a cui sono potenzialmente esposti i lavoratori in funzione del rischio rilevato, così da rendere più "intuitiva" la valutazione del rischio stesso.

	Rischio	D *potenziale*
Per la sicurezza	Carenze strutturali dell'Ambiente di Lavoro	- *Schiacciamento* - *Urto* - *Attrito o abrasione* - *Scivolamento, inciampo o caduta*
	Carenza su Macchine, Apparecchiature e Sistemi	- *Schiacciamento* - *Cesoiamento* - *Taglio o sezionamento* - *Impigliamento, trascinamento o intrappolamento* - *Urto* - *Perforazione o puntura* - *Attrito o abrasione* - *Proiezione di fluidi, corpi solidi o parti di macchina* - *Scivolamento, inciampo o caduta*
	"Manipolazione" di Sostanze Pericolose	Si veda rischio Incendio, Esplosione e da Agenti Chimici
	Carenza di Sicurezza Elettrica	- *shock elettrico* - *lesioni al miocardio* - *aritmie* - *alterazioni permanenti di conduzione* - *conseguenze sull'attività cerebrale, al sistema nervoso centrale e all'apparato visivo e uditivo.* - *ustioni locali o ipersensibilizzazione della zona colpita dalla scarica.*
	Incendio e/o Esplosione	- *Fratture* - *compromissione respiratoria* - *lesioni ai tessuti molli e agli organi interni* - *emorragie interne ed esterne con shock* - *ustioni* - *compromissioni sensoriali, in particolare dell'udito e della vista*
Per la salute	Agenti Chimici	- *infiammazione* - *congestione* - *edema* - *bronchiti e bronchioliti,* - *fibrosi peribronchiali e perivasali,* - *fibrosi polmonare* - *enfisema*

			fenomeni infiammatori di vario grado
		-	ustione
		-	avvelenamento da contatto
		-	nausea e vomito
		-	dolori addominali
		-	diarrea profusa
		-	ulcere
	Agenti Cancerogeni e Mutageni	-	neoplasie
		-	cancro
		-	alterazione genetica
	Amianto	-	asbestosi
		-	mesotelioma
		-	tumore dei polmoni
	Esposizione al Rumore	-	ipoacusia
		-	ipertensione
		-	indebolimento difese immunitarie
		-	disturbi dell'attenzione
		-	disturbi neurosensoriali (mal di testa, fatica mentale, vertigini);
		-	disturbi socio-comportamentali (nervosismo e aggressività);
		-	problemi gastrointestinali
	Esposizione a Vibrazioni	-	disturbi vascolari
		-	disturbi osteoarticolari
		-	disturbi neurologici
		-	disturbi muscolari
		-	lombalgie
		-	traumi del rachide
	Esposizione a Campi Elettromagnetici	-	vertigini e nausea
		-	effetti su organi sensoriali, nervi e muscoli
		-	riscaldamento di tutto il corpo o di parti del corpo
		-	depressione, ansia
		-	irritabilità, insonnia,
		-	allergie
		-	ipertensione
		-	sterilità e problemi durante la gravidanza
		-	interferenze con attrezzature o dispositivi elettronici, dispositivi medici, schegge metalliche, tatuaggi, body piercing
		-	scosse elettriche o ustioni dovute a correnti di contatto
	Esposizione a Radiazioni Ottiche Artificiali	-	eritema
		-	tumori cutanei
		-	processo accelerato di invecchiamento della pelle
		-	fotocheratite
		-	foto congiuntivite
		-	cataratta
		-	bruciatura della retina o cornea
	Esposizione a Radiazioni Ottiche Naturali (UVA)	-	ustioni
		-	invecchiamento precoce
		-	danni agli occhi

		- *indebolimento del sistema immunitario* - *reazioni fotoallergiche e fototossiche* - *forme tumorali dell'epidermide*
	Esposizione a Radiazioni Ionizzanti	- *alterazioni dell'attività enzimatica della ornitinadecarbossilasi (un enzima che, quando è attivo, è associato all' insorgenza di tumori)* - *modifica del tenore di calcio nelle cellule (trasporto degli ioni dentro e fuori dalle cellule)* - *alterazioni delle proteine della membrana cellulare e modifica del trasporto di ioni attraverso la membrana stessa (un fenomeno essenziale per le cellule cerebrali)* - *aumento del rischio di sviluppare un cancro sul lungo termine.* - *danneggiamento del DNA all'interno delle nostre cellule, interrompendo il loro normale funzionamento e causando possibili mutazioni genetiche*
	Esposizione a rischi da Microclima	- *malesseri fisici a carico dell'apparato respiratorio,* - *muscolo scheletrico,* - *gastro intestinale* - *proliferazione batterica* - *colpo di calore o di freddo* - *disagio psicologico*
	Esposizione a rischi da Agenti Biologici	- *reazioni allergiche* - *allergie* - *eruzioni cutanee* - *infezioni cutanee* - *infezioni batteriche* - *granulomi* - *malattie infettive* - *intossicazione* - *forme cancerogene*
Trasversali e organizzativi	Movimentazione Manuale dei Carichi (MMC)	- *distorsioni* - *lombalgie* - *lombalgie acute* - *ernie del disco* - *sciatalgia* - *strappi muscolari* - *lesioni dorso-lombari gravi* - *schiacciamento mani o piedi*
	Stress Lavoro Correlato	- *emicranie* - *ipertensione* - *problemi alla tiroide* - *problemi digestivi* - *ansia* - *depressione e depressione maggiore* - *disturbi del sonno* - *inattività* - *iperattività*

Illuminazione	-	abbagliamento
	-	affaticamento visivo
	-	mal di testa
	-	bruciore agli occhi e lacrimazione
	-	disturbi muscolo-scheletrici
	-	affaticamento mentale
	-	stress
	-	ansietà, depressione
	-	insonnia
Ondate di Calore	-	crampi da calore
	-	dermatite da sudore
	-	squilibri idrominerali
	-	sincope dovuta a calore
	-	esaurimento o stress da calore
	-	colpo di calore
Uso dei Videoterminali	-	disturbi per la vista e per gli occhi
	-	problemi a carico dell'apparato muscolo-scheletrico.
	-	affaticamento fisico e mentale.
	-	disturbi connessi alle condizioni ergonomiche e all'igiene dell'ambiente
Ambienti Confinati	-	asfissia
	-	condizioni microclimatiche esasperanti
	-	esplosione
	-	incendio
	-	intossicazione
	-	intrappolamento
	-	caduta in profondità
	-	seppellimento
	-	elettrocuzione
	-	contatto con organi in movimento
	-	investimento/schiacciamento
Esposizione a Radon	-	respiro difficoltoso o sibilante,
	-	raucedine, perdita di peso,
	-	strisce di sangue nell'espettorato.
	-	intossicazione
	-	neoplasie polmonari
	-	linfomi
	-	leucemia

Sinottico della Norma: Titoli, Capi, Allegati

La tabella sottostante sintetizza la struttura del Testo Unico con l'indicazione degli Allegati di riferimento

TITOLO I PRINCIPI COMUNI	CAPO II SISTEMA ISTITUZIONALE	ALLEGATO I GRAVI VIOLAZIONI AI FINI DELL'ADOZIONE DEL PROVVEDIMENTO DI SOSPENSIONE DELL'ATTIVITÀ IMPRENDITORIALE
	CAPO III GESTIONE DELLA PREVENZIONE NEI LUOGHI DI LAVORO SEZIONE III SERVIZIO DI PREVENZIONE E PROTEZIONE	ALLEGATO II CASI IN CUI È CONSENTITO LO SVOLGIMENTO DIRETTO DA PARTE DEL DATORE DI LAVORO DEI COMPITI DI PREVENZIONE E PROTEZIONE DEI RISCHI (ART. 34)
	CAPO III GESTIONE DELLA PREVENZIONE NEI LUOGHI DI LAVORO SEZIONE V SORVEGLIANZA SANITARIA	ALLEGATO 3A CARTELLA SANITARIA E DI RISCHIO VISITA MEDICA PREVENTIVA VISITA MEDICA CONSERVAZIONE DELLA CARTELLA SANITARIA E DI RISCHIO CESSAZIONE DELL'INCARICO DEL MEDICO ALLEGATO
		ALLEGATO 3B INFORMAZIONI RELATIVE AI DATI AGGREGATI SANITARI E DI RISCHIO DEI LAVORATORI SOTTOPOSTI A SORVEGLIANZA SANITARIA
TITOLO II LUOGHI DI LAVORO	CAPO I DISPOSIZIONI GENERALI	ALLEGATO IV REQUISITI DEI LUOGHI DI LAVORO
TITOLO III USO DELLE ATTREZZATURE DI LAVORO E DEI DISPOSITIVI DI PROTEZIONE INDIVIDUALE	CAPO I USO DELLE ATTREZZATURE DI LAVORO	ALLEGATO V REQUISITI DI SICUREZZA DELLE ATTREZZATURE DI LAVORO COSTRUITE IN ASSENZA DI DISPOSIZIONI LEGISLATIVE E REGOLAMENTARI DI RECEPIMENTO DELLE DIRETTIVE COMUNITARIE DI PRODOTTO, O MESSE A DISPOSIZIONE DEI LAVORATORI ANTECEDENTEMENTE ALLA DATA DELLA LORO EMANAZIONE
		ALLEGATO VI DISPOSIZIONI CONCERNENTI L'USO DELLE ATTREZZATURE DI LAVORO ALLEGATO
		ALLEGATO VII VERIFICHE DI ATTREZZATURE
	CAPO II USO DEI DISPOSITIVI DI PROTEZIONE INDIVIDUALE	ALLEGATO VIII DISPOSITIVI DI PROTEZIONE INDIVIDUALE
	CAPO III IMPIANTI E APPARECCHIATURE ELETTRICHE	ALLEGATO IX VALORI DELLE TENSIONI NOMINALI DI ESERCIZIO DELLE MACCHINE ED IMPIANTI ELETTRICI
TITOLO IV	CAPO I MISURE PER LA SALUTE E SICUREZZA	ALLEGATO X ELENCO DEI LAVORI EDILI O DI INGEGNERIA CIVILE DI CUI ALL'ARTICOLO 89 COMMA 1, LETTERA A)

CANTIERI TEMPORANEI O MOBILI	NEI CANTIERI TEMPORANEI O MOBILI	ALLEGATO XI ELENCO DEI LAVORI COMPORTANTI RISCHI PARTICOLARI PER LA SICUREZZA E LA SALUTE DEI LAVORATORI DI CUI ALL'ARTICOLO 100, COMMA 1
		ALLEGATO XII CONTENUTO DELLA NOTIFICA PRELIMINARE DI CUI ALL'ARTICOLO 99
		ALLEGATO XIII PRESCRIZIONI DI SICUREZZA E DI SALUTE PER LA LOGISTICA DI CANTIERE PRESCRIZIONI PER I SERVIZI IGIENICO-ASSISTENZIALI A DISPOSIZIONE DEI LAVORATORI NEI CANTIERI PRESCRIZIONI PER I POSTI DI LAVORO NEI CANTIERI
		ALLEGATO XIV CONTENUTI MINIMI DEL CORSO DI FORMAZIONE PER I COORDINATORI PER LA PROGETTAZIONE E PER L'ESECUZIONE DEI LAVORI
		ALLEGATO XV CONTENUTI MINIMI DEI PIANI DI SICUREZZA NEI CANTIERI TEMPORANEI O MOBILI
		ALLEGATO XVI FASCICOLO CON LE CARATTERISTICHE DELL'OPERA
		ALLEGATO XVII IDONEITÀ TECNICO PROFESSIONALE
	CAPO II NORME PER LA PREVENZIONE DEGLI INFORTUNI SUL LAVORO NELLE COSTRUZIONI E NEI LAVORI IN QUOTA SEZIONE II DISPOSIZIONI DI CARATTERE GENERALE	ALLEGATO XVIII VIABILITÀ NEI CANTIERI, PONTEGGI E TRASPORTO DEI MATERIALI
		ALLEGATO XIX VERIFICHE DI SICUREZZA DEI PONTEGGI METALLICI FISSI
		ALLEGATO XX A. COSTRUZIONE E IMPIEGO DI SCALE PORTATILI B. AUTORIZZAZIONE AI LABORATORI DI CERTIFICAZIONE (CONCERNENTI AD ESEMPIO: SCALE, PUNTELLI, PONTI SU RUOTE A TORRE E PONTEGGI) ALLEGATO XXI ACCORDO STATO, REGIONI E PROVINCE AUTONOME SUI CORSI DI FORMAZIONE PER LAVORATORI ADDETTI A LAVORI IN QUOTA
		ALLEGATO XXI ACCORDO STATO, REGIONI E PROVINCE AUTONOME SUI CORSI DI FORMAZIONE PER LAVORATORI ADDETTI A LAVORI IN QUOTA
	CAPO II NORME PER LA PREVENZIONE DEGLI INFORTUNI SUL LAVORO NELLE COSTRUZIONI E NEI LAVORI IN QUOTA SEZIONE IV PONTEGGI E IMPALCATURE IN LEGNAME	ALLEGATO XVIII VIABILITÀ NEI CANTIERI, PONTEGGI E TRASPORTO DEI MATERIALI 2. PONTEGGI
	CAPO II NORME PER LA PREVENZIONE DEGLI INFORTUNI SUL	ALLEGATO XXI ACCORDO STATO, REGIONI E PROVINCE AUTONOME SUI CORSI DI FORMAZIONE PER LAVORATORI ADDETTI A LAVORI IN QUOTA

	LAVORO NELLE COSTRUZIONI E NEI LAVORI IN QUOTA SEZIONE V PONTEGGI FISSI	ALLEGATO XXII CONTENUTI MINIMI DEL PI.M.U.S.
		ALLEGATO XXIII DEROGA AMMESSA PER I PONTI SU RUOTE A TORRE
TITOLO V SEGNALETICA DI SALUTE E SICUREZZA SUL LAVORO	CAPO I DISPOSIZIONI GENERALI	ALLEGATO XXIV PRESCRIZIONI GENERALI PER LA SEGNALETICA DI SICUREZZA ALLEGATO
		ALLEGATO XXV PRESCRIZIONI GENERALI PER I CARTELLI SEGNALETICI
		ALLEGATO XXVI PRESCRIZIONI PER LA SEGNALETICA DEI CONTENITORI E DELLE TUBAZIONI ANTINCENDIO
		ALLEGATO XXVII PRESCRIZIONI PER LA SEGNALETICA DESTINATA AD IDENTIFICARE E AD INDICARE L'UBICAZIONE DELLE ATTREZZATURE ANTINCENDIO
		XXVIII PRESCRIZIONI PER LA SEGNALAZIONE DI OSTACOLI E DI PUNTI DI PERICOLO E PER LA SEGNALAZIONE DELLE VIE DI CIRCOLAZIONE
		ALLEGATO XXIX PRESCRIZIONI PER I SEGNALI LUMINOSI
		ALLEGATO XXX PRESCRIZIONI PER I SEGNALI ACUSTICI
		ALLEGATO XXXI PRESCRIZIONI PER LA COMUNICAZIONE VERBALE
		ALLEGATO XXXII PRESCRIZIONI PER I SEGNALI GESTUALI
TITOLO VI MOVIMENTAZIONE MANUALE DEI CARICHI	CAPO I DISPOSIZIONI GENERALI	ALLEGATO XXXIII MOVIMENTAZIONE MANUALE DEI CARICHI
TITOLO VII ATTREZZATURE MUNITE DI VIDEOTERMINALI	CAPO II OBBLIGHI DEL DATORE DI LAVORO, DEI DIRIGENTI E DEI PREPOSTI	ALLEGATO XXXIV VIDEOTERMINALI
TITOLO VIII AGENTI FISICI	CAPO II PROTEZIONE DEI LAVORATORI CONTRO I RISCHI DI ESPOSIZIONE AL RUMORE DURANTE IL LAVORO	ALLEGATO XXXV AGENTI FISICI
	CAPO IV PROTEZIONE DEI LAVORATORI DAI RISCHI DI ESPOSIZIONE A CAMPI ELETTROMAGNETICI	ALLEGATO XXXVI CAMPI ELETTROMAGNETICI
	CAPO V PROTEZIONE DEI LAVORATORI DAI RISCHI DI ESPOSIZIONE A RADIAZIONI OTTICHE ARTIFICIALI	ALLEGATO XXXVII RADIAZIONI OTTICHE
TITOLO IX SOSTANZE PERICOLOSE	CAPO I PROTEZIONE DA AGENTI CHIMICI	ALLEGATO XXXVIII SOSTANZE PERICOLOSE - VALORI LIMITE DI ESPOSIZIONE PROFESSIONALE

		ALLEGATO XXXIX SOSTANZE PERICOLOSE - VALORI LIMITE BIOLOGICI OBBLIGATORI E PROCEDURE DI SORVEGLIANZA SANITARIA
		ALLEGATO XL SOSTANZE PERICOLOSE - DIVIETI
		ALLEGATO XLI SOSTANZE PERICOLOSE - METODICHE STANDARDIZZATE DI MISURAZIONE DEGLI AGENTI
	CAPO II PROTEZIONE DA AGENTI CANCEROGENI E MUTAGENI SEZIONE I DISPOSIZIONI GENERALI	ALLEGATO XLII SOSTANZE PERICOLOSE - ELENCO DI SOSTANZE, MISCELE E PROCESSI
		ALLEGATO XLIII SOSTANZE PERICOLOSE - VALORI LIMITE DI ESPOSIZIONE PROFESSIONALE
	CAPO I DISPOSIZIONI GENERALI	ALLEGATO XLIV AGENTI BIOLOGICI - ELENCO ESEMPLIFICATIVO DI ATTIVITÀ LAVORATIVE CHE POSSONO COMPORTARE LA PRESENZA DI AGENTI BIOLOGICI
TITOLO X ESPOSIZIONE AD AGENTI BIOLOGICI	CAPO II OBBLIGHI DEL DATORE DI LAVORO	ALLEGATO XLV AGENTI BIOLOGICI - SEGNALE DI RISCHIO BIOLOGICO
		ALLEGATO XLVI AGENTI BIOLOGICI - ELENCO DEGLI AGENTI BIOLOGICI CLASSIFICATI
		ALLEGATO XLVII INDICAZIONI SU MISURE E LIVELLI DI CONTENIMENTO
		ALLEGATO XLVIII CONTENIMENTO PER PROCESSI INDUSTRIALI
TITOLO X- BIS PROTEZIONE DALLE FERITE DA TAGLIO E DA PUNTA NEL SETTORE OSPEDALIERO E SANITARIO		
TITOLO XI PROTEZIONE DA ATMOSFERE ESPLOSIVE	CAPO I DISPOSIZIONI GENERALI	ALLEGATO XLIX ATMOSFERE ESPLOSIVE - RIPARTIZIONE DELLE AREE IN CUI POSSONO FORMARSI ATMOSFERE ESPLOSIVE
		ALLEGATO L ATMOSFERE ESPLOSIVE
		ALLEGATO LI ATMOSFERE ESPLOSIVE - SEGNALE DI AVVERTIMENTO PER INDICARE LE AREE IN CUI POSSONO FORMARSI ATMOSFERE ESPLOSIVE

ESEMPI DI ALGORITMI DI VALUTAZIONE

Come già accennato in precedenza, per taluni rischi specifici, in alternativa alla misurazione dell'agente è possibile l'uso di sistemi di valutazione del rischio basati su relazioni matematiche (o modelli grafici) denominati algoritmi.

Gli algoritmi (o i modelli) sono procedure che assegnano un valore numerico ad una serie di fattori o parametri che intervengono nella determinazione del rischio, pesando, per ognuno di essi in modo diverso, l'importanza assoluta e reciproca sul risultato valutativo finale.

Ovviamente un algoritmo risulta tanto più efficiente quanto più i fattori individuati e il loro "peso" sono pertinenti alla tipologia di rischio trattato.

Tali fattori, una volta sapientemente individuati, vengono inseriti in una relazione matematica semplice (o in un modello grafico) la quale fornisce un indice numerico che assegna, non tanto un valore assoluto del rischio, quanto permette di inserire il valore trovato in una matrice individuando, per la situazione analizzata, una graduazione dell'importanza del valore dell'indice calcolato.

Nella costruzione di un algoritmo è dunque fondamentale:

- l'individuazione puntuale dei parametri che determinano il rischio;
- l'individuazione del "peso" dei fattori di compensazione nei confronti del rischio;
- l'individuazione della relazione numerica che lega i parametri fra di loro (fattori additivi, moltiplicativi, esponenziali, etc.);
- l'individuazione della scala dei valori dell'indice in relazione al rischio (molto basso, basso, medio, medio-alto, alto, etc.).

La letteratura scientifica prevenzionistica è ricca di questi modelli matematici che consentono anche ai meno esperti di effettuare valutazione di rischi specifici in maniera abbastanza efficace ed intuitiva, anche se c'è da dire che spesso si "prestano" a distorsioni, più o meno dolose, che tendono a sottovalutare il reale rischio.

Nel seguito, si è pensato di analizzare due tra questi modelli con l'intento, da una parte, di dimostrarne l'agevole utilizzo e dall'altra, proprio per rivelarne gli eventuali utilizzi impropri.

Il MoVaRisch per il rischio chimico

Il MoVaRisch è un algoritmo per la valutazione del rischio da esposizione ad agenti chimici, proposto dalle Regioni Toscana, Emilia-Romagna e Lombardia.

Questo semplice modello matematico consente di valutare **contemporaneamente** il rischio chimico derivante sia da **inalazione** che da **contatto** con l'agente, fornendo così un unico indice numerico da verificare con una matrice del rischio.

Il rischio **R**, in questo modello, è il prodotto del **pericolo P** per **l'esposizione E** e viene inizialmente calcolato separatamente per esposizioni inalatorie e per esposizioni cutanee:

$R_{inal} = P \times E_{inal}$ con $0,1 < R_{inal} < 100$

$R_{cute} = P \times E_{cute}$ con $1 < R_{cute} < 100$

il rischio **R cumulativo (Rcum)** indotto da entrambe le vie di assorbimento è ottenuto tramite il seguente calcolo:

$$R_{cum} = \sqrt{R_{inal}^2 + R_{cute}^2}$$

con **$1 < R_{cum} < 141$** e la seguente classificazione:

	Valori di Rischio	Classificazione
Valori di rischio **irrilevanti** per la salute	$0,1 < R_{cum} \leq 15$	**Rischio irrilevante**
	$15 < R_{cum} \leq 21$	**Livello di incertezza** *rivedere con scrupolo l'assegnazione dei vari punteggi, rivedere le misure di prevenzione e protezione adottate e consultare il medico competente*
Valori di rischio **superiori** all' irrilevante per la salute	$21 < R_{cum} \leq 40$	**Rischio SUPERIORE all'irrilevante** *adottare le misure preventive, protettive, di sorveglianza sanitaria e d'emergenza previste dagli articoli 225, 226, 229 e 230*
	$40 < R_{cum} \leq 80$	**Rischio ELEVATO**
	$R_{cum} > 80$	**RISCHIO GRAVE** *riconsiderare l'utilizzo dell'agente, riconsiderare il percorso dell'identificazione delle misure di prevenzione e protezione ai fini di una loro eventuale implementazione. Intensificare i controlli quali la sorveglianza sanitaria, la misurazione degli agenti chimici e la periodicità della manutenzione.*

Per poter giungere al valore di R_{cum} occorre calcolare i singoli valori di R_{inal} e R_{cute} attraverso il peso del pericolo e dell'esposizione.

Che si tratti di rischio da inalazione o da contatto con la cute, il peso **P** è desumibile, in maniera univoca, da una classificazione provvisoria adottata da fabbricanti, importatori o distributori di prodotti chimici, sulla base delle *frasi R*:

CODICI H	TESTO	SCORE
H332	Nocivo se inalato	4,50
H312	Nocivo a contatto con la pelle	3,00
H302	Nocivo se ingerito	2,00
H331	Tossico se inalato	6,00
H311	Tossico a contatto con la pelle	4,50
H301	Tossico se ingerito	2,25
H330 cat.2	Letale se inalato	7,50
H310 cat.2	Letale a contatto con la pelle	5,50
H300 cat.2	Letale se ingerito	2,50
H330 cat.1	Letale se inalato	8,50
H310 cat.1	Letale a contatto con la pelle	6,50
H300 cat.1	Letale se ingerito	3,00
EUH029	A contatto con l'acqua libera un gas tossico	3,00
EUH031	A contatto con acidi libera gas tossico	3,00
EUH032	A contatto con acidi libera gas molto tossico	3,50
H314 cat.1A	Provoca gravi ustioni cutanee e gravi lesioni oculari	6,25
H314 cat.1B	Provoca gravi ustioni cutanee e gravi lesioni oculari	5,75
H314 cat.1C	Provoca gravi ustioni cutanee e gravi lesioni oculari	5,50
H315	Provoca irritazione cutanea	2,50
H318	Provoca gravi lesioni oculari	4,50
H319	Provoca grave irritazione oculare	3,00
EUH066	L'esposizione ripetuta può provocare secchezza e screpolature della pelle	2,50
H334 cat.1A	Può provocare sintomi allergici o asmatici o difficoltà respiratorie se inalato	9,00
H334 cat.1B	Può provocare sintomi allergici o asmatici o difficoltà respiratorie se inalato	8,00
H317 cat.1A	Può provocare una reazione allergica della pelle	6,00
H317 cat.1B	Può provocare una reazione allergica della pelle	4,50
H370	Provoca danni agli organi	9,50
H371	Può provocare danni agli organi	8,00
H335	Può irritare le vie respiratorie	3,25
H336	Può provocare sonnolenza o vertigini	3,50
H372	Provoca danni agli organi	8,00
H373	Può provocare danni agli organi	7,00
H304	Può essere letale in caso di ingestione e di penetrazione nelle vie respiratorie	3,50
H360	Può nuocere alla fertilità o al feto	10,00
H360D	Può nuocere al feto	9,50
H360Df	Può nuocere al feto. Sospettato di nuocere alla fertilità	9,75
H360F	Può nuocere alla fertilità	9,50
H360FD	Può nuocere alla fertilità. Può nuocere al feto	10,00
H341	Sospettato di provocare alterazioni genetiche	8,00
H351	Sospettato di provocare il cancro	8,00
H361	Sospettato di nuocere alla fertilità o al feto	8,00
H361d	Sospettato di nuocere al feto	7,50
H361f	Sospettato di nuocere alla fertilità.	7,50
H361fd	Sospettato di nuocere alla fertilità. Sospetto di nuocere al feto	8,00
H362	Può essere nocivo per i lattanti allattati al seno	6,00
EUH070	Tossico per contatto oculare	6,00
EUH071	Corrosivo per le vie respiratorie	6,50
EUH201	Contiene Piombo. Non utilizzare su oggetti che possono essere masticati o succhiati dai bambini	6,00
EUH201A	Attenzione! Contiene Piombo	6,00

EUH202	Cianoacrilato. Pericolo. Incolla la pelle e gli occhi in pochi secondi. Tenere fuori dalla portata dei bambini.	4,50
EUH203	Contiene Cromo (VI). Può provocare una reazione allergica.	4,50
EUH204	Contiene Isocianati. Può provocare una reazione allergica	7,00
EUH205	Contiene Composti Epossidici. Può provocare una reazione allergica	4,50
EUH206	Attenzione! Non utilizzare in combinazione con altri prodotti. Possono formarsi gas pericolosi (cloro)	3,00
EUH207	Attenzione! Contiene Cadmio. Durante l'uso si sviluppano fumi pericolosi. Leggere le informazioni fornite dal fabbricante. Rispettare le disposizioni di sicurezza.	8,00
EUH208	Contiene Nome sostanza sensibilizzante. Può provocare una reazione allergica.	5,00
	Miscele non classificabili come pericolose ma contenenti almeno una sostanza pericolosa appartenente ad una qualsiasi classe di pericolo con score ≥ 8	5,50
	Miscele non classificabili come pericolose ma contenenti almeno una sostanza pericolosa esclusivamente per via inalatoria appartenente ad una qualsiasi classe di pericolo diversa dalla tossicità di categoria 4 e dalle categorie relative all'irritazione con score < 8	4,00
	Miscele non classificabili come pericolose ma contenenti almeno una sostanza pericolosa esclusivamente per via inalatoria appartenente alla classe di pericolo della tossicità di categoria 4 e alle categorie dell'irritazione	2,50
	Miscele non classificabili come pericolose ma contenenti almeno una sostanza pericolosa solo per via cutanea e/o solo per ingestione appartenente ad una qualsiasi classe di pericolo relativa ai soli effetti acuti	2,25
	Miscele non classificabili come pericolose ma contenenti almeno una sostanza non pericolosa alla quale è stato assegnato un 3,00 valore limite d'esposizione professionale	3,00
	Sostanza non autoclassificata come pericolosa, ma alla quale è stato assegnato un valore limite d'esposizione professionale	4,00
	Sostanze e miscele non classificate pericolose il cui impiego e tecnologia comporta un'elevata emissione di almeno un agente chimico pericoloso per via inalatoria con score > a 6,50	5,00
	Sostanze e miscele non classificate pericolose il cui impiego e tecnologia comporta un'elevata emissione di almeno un agente chimico pericoloso per via inalatoria con score < a 6,50 e > a 4,50	3,00
	Sostanze e miscele non classificate pericolose il cui impiego e tecnologia comporta un'elevata emissione di almeno un agente chimico pericoloso per via inalatoria con score < a 4,50 e > a 3,00	2,25
	Sostanze e miscele non classificate pericolose il cui impiego e tecnologia comporta un'elevata emissione di almeno un agente chimico pericoloso per via cutanea e/o per ingestione con score > a 6,50	3,00
	Sostanze e miscele non classificate pericolose il cui impiego e tecnologia comporta un'elevata emissione di almeno un agente chimico pericoloso per via cutanea e/o per ingestione con score < a 6,50 e > a 4,50	2,25
	Sostanze e miscele non classificate pericolose il cui impiego e tecnologia comporta un'elevata emissione di almeno un agente chimico pericoloso per via cutanea e/o per ingestione con score < a 4,50 e > a 3,00	2,00

	Sostanze e miscele non classificate pericolose il cui impiego e tecnologia comporta un'elevata emissione di almeno un agente chimico pericoloso per via cutanea e/o per ingestione con score < a 3,00 e > a 2,00	1,75
	Sostanze e miscele non classificate pericolose il cui impiego e tecnologia comporta una bassa emissione di almeno un agente chimico pericoloso per via inalatoria con score > a 6,50	2,50
	Sostanze e miscele non classificate pericolose il cui impiego e tecnologia comporta una bassa emissione di almeno un agente chimico pericoloso per via inalatoria con score < a 6,50 e > a 4,50	2,00
	Sostanze e miscele non classificate pericolose il cui impiego e tecnologia comporta una bassa emissione di almeno un agente chimico pericoloso per via inalatoria con score < a 4,50 e > a 3,00	1,75
	Sostanze e miscele non classificate pericolose il cui impiego e tecnologia comporta una bassa emissione di almeno un agente chimico pericoloso per via cutanea e/o per ingestione appartenente ad una qualsiasi categoria di pericolo	1,25
	Sostanze e miscele non classificate pericolose e non contenenti nessuna sostanza pericolosa	1,00

Per quanto concerne il rischio derivante da inalazione, l'esposizione E_{inal} viene calcolata attraverso il prodotto di un Sub-indice I (*Intensità dell'esposizione*) per il Sub-indice d (*distanza del lavoratore dalla sorgente*):

$$E_{inal} = I \times d$$

Il Sub-indice I (*Intensità dell'esposizione*) dipende da un'altra serie di fattori, ciascuno avente una ponderazione differente e mediante la sequenza di sub valutazioni di seguito riportata:

a. Proprietà chimico-fisiche (stato solido, liquido, gassoso, volatilità)
b. Quantità in uso
c. Tipologia d'uso
d. Tipologia di controllo
e. Tempo di esposizione

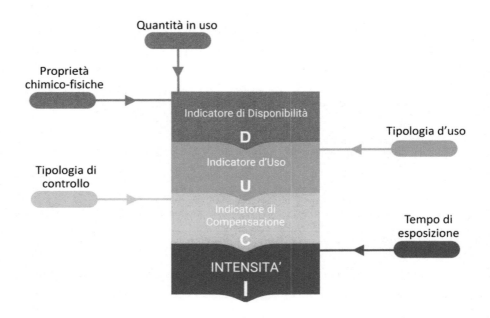

PRIMO STEP – Calcolo dell'indicatore di Disponibilità

L'indicatore di disponibilità **D** si ottiene "incrociando" le proprietà chimico fisiche con la quantità in uso dell'agente (da valori inferiori a 0,1 kg a oltre 100 kg), secondo la seguente matrice a cui corrispondono **valori da 1 a 4**:

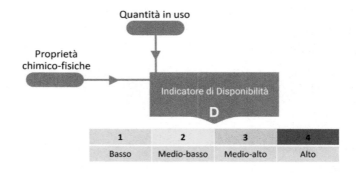

Proprietà chimico-fisiche	Quantità in uso				
	<0,1 Kg	0,1 – 1 Kg	1 – 10 Kg	10 – 100 Kg	>100 Kg
Solido/nebbia	Bassa 1	Bassa 1	Bassa 1	Medio-bassa 2	Medio-bassa 2
Bassa volatilità	Bassa 1	Medio-bassa 2	Medio-alta 3	Medio-alta 3	Alta 4
Medio/Alta volatilità e polveri fini	Bassa 1	Medio-alta 3	Medio-alta 3	Alta 4	Alta 4
Stato gassoso	Medio-bassa 2	Medio-alta 3	Alta 4	Alta 4	Alta 4

Il valore D ottenuto va "incrociato", con le medesime modalità, con la **tipologia d'uso** (di seguito specificato) ottenendo valori di **U** (*indicatore d'Uso*) corrispondenti **da 1 a 3**:

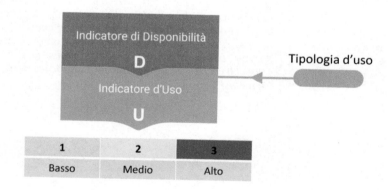

Il valore relativo alla "tipologia d'uso" viene spesso utilizzato in maniera non corretta (più o meno dolosamente) ma, viceversa, rappresenta un importante fattore di valutazione che può effettivamente "fare la differenza" tra una valutazione efficace e no. Vengono individuati quattro livelli, sempre in ordine crescente relativamente alla possibilità di dispersione in aria, della tipologia d'uso della sostanza, che identificano la sorgente della esposizione:

1	Uso in sistema chiuso	la sostanza è usata e/o conservata in **reattori o contenitori a tenuta stagna** e trasferita da un contenitore all'altro attraverso tubazioni stagne. Questa categoria non può essere applicata a situazioni in cui, in una qualsiasi sezione del processo produttivo, possano aversi rilasci nell'ambiente. In altre parole, **il sistema chiuso deve essere tale in tutte le sue parti.**
2	Uso in inclusione in matrice	la sostanza viene **incorporata in materiali o prodotti** da cui è impedita o limitata la dispersione nell'ambiente. Questa categoria include l'uso di materiali in **"pellet"**, la dispersione di solidi in acqua con limitazione del rilascio di polveri e in genere l'inglobamento della sostanza in esame in matrici che tendano a trattenerla.
3	Uso controllato e non dispersivo	questa categoria include le lavorazioni in cui sono coinvolti **solo limitati gruppi selezionati di lavoratori,** adeguatamente esperti dello specifico processo, e in cui sono disponibili sistemi di controllo adeguati a controllare e contenere l'esposizione.
4	Uso con dispersione significativa	questa categoria include lavorazioni ed attività che possono comportare **un'esposizione sostanzialmente incontrollata non solo degli addetti,** ma anche di altri lavoratori ed eventualmente della popolazione generale. Possono essere classificati in questa categoria processi come **l'irrorazione di prodotti fitosanitari, l'uso di vernici** ed altre analoghe attività.

Incrociando i dati in matrice:

D	Tipologia d'uso			
	Sistema chiuso	Inclusione in matrice	Uso controllato	Uso dispersivo
D1	Bassa 1	Bassa 1	Bassa 1	Media 2
D2	Bassa 1	Media 2	Media 2	Alta 3
D3	Bassa 1	Media 2	Alta 3	Alta 3
D4	Media 2	Alta 3	Alta 3	Alta 3

Il valore U ottenuto va "incrociato", ancora con le medesime modalità, con la **tipologia di controllo** (di seguito specificato) ottenendo valori di **C** (*indicatore di Compensazione*) corrispondenti **da 1 a 3**:

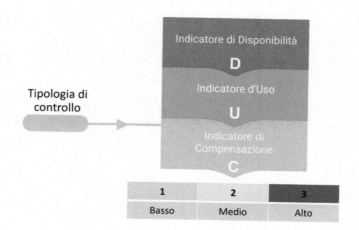

Per il valore relativo alla "tipologia di controllo" vengono individuati cinque differenti **misure di contenimento** della dispersione dell'agente:

✓ **Contenimento completo**: corrisponde ad una situazione a **ciclo chiuso**. Dovrebbe, almeno teoricamente, rendere trascurabile l'esposizione, ove si escluda il caso di anomalie, incidenti, errori.

✓ **Aspirazione localizzata**: aspirazione locale degli scarichi e delle emissioni (LEV): questo sistema **rimuove il contaminante** alla sua sorgente di rilascio, impedendone la dispersione nelle aree con presenza umana, dove potrebbe essere inalato.

✓ **Segregazione - separazione**: il **lavoratore è separato** dalla sorgente di rilascio del contaminante da un appropriato spazio di sicurezza, o vi sono adeguati intervalli di tempo fra la presenza del contaminante nell'ambiente e la presenza del personale nella stessa area. Questa procedura si riferisce soprattutto all'adozione di metodi e comportamenti appropriati, controllati in modo adeguato, piuttosto che ad una separazione fisica effettiva (come nel caso del contenimento completo). Il fattore dominante diviene quindi il comportamento finalizzato alla prevenzione dell'esposizione. L'adeguato controllo di questo comportamento è di primaria importanza.

✓ **Diluizione - ventilazione**: questa può essere naturale o meccanica. Questo metodo è applicabile nei casi in cui esso consenta di **minimizzare l'esposizione** e renderla trascurabile in rapporto alla pericolosità intrinseca del fattore di rischio. Richiede generalmente un adeguato monitoraggio continuativo.

✓ **Manipolazione diretta** (con dpi): in questo caso il **lavoratore opera a diretto contatto** con il materiale pericoloso, adottando unicamente maschera, guanti o altre analoghe attrezzature. Si può assumere che in queste condizioni le esposizioni possano essere anche relativamente elevate.

Incrociando i dati in matrice:

U	Tipologia di Controllo				
	Contenimento completo	Aspirazione localizzata	Segregazione Separazione	Ventilazione generale	Manipolazione diretta
U1	Bassa 1	Bassa 1	Bassa 1	Media 2	Media 2
U2	Bassa 1	Media 2	Media 2	Alta 3	Alta 3
U3	Bassa 1	Media 2	Alta 3	Alta 3	Alta 3

Si può infine procedere al calcolo dell'Intensità I mediante l'ennesimo incrocio tra il valore di C appena ottenuto e i tempi di esposizione, ottenendo **quattro valori ponderati rispettivamente pari a 1,3,5 e 7:**

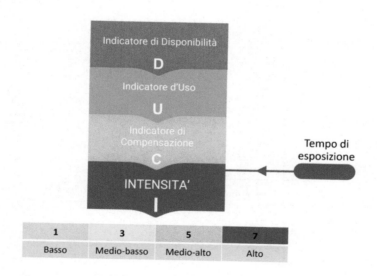

Per il fattore "tempo di esposizione" vengono individuati cinque intervalli per definire il tempo di esposizione alla sostanza o al preparato:

1	2	3	4	5
< 15 minuti	>15 m <2 h	>2h <4 h	>4h <6 h	>6 h

Incrociando i dati in matrice:

C	Tempo di esposizione				
	< 15 minuti	>15 m <2 h	>2h <4 h	>4h <6 h	>6 h
C1	Bassa 1	Bassa 1	Medio-bassa 3	Medio-bassa 3	Medio-alta 5
C2	Bassa 1	Medio-bassa 3	Medio-alta 5	Medio-alta 5	Alta 7
C3	Medio-bassa 3	Medio-alta 5	Alta 7	Alta 7	Alta 7

A questo punto sarà sufficiente applicare la formula sotto riportata per ottenere il valore legato all'esposizione per inalazione con **d** (distanza dalla sorgente) convenzionalmente stabilita in:

1	0,75	0,50	0,25	0,1
d < 1 m	1m ≤ d < 3m	3m ≤ d < 5m	5m ≤ d < 10m	d ≥ 10m

$$E_{inal} = I \times d$$

da cui:

$$R_{inal} = P \times E_{inal} \qquad \text{con } 0{,}1 < R_{inal} < 100$$

Per quanto concerne il rischio derivante da contatto cutaneo, l'esposizione E_{cute} (con valori assegnati pari **a 1-basso, 3-medio, 5-alto, 7-molto alto**) viene calcolata attraverso l'incrocio tra il valore di **tipologia d'uso**, già definito per il calcolo dell'indicatore di Disponibilità, e l'indice dei **livelli di contatto**, graduati in scala **da 1 a 4**.

1	Nessun contatto	-
2	Contatto accidentale	*non più di un evento al giorno, dovuto a spruzzi o rilasci occasionali (p.e. preparazione di una vernice).*
3	Contatto discontinuo	*da due a dieci eventi al giorno, dovuti alle caratteristiche del processo*
4	Contatto esteso.	*il numero di eventi giornalieri è superiore a dieci*

Incrociando i dati in matrice:

Tipologia d'uso	Livello di contatto			
	Nessun contatto	Contatto accidentale	Contatto discontinuo	Contatto esteso
Sistema chiuso	**Bassa** 1	**Bassa** 1	**Media** 3	**Alta** 5
Inclusione in matrice	**Bassa** 1	**Media** 3	**Media** 3	**Alta** 5
Uso controllato	**Bassa** 1	**Media** 3	**Alta** 5	**Molto Alto** 7
Uso dispersivo	**Bassa** 1	**Alta** 5	**Alta** 5	**Molto Alto** 7

Ottenuto il valore di E:

$$R_{cute} = P \times E_{cute} \qquad \text{con } 1 < R_{cute} < 100$$

Per ottenere il rischio **R cumulativo (Rcum)** basterà effettuare il seguente calcolo e confrontare il valore ottenuto con i valori di riferimento.

$$R_{cum} = \sqrt{R_{inal}^2 + R_{cute}^2}$$

	Valori di Rischio	Classificazione
Valori di rischio **irrilevanti** per la salute	0,1< Rcum≤15	**Rischio irrilevante**
	15< Rcum≤21	**Livello di incertezza** *rivedere con scrupolo l'assegnazione dei vari punteggi, rivedere le misure di prevenzione e protezione adottate e consultare il medico competente*
Valori di rischio **superiori all'** irrilevante per la salute	21< Rcum≤40	**Rischio SUPERIORE all'irrilevante** *adottare le misure preventive, protettive, di sorveglianza sanitaria e d'emergenza previste dagli articoli 225, 226, 229 e 230*
	40< Rcum≤80	**Rischio ELEVATO**
	Rcum>80	**RISCHIO GRAVE** *riconsiderare l'utilizzo dell'agente, riconsiderare il percorso dell'identificazione delle misure di prevenzione e protezione ai fini di una loro eventuale implementazione. Intensificare i controlli quali la sorveglianza sanitaria, la misurazione degli agenti chimici e la periodicità della manutenzione.*

Per una migliore comprensione, proponiamo un esempio:

All'interno di una pelletteria, in un locale di circa 50mq, vengono effettuate, tra le altre, operazioni di incollaggio con una polvere in miscela avente i codici di sicurezza H315 – H336, ad opera di 5 operai per 8 ore al giorno. Le postazioni di questi lavoratori sono attigue tra loro, attorno ad un unico bancone, e limitrofe anche ad altre postazioni lavorative. La struttura è attrezzata con sistemi di aspirazione, uno dei quali è posizionato sopra il bancone. Ciascun lavoratore utilizza circa un kg di collante al giorno.

I codici H315 e H336 presentano un valore di P pari, rispettivamente, a 2,50 e 3,50, per cui considereremo quest'ultimo quale valore di riferimento.

Procediamo al calcolo del R_{inal} ricavandoci, come descritto in precedenza, il valore di E esposizione. Iniziamo con l'indicatore di disponibilità D "incrociando" le proprietà chimico fisiche con la quantità in uso dell'agente:

Proprietà chimico-fisiche: *Medio/Alta volatilità e polveri fini*

Quantità in uso: *da 0,1kg a 1kg*

Proprietà chimico-fisiche	Quantità in uso				
	<0,1 Kg	0,1 – 1 Kg	1 – 10 Kg	10 – 100 Kg	>100 Kg
Solido/nebbia	Bassa 1	Bassa 1	Bassa 1	Medio-bassa 2	Medio-bassa 2
Bassa volatilità	Bassa 1	Medio-bassa 2	Medio- alta 3	Medio-alta 3	Alta 4
Medio/Alta volatilità e polveri fini	Bassa 1	Medio-alta 3	Medio- alta 3	Alta 4	Alta 4
Stato gassoso	Medio- bassa 2	Medio-alta 3	Alta 4	Alta 4	Alta 4

D=medio-alto=3

Procediamo, inserendo la tipologia d'uso al calcolo del valore di U (indicatore d'Uso):

Tipologia d'uso: *Uso controllato e non dispersivo* (anche se, stante la vicinanza delle altre postazioni si poteva anche configurare un *uso con dispersione significativa*)

D=3

D	Tipologia d'uso			
	Sistema chiuso	Inclusione in matrice	Uso controllato	Uso dispersivo
D1	Bassa 1	Bassa 1	Bassa 1	Media 2
D2	Bassa 1	Media 1	Media 2	Alta 3
D3	Bassa 1	Media 2	Alta 3	Alta 3
D4	Media 2	Alta 3	Alta 3	Alta 3

U= alto=3

Incrociando il valore U ottenuto con la tipologia di controllo, otteniamo il valore di C (indicatore di Compensazione).

Tipologia di controllo: *Manipolazione diretta*
(non vi è segregazione e l'aspirazione locale non rimuove il contaminante alla sua sorgente di rilascio)

U=3

U	Tipologia di Controllo				
	Contenimento completo	Aspirazione localizzata	Segregazione Separazione	Ventilazione generale	Manipolazione diretta
U1	Bassa 1	Bassa 1	Bassa 1	Media 2	Media 2
U2	Bassa 1	Media 2	Media 2	Alta 3	Alta 3
U3	Bassa 1	Media 2	Alta 3	Alta 3	Alta 3

C= alto=3

Si può infine procedere al calcolo dell'Intensità I mediante incrocio tra il valore di C appena ottenuto e i tempi di esposizione:

C	Tempo di esposizione				
	< 15 minuti	>15 m <2 h	>2h <4 h	>4h <6 h	>6 h
C1	Bassa 1	Bassa 1	Medio-bassa 3	Medio-bassa 3	Medio-alta 5
C2	Bassa 1	Medio-bassa 3	Medio-alta 5	Medio-alta 5	Alta 7
C3	Medio-bassa 3	Medio-alta 5	Alta 7	Alta 7	Alta 7

I= alto=7

A questo punto sarà sufficiente moltiplicare con d (distanza dalla sorgente)

$$E_{inal} = I \times d = 7$$

con d<1m e valore 1

Per cui $$R_{inal} = P \times E_{inal} = 3,5 \times 7 = 24,5$$

Procediamo ora al calcolo del R_{cute} incrociando l'indicatore di disponibilità con l'indice dei livelli di contatto, dovendo considerare quest'ultimo pari a 4 (contatto esteso) in quanto (specie nel caso di mancato utilizzo dei dpi), il numero di eventi giornalieri è superiore a dieci.

Tipologia d'uso	Livello di contatto			
	Nessun contatto	Contatto accidentale	Contatto discontinuo	Contatto esteso
Sistema chiuso	Bassa 1	Bassa 1	Media 3	Alta 5
Inclusione in matrice	Bassa 1	Media 3	Media 3	Alta 5
Uso controllato	Bassa 1	Media 3	Alta 5	Molto Alto 7
Uso dispersivo	Bassa 1	Alta 5	Alta 5	Molto Alto 7

Ottenuto il valore di E: $$R_{cute} = P \times E_{cute} = 3,50 \times 7 = 24,5$$

Per ottenere il rischio R cumulativo (Rcum) basterà effettuare il seguente calcolo e confrontare il valore ottenuto con i valori di riferimento

$$R_{cum} = \sqrt{R_{inal}^2 + R_{cute}^2} = 34,65$$

Ci si ritrova, dunque, nella fascia di rischio SUPERIORE all'irrilevante ed è pertanto adottare idonee misure di mitigazione.

Il NIOSH per il rischio da MMC

Il modello di analisi NIOSH[36], indicato anche all'interno della norma tecnica ISO 11228 parte 1 è un semplice algoritmo per calcolare l'indice di sollevamento cui è esposto un lavoratore durante le operazioni di movimentazione manuale dei carichi durante l'attività lavorativa.

Si tratta di metodologia i cui risultati sono particolarmente adatti per tutte quelle attività dove avviene una attività di sollevamento del carico come ad esempio:

- ✓ stoccaggio merce
- ✓ carico/scarico merce
- ✓ attività ad inizio e fine linea in produzione
- ✓ movimentazione arredi vari durante operazioni di pulizia, etc.
- ✓ movimentazione teglie/stoviglie in aziende di ristorazione e/o produzione alimentare

Con questo modello viene determinato, per ogni azione di sollevamento, il cosiddetto **"limite di peso raccomandato"** attraverso un'equazione che, a partire dal peso massimo movimentabile in condizioni ideali (15 Kg per i ragazzi, 20 Kg per le donne e 30 Kg per gli uomini) considera l'eventuale esistenza di elementi sfavorevoli nella movimentazione in analisi, introducendo appositi fattori riducenti per ognuno di essi. In pratica la movimentazione da analizzare fornisce in virtù delle sue caratteristiche "ergonomiche" i fattori demoltiplicatori con cui verrà via via ridotto il peso massimo movimentabile fino a fornire il suddetto "peso limite raccomandato"; quest'ultimo servirà da riferimento nel rapporto con il **"peso effettivamente sollevato"** per calcolare il rischio connesso di quella attività di movimentazione.

---

[36] Dall'acronimo N.I.O.S.H. National Institute for Occupational Safety and Health, ovvero l'organismo americano che si occupa della salute e della sicurezza nel lavoro.

Per ciascun elemento di rischio sono indicati dei valori quantitativi che l'elemento può assumere ed in corrispondenza viene fornito il relativo fattore demoltiplicativo da utilizzare. Vi è un solo parametro di carattere qualitativo, nel solo caso del giudizio sulla *presa*.

Il peso limite iniziale (**CP**) viene moltiplicato successivamente per i vari fattori (**xAxBxCxDxExFxGxH**) e ridotto fino ad ottenere il peso limite raccomandato per quella azione di sollevamento.

Per il calcolo reale anziché i fattori presentati nella tabella vengono utilizzate le rispettive formule matematiche, in quanto le situazioni reali spesso non coincidono con quelle elencate nelle tabelle.

Di seguito si riportano le varie tabelle da compilare per giungere al valore del peso limite raccomandato.

Step 1- *Scelta del peso limite inziale*

CP – costante di peso		
Età	Maschi	Femmine
15-18 anni	20	15
>18 anni	30	20

⟹ CP

Step 2 – parametro *A*

L'altezza da terra delle mani (A) si intende misurata verticalmente dal piano di appoggio dei piedi al punto di mezzo tra la presa delle mani. Gli estremi di tale altezza sono dati dal livello del suolo e dall'altezza massima di sollevamento (pari a 175 cm). Il livello ottimale con A = 1 è per un'altezza verticale di 75 cm (altezza nocche).

A – altezza da terra delle mani a inizio sollevamento								
Altezza (cm)	0	25	50	75	100	125	150	>175
Fattore A	0,77	0,85	0,93	1	0,93	0,85	0,78	0

⟹ A

Step 3 – parametro B

La dislocazione verticale di spostamento (S) è data dallo spostamento verticale delle mani durante il sollevamento. Tale dislocazione può essere misurata come differenza del valore di altezza delle mani fra la destinazione e l'inizio del sollevamento.

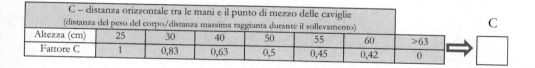

B – dislocazione verticale del peso fra inizio e fine del sollevamento									B
Altezza (cm)	25	30	40	50	70	100	170	>175	
Fattore B	1	0,97	0,93	0,91	0,88	0,87	0,86	0	

Step 4 – parametro C

La distanza orizzontale (C) è misurata dalla linea congiungente i malleoli interni al punto di mezzo tra la presa delle mani (proiettata sul terreno).

C – distanza orizzontale tra le mani e il punto di mezzo delle caviglie (distanza del peso del corpo/distanza massima raggiunta durante il sollevamento)								C
Altezza (cm)	25	30	40	50	55	60	>63	
Fattore C	1	0,83	0,63	0,5	0,45	0,42	0	

Step 5 – parametro D

L'angolo di asimmetria D° e' l'angolo fra la linea di asimmetria e la linea sagittale.

La linea di asimmetria congiunge idealmente il punto di mezzo tra le caviglie e la proiezione a terra del punto intermedio alle mani all'inizio (o in subordine alla fine) del sollevamento. La linea sagittale e' la linea passante per il piano sagittale mediano (dividente il corpo in due emisomi eguali e considerato in posizione neutra).

D – dislocazione angolare del peso in gradi								D
Disl. (gradi)	0°	30°	60°	90°	120°	135°	>135°	
Fattore D	1	0,9	0,81	0,71	0,52	0,57	0	

Step 6 – parametro E

Per il giudizio sulla presa considerare le seguenti avvertenze:

- La forma ottimale di una maniglia esterna prevede 2-4 cm. di diametro, 11,5 di lunghezza, 5 cm di apertura, forma cilindrica o ellittica, superficie morbida non scivolosa
- Le misure ottimali delle scatole sono di 48 cm. di lunghezza, 36 cm di larghezza, 12 cm di altezza.
- Vanno evitate prese con posizioni estreme dell'arto superiore a con eccessiva forza di apertura.

E – "giudizio" *qualitativo* sulla presa del carico		
Giudizio	Buono	Scarso
Fattore E	1	0,90

E

Step 7 – parametro F

Il fattore frequenza è determinato sulla base del numero di sollevamenti per minuto e della durata del tempo in cui si svolgono i compiti di sollevamento. La frequenza di sollevamento è calcolabile come il n. medio di sollevamenti per minuto svolti in un periodo rappresentativo di 15 minuti.

F – frequenza dei gesti (numero di atti al minuto) in relazione alla durata							
Frequenza	0,2	1	4	6	9	12	>15
continuo < 1h	1	0,94	0,84	0,75	0,52	0,37	0
cont. da 1 a 2h	0,95	0,88	0,72	0,5	0,3	0,21	0
cont. da 2 a 8n	0,85	0,75	0,45	0,27	0,52	0	0

F

Step 8 – parametro G

G – sollevamento con un solo gesto	
SI	0,6
NO	1

G

Step 9 – parametro H

G – sollevamento con due operatori	
SI	0,85
NO	1

H

A questo punto, è possibile calcolare il **peso limite raccomandato**

$$PLR = CP \times A \times B \times C \times D \times E \times F \times G \times H$$

ottenuto il quale si può ricavare l'**indice di sollevamento**, quale rapporto tra il peso effettivamente sollevato (Pe) e il suddetto peso limite raccomandato, a cui corrisponde il *livello di rischio* a cui si è esposti da confrontare con i valori limite.

$$IR = \frac{Pe}{PLR}$$

IR<0,75	0,75≤IR<1	IR≥1
Basso	Debole	Richiede intervento

Per una migliore comprensione, proponiamo un esempio:

All'interno di una azienda agricola, il capomagazziniere deve caricare 200 casse di vino sul cassone di un rimorchio ad una altezza di circa 1 m. L'operazione inizia alle 9 del mattino ed il carico deve essere pronto per mezzogiorno. Le casse sono già pronte all'ingresso del magazzino, impilate per file da 4 x 5 casse. Il rimorchio viene posizionato proprio davanti all'ingresso stesso, in maniera perpendicolare al carico e viene man mano avvicinato al carico stesso.

È possibile considerare i seguenti dati:

Indicatore	CP	A	B	C	D	E	F	G	H
Dato	M >18h	h_{in}=0 cm	h_f=1 m	d=40cm	Max 120°	buona	1/m - 3h	si	no
Parametro	30	0,77	0,87	0,63	0,52	1	0,75	0,6	1

Da cui si perviene ad un valore del PLR pari a: **2,96 kg**

Considerato che il peso di una cassa in cartone è circa pari a 7,5 kg (6 bottiglie), ne deriva un **IR=2,53** rientrante nella fascia di rischio per cui è richiesto l'intervento.

PARTE IV – LA "GESTIONE" DELLA VALUTAZIONE

I MODELLI GESTIONALI DI VALUTAZIONE DEL RISCHIO

Risk Assessment, dalla UNI ISO 31000 sino alla UNI 45001

Nei primi capitoli di questo testo abbiamo già fatto cenno al fatto che l'analisi del rischio (dei rischi) e delle sue conseguenze non è un'invenzione della materia di tutela dagli infortuni o dalle malattie professionali ma bensì trae origine da contesti molto differenti.

In generale, concentrandosi sul mondo del lavoro, abbiamo detto che esiste una molteplicità di rischi che la gestione operativa di un'azienda deve fronteggiare e che spinge le organizzazioni alla costante ricerca di tecniche finalizzate ad una gestione strategica dei rischi stessi. In questo modo, in sostanza, le organizzazioni cercano, da un lato, di evitare situazioni impreviste e dall'altro, di ridurre le conseguenze dei rischi a "standard" accettabili. Pertanto, si cerca di sostituire il binomio "rischio-casualità" con il binomio "rischio-prevedibilità".

La strategia dell'ultimo decennio nell'ambito manageriale è, dunque, rappresentata dal **Risk Management**, che si concretizza nello sviluppo di nuove misure di gestione delle risorse e dell'organizzazione del lavoro. In genere questa strategia manageriale è finalizzata a minimizzare i costi e incrementare il fatturato, limitando eventuali danni di carattere patrimoniale.

Una delle peculiarità di questa teoria di gestione consiste nella sequenzialità delle attività di gestione del rischio, raggruppate in due processi: valutazione e trattamento.

Il Risk Management propone una logica di azione piuttosto generale, applicabile ad ogni tipologia di rischio, ed è oggetto, come già avvenuto per i sistemi volti a garantire la *qualità dei prodotti*, di **standardizzazione**.

Gli "Standard" non sono norme di legge (anche se vengono chiamate 'norme', dal latino *norma*, sostantivo che indica la squadra - detta anche *regola* -

strumento utile a misurare gli angoli retti, da cui *rettitudine*), ma possiamo pensarli come *metodi concordati* per fare qualcosa, elaborati come una serie di criteri precisi in modo che possano essere però usati come regole, linee guida o definizioni e che consentono "ottimizzazione" dei risultati attesi. L'ottimizzazione può essere rappresentata da molti fattori: *migliorare il commercio tra più soggetti, facilitare la comunicazione, migliorare la protezione e/o la fiducia dei consumatori, ridurre i guasti del prodotto, ridurre gli impatti ambientali, ridurre gli sprechi, ridurre gli incidenti sul posto di lavoro* e molto altro.

La norma di riferimento attuale sul Risk Management è la norma **ISO 31000** "*Risk management -- Principles and guidelines*", pubblicata in Italia nel 2010 con la **UNI ISO 31000** "*Gestione del rischio - Principi e linee guida*" ed è appunto una guida che fornisce principi e linee guida generali per la gestione del rischio aziendale, nel senso più ampio che, se vogliamo, trova una sua corrispondenza *trasversale* nel d.lgs. n.231/2001 (di cui tratteremo), anche se quest'ultima è orientata a obiettivi più "difensivi" che strategici, in virtù di un approccio "*all risk*".

Occorre precisare che la ISO 31000 è collegata alla norma ISO IEC 31010:2009 "*Risk management – Risk assessment techniques*" che, sostanzialmente, ne definisce le modalità di applicazione

All'interno della norma standard è interessante rilevare le definizioni di: **rischio** che viene visto come "*effetto dell'incertezza sugli obiettivi*", **valutazione del rischio** che diventa il "*processo complessivo di identificazione del rischio, analisi del rischio e ponderazione del rischio*" e **datore di lavoro** (o dirigente) identificato come "*la persona con responsabilità e l'autorità per gestire un rischio*".

Il *modus operandi* dello Standard è anch'esso stimolante, poiché l'obiettivo dichiarato del risk management è infatti quello di capire cosa e come prevenire in relazione ai possibili eventi dannosi, ma anche cosa e come attenuare in termini di conseguenze.

Proprio per questi motivi, la ISO 31000 è, in qualche modo, genitrice della norma **ISO 45001** "*Occupational health and safety management systems --*

Requirements with guidance for use" (in Italia UNI **ISO 45001:2018**[37] *"Sistemi di gestione per la salute e sicurezza sul lavoro – Requisiti e guida per l'uso"*) per lo specifico rischio riguardante salute e sicurezza sul lavoro, così come la **UNI CEI EN IEC 31010:2019**, riguardante le tecniche di valutazione dei rischi, che è ancor più vicina al campo della sicurezza.

Secondo la ISO 45001, la leadership è direttamente collegata alla partecipazione dei lavoratori e l'*alta direzione* deve stabilire, attuare e mantenere una politica, specifica per la sicurezza e salute. In questo standard, come anche nella ISO 31000, viene sottolineata l'importanza della **comunicazione** e della **consultazione**, in quanto tutte le informazioni raccolte e analizzate devono essere recepite tempestivamente, devono fornire risposte e realizzare miglioramenti.

La norma standard dedica l'intero punto 4 al *"Contesto dell'organizzazione"*, sostenendo che l'organizzazione aziendale deve determinare i fattori esterni e interni pertinenti alle sue finalità e che influenzano le sue capacità di conseguire i risultati attesi per il proprio sistema di gestione per la salute e sicurezza.

Come nella ISO 31000, anche la ISO 45001 definisce il **rischio come effetto dell'incertezza**. Il rischio è perciò uno scostamento positivo o negativo da quanto atteso, collegato alla carenza di informazioni circa gli eventi, le loro conseguenze o probabilità. Questa norma definisce sia il rischio che l'opportunità per la salute e sicurezza sul lavoro.

Il processo di gestione del rischio nella ISO 31000 implica l'applicazione sistematica di politiche, procedure e prassi alle attività per comunicare e consultare, stabilire il contesto e valutare, trattare, monitorare, riesaminare, registrare e relazionare in merito al rischio, secondo il ben noto ciclo di Deming PDCA, di cui abbiamo già analizzato le principali caratteristiche.

---

[37] Nel corso della pubblicazione di questo testo è stata pubblicata la ISO 45001 "Occupational health and safety management systems – General guidelines for the implementation of ISO"

La norma ci dice che i criteri per valutare la significatività dei rischi dovrebbero essere *personalizzati* in base all'attività da considerare e, cioè, andrebbero tenuti in considerazione diversi aspetti fra cui la natura e le tipologie di incertezza che possono influenzare gli obiettivi, le conseguenze, i fattori temporali, la coerenza nell'uso delle misure, come si deve determinare il livello di rischio, come si terrà conto delle combinazioni e delle sequenze di rischi multipli, e la capacità dell'organizzazione, concetti – tra l'altro – che abbiamo cercato di approfondire nella Parte II di questo testo, nel tentativo di percepire il vero significato dell'algoritmo PxD.

La norma entra poi nella descrizione dettagliata della valutazione del rischio definendolo come il *processo complessivo di identificazione, analisi e ponderazione del rischio*, che dovrebbe essere svolta in modo sistematico, iterativo e collaborativo.

La fase di **analisi del rischio** ha lo scopo di comprendere la natura del rischio e le sue caratteristiche.

La fase di **ponderazione del rischio** ha lo scopo di essere di supporto nelle decisioni e implica il confronto tra risultati dell'analisi del rischio e i criteri di rischio stabiliti per determinare dove siano richieste ulteriori azioni.

La fase di **trattamento del rischio** ha lo scopo di selezionare e attuare le opzioni per affrontare il rischio, in un processo iterativo che include:

-   formulare e selezionare opzioni di trattamento del rischio;
-   pianificare e attuare le opzioni scelte di trattamento;
-   valutare l'efficacia del trattamento;
-   decidere l'accettabilità del rischio residuo;
-   intraprendere un ulteriore trattamento, se non accettabile quello in essere.

Il processo di identificazione dei pericoli comprende l'organizzazione del lavoro, fattori sociali, leadership e cultura organizzativa; attività e situazioni di routine e non; incidenti rilevanti accaduti, interni o esterni, incluse le emergenze; potenziali emergenze; near-miss e altri fattori.

Le metodologie e i criteri per la valutazione, dunque, devono essere definiti in relazione al tipo di situazione, garantendo che siano proattivi e non reattivi e utilizzati in modo sistematico.

Al punto 8.1.2 della ISO 31000 *"Eliminazione dei pericoli e riduzione dei rischi per la SSL"* viene specificata la gerarchia delle misure per l'eliminazione o mitigazione dei rischi che, similmente a quanto previsto dal TUSL, prevede:

-   eliminazione dei pericoli;
-   sostituzione con fattori meno pericolosi;
-   utilizzo di misure tecnico-progettuali e riorganizzazione del lavoro;
-   utilizzo di misure di tipo gestionale, inclusa la formazione;
-   utilizzo di adeguati dispositivi di protezione individuale.

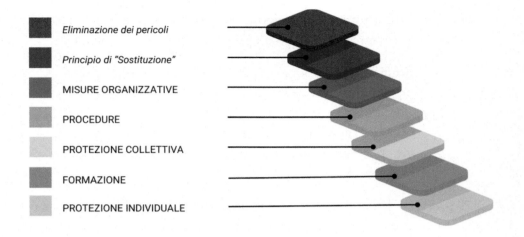

Eliminazione dei pericoli

Principio di "Sostituzione"

MISURE ORGANIZZATIVE

PROCEDURE

PROTEZIONE COLLETTIVA

FORMAZIONE

PROTEZIONE INDIVIDUALE

La ISO 31000 e la ISO 45001 sono due norme complementari che garantiscono la piena ottemperanza anche alle aspettative del Testo Unico per la sicurezza, oltre a poter rappresentare un Modello Organizzativo e Gestionale efficace anche ai sensi del d.lgs. n.231/2001.

Vale la pena ricordare al lettore che la ISO 31000 non è certificabile, mentre la ISO 45001 delinea un sistema di gestione certificabile e, per questo, pienamente valido a garantire la conformità a requisiti specificati anche dalle norme di legge.

Il MOG e il d.lgs. n.231/01

Il decreto legislativo n.231 dell'8 giugno 2001 ha introdotto nell'ordinamento giuridico italiano una nuova specie di responsabilità: la *responsabilità amministrativa degli enti, delle società, delle associazioni e delle persone giuridiche*, per determinati **reati** che siano commessi (o anche solo tentati) da soggetti che abbiano agito nel loro **interesse** o a loro **vantaggio**.

In base al citato decreto, qualora un soggetto commetta un determinato reato nell'interesse o a vantaggio di una società, da tale reato discenderà non solo la responsabilità penale del soggetto che lo ha commesso, ma anche la responsabilità amministrativa della società.

La legge tassativamente indica i reati al compimento dei quali è connessa la responsabilità amministrativa dell'ente nell'interesse o a vantaggio del quale siano stati commessi. Tra questi figurano, ad esempio, reati commessi contro la pubblica amministrazione, delitti informatici e trattamento illecito di dati, reati di criminalità organizzata, reati volti alle finalità di terrorismo e sovversione, reati ambientali ma anche i *reati di omicidio colposo e lesioni colpose con violazione delle norme antinfortunistiche e sulla tutela dell'igiene e della salute e sicurezza sul lavoro*.

Il "d. lgs. n.231/2001" ha previsto che gli Enti possano adottare ed attuare un **Modello di Organizzazione e Gestione MOG**, idoneo a prevenire la realizzazione dei reati previsti e utile ad accedere all'esimenza della responsabilità amministrativa del datore di lavoro, avendo così la possibilità di evitare sanzioni amministrative e pecuniarie, interdizione e sospensione dell'attività, revoca di autorizzazioni e licenze, confisca beni.

Il legislatore, con l'onere in capo agli enti di predisporre questo modello, concentra l'attenzione sulla politica aziendale creando un generale sistema di esenzione per gli enti che, nel nostro caso, riguarda la commissione di reati di cui all'**art.25 septies, d.lgs. n.231/2001**.

L'**art. 30** d.lgs. n.81/2008 disciplina l'adozione di tale modello specificandone i contenuti, al fine di garantire l'effettivo adempimento di tutti gli obblighi in materia prevenzionistica.

L'adozione del MOG è, dunque, '*condicio sine qua non*' per l'esonero della responsabilità. Il primo requisito richiesto è ovviamente il rispetto degli obblighi di legge del TUSL con i relativi adempimenti normativi, in maniera procedimentalizzata e dimostrabile.

L'art. 30 prevede, ai commi 3 e 4, anche *un sistema sanzionatorio* per il mancato rispetto delle misure ivi richiamate e un sistema di **monitoraggio** sul corretto adempimento delle misure e delle procedure individuate dal modello stesso.

Ne consegue che non è sufficiente la mera applicazione formale e documentale del MOG per l'esclusione della responsabilità, essendo in tal modo solo astrattamente idoneo a prevenire i reati.

È invece onere del datore di lavoro e dei dirigenti procedere a costanti verifiche periodiche, ricorrendo anche ad un'attività di auditing per testare correttamente il grado di applicazione, di efficienza ed efficacia nel tempo dei processi aziendali, e di valutare l'idoneità delle misure adottate per il raggiungimento degli obiettivi individuati.

Occorre precisare che il MOG previsto dall'art. 30 d.lgs. n.81/2008 differisce sensibilmente da quello contemplato nel d.lgs. n.231/2001,

1. per la **forma scritta** *ad substantiam* della documentazione relativa agli adempimenti previsti;
2. per la **presunzione di idoneità** del modello adottato in conformità alle linee guida UNI-INAIL e ISO 45001 (ndr);
3. per l'indicazione dei modelli di organizzazione e delle procedure semplificate per le **piccole e medie imprese**;
4. per il riconoscimento del ruolo della **Commissione permanente** nella realizzazione di modelli conformi.

Ciò che rileva è il raccordo tra la disciplina relativa ai suddetti modelli di organizzazione e gestione e gli obblighi di organizzazione previsti dal Testo

Unico e gli oneri normativi legati alla **valutazione del rischio**, la redazione del **DVR** e l'implementazione del conseguente sistema di procedure finalizzate alla **mitigazione dei rischi**.

L'obiettivo perseguito da entrambi i decreti è, dunque, il contenimento del rischio di infortuni sul lavoro o malattie professionali, come dimostrano le analoghe modalità di raggiungimento degli obiettivi: una prima fase di valutazione di ogni potenziale rischio per la salute e la sicurezza dei lavoratori e una successiva fase di adozione e attuazione delle misure preventive idonee a contenere il rischio attraverso protocolli organizzativi.

Come efficacemente indicato dalla giurisprudenza, il rapporto tra i due modelli può considerarsi contemporaneamente di **identità** e di **continenza**.

Di identità, poiché entrambi hanno la funzione di limitare il rischio di commissione di reato; di continenza, in quanto l'uno si inserisce nell'altro, configurandosi come parte speciale, deputato alla tutela della salute e sicurezza del lavoro.

Per completezza di informazione, si riferisce di seguito il contenuto dell'art.30, co.1, che specifica come deve essere adottato ed efficacemente attuato un MOG "prevenzionistico":

- *rispetto degli standard tecnico-strutturali di legge relativi a attrezzature, impianti, luoghi di lavoro, agenti chimici, fisici e biologici;*
- *attività di valutazione dei rischi e di predisposizione delle misure di prevenzione e protezione conseguenti;*
- *attività di natura organizzativa, quali emergenze, primo soccorso, gestione degli appalti, riunioni periodiche di sicurezza, consultazioni dei rappresentanti dei lavoratori per la sicurezza;*
- *attività di sorveglianza sanitaria;*
- *attività di informazione e formazione dei lavoratori;*
- *attività di vigilanza con riferimento al rispetto delle procedure e delle istruzioni di lavoro in sicurezza da parte dei lavoratori;*
- *acquisizione di documentazioni e certificazioni obbligatorie di legge;*
- *periodiche verifiche dell'applicazione e dell'efficacia delle procedure adottate.*

IL DVR "STANDARDIZZATO"

Nella Parte II di questo testo, abbiamo volutamente rinviato la disamina dei commi 5, 6, 6-bis, 6-ter, 6-quater e 7 dell'art.29 in quanto dedicati alle c.d. *"procedure standardizzate di valutazione del rischio"*.

Con l'art. 32 del decreto-legge 21/06/2013, n. 69 recante *"Disposizioni urgenti per il rilancio dell'economia"*[38] , il Testo Unico veniva modificato per quella parte in cui alle aziende di ridotta entità dimensionale veniva consentita la c.d. *Autocertificazione dell'avvenuta valutazione dei rischi aziendali* (anche perché poco funzionale all'efficacia prevenzionistica della norma).

La nuova norma disponeva, da quel momento in avanti, l'obbligo assoluto di redigere il Documento di Valutazione del Rischio, avvalendosi eventualmente, e solo nei casi esplicitamente previsti, di *procedure standardizzate* sulla base di indicazioni fornite dalla Commissione permanente.

La Commissione Consultiva per la Sicurezza sul Lavoro ha approvato, nella seduta del 25/10/2012, lo schema di decreto interministeriale sulle procedure standardizzate per la valutazione dei rischi.

Il **Decreto Interministeriale 30/11/2012** *"Procedure standardizzate per la valutazione dei rischi di cui all'art. 29, comma 5 del decreto legislativo 81/08, ai sensi dell'art. 6, comma 8, lett. F)"*, (pubblicato in Gazzetta Ufficiale 6 dicembre 2012, n. 285) ha recepito tali procedure, che sono entrate in vigore il 6 febbraio 2013.

L'art.29, così modificato e integrato dal decreto interministeriale, ha stabilito che possono effettuare la valutazione dei rischi in base alle procedure standardizzate i datori di lavoro delle **aziende che occupano fino a 10 lavoratori (co.5)**.

---

[38] (G.U. n.144 del 21/6/2013 - S.O. n. 50) convertito con modificazioni dalla Legge 9/08/2013, n. 98 (G.U. n. 194 del 20/08/2013 - S.O. n. 63)

Sono inoltre ammesse (**comma 6**), *in via facoltativa*, le imprese che occupano fino a 50 dipendenti. A questo proposito occorre rammentare quanto precisato con la risposta all'Interpello n. 14/2013 *"Limiti di utilizzo delle procedure standardizzate"* con la quale viene chiarita la portata della semplificazione introdotta dalla norma.

In pratica, il datore di lavoro di un'azienda **fino a 50 lavoratori**, che abbia stabilito, quale risultato della valutazione dei rischi di **esposizione ad agenti chimici**, l'esistenza di un rischio basso per la sicurezza ed irrilevante per la salute dei lavoratori, può adottare le procedure standardizzate; medesime considerazioni possono valere anche per il **rischio biologico**.

La norma poi chiarisce quali attività sono completamente escluse dalla possibilità di utilizzare le procedure standardizzate:

- *aziende industriali di cui all'articolo 2 del Decreto Legislativo 17 agosto 1999, n. 334, e successive modificazioni, soggette all'obbligo di notifica o rapporto, ai sensi degli articoli 6 e 8 del medesimo Decreto* (aziende di cui alla Direttiva Seveso II – ndr);
- *centrali termoelettriche;*
- *impianti ed installazioni di cui agli articoli 7, 28 e 33 del Decreto Legislativo 17 marzo 1995, n. 230, e successive modificazioni* (radiazioni ionizzanti – ndr);
- *aziende per la fabbricazione ed il deposito separato di esplosivi, polveri e munizioni;*
- *strutture di ricovero e cura pubbliche e private con oltre 50 lavoratori;*
- *industrie estrattive con oltre 50 lavoratori;*
- *aziende in cui si svolgono attività che espongono i lavoratori a rischi chimici, biologici, da atmosfere esplosive, cancerogeni mutageni, connessi all'esposizione ad amianto.*

Il Decreto Interministeriale citato riporta anche le istruzioni operative per la redazione del DVR, suddividendo la procedura in quattro step:

1. descrizione dell'azienda, ciclo/attività lavorativa, mansioni;
2. individuazione dei pericoli presenti in azienda;

3. valutazione e ponderazione:
   a. valutazione dei rischi associati ai pericoli individuati;
   b. identificazione delle misure di prevenzione e protezione attuate;
4. monitoraggio e miglioramento:
   a. definizione del programma di miglioramento;
   b. individuazione delle procedure per l'attuazione delle misure.

Nella seconda parte delle istruzioni del DI viene riportata una proposta di **modulistica** per la redazione del DVR, che rappresenta, in sostanza, lo "scheletro" di base con il quale affrontare le quattro fasi indicate sopra.

Anche in questo caso, la norma richiede che il documento sia munito di data certa o attestata, ribadendo il concetto che, nel secondo caso, occorre la sottoscrizione del documento da parte anche del RSPP, RLS (o RLST) e del medico competente ove nominato.

Considerato il campo di applicabilità delle procedure standardizzate, è ipotizzabile un'ampia casistica di assenza di nomina del MC, coincidenza del DdL con il RSPP e "irreperibilità" del RLS(T), ragion per cui la data attestata si "ridurrebbe" alla sola firma del DdL. In questi casi – recita il Decreto Interministeriale - *"la data certa va documentata con PEC o altre forme previste dalla legge"*.

In generale, chi vi scrive, pur apprezzando il lavoro svolto dalla Commissione Consultiva, sconsiglia fortemente l'adozione delle procedure standardizzate per il semplice fatto che, istintivamente, tendono a proporre una visione limitata dei pericoli con conseguente sotto-valutazione dei rischi correlati.

Per una maggiore comprensione, appare opportuno riportare qui di seguito l'anzidetta modulistica ufficiale, anche se suggeriamo al lettore eventualmente interessato di verificare l'esistenza di altri modelli, comunque rispondenti alla norma, recanti impostazioni ancora più deduttive:

PROCEDURE STANDARDIZZATE

PER LA VALUTAZIONE DEI RISCHI

ai sensi dell'art. 29 D.Lgs. 81/2008

1

INDICE

2

SCHEMA DELLA PROCEDURA STANDARDIZZATA

		Azioni	Moduli* (disponibili e gestibili anche in formato elettronico)	Istruzioni e supporti informativi
PASSO N. 1	Descrizione dell'azienda, del ciclo lavorativo/attività e delle mansioni	Descrizione generale dell'azienda	MODULO N. 1.1	Paragrafo 4.1
		Descrizione delle lavorazioni aziendali e identificazione delle mansioni	MODULO N. 1.2	
PASSO N. 2	Individuazione dei pericoli presenti in azienda	Individuazione dei pericoli presenti in azienda	MODULO N. 2	Paragrafo 4.2
PASSO N. 3	Valutazione dei rischi associati ai pericoli individuati e identificazione delle misure di prevenzione e protezione attuate	• Identificazione delle mansioni ricoperte dalle persone esposte e degli ambienti di lavoro interessati in relazione ai pericoli individuati.	MODULO N.3 (colonne dalla n.1 alla n.3)	Paragrafo 4.3
		• Individuazione di strumenti informativi di supporto per l'effettuazione della valutazione dei rischi (registro infortuni, profili di rischio, banche dati su fattori di rischio indici infortunistici, liste di controllo, ecc.).	MODULO N.3 (colonna n.4)	
		• Effettuazione della valutazione dei rischi per tutti i pericoli individuati: - in presenza di indicazioni legislative specifiche sulle modalità valutative, mediante criteri che prevedano anche prove, misurazioni e parametri di confronto tecnici; - in assenza di indicazioni legislative specifiche sulle modalità di valutazione, mediante criteri basati sull'esperienza e conoscenza dell'azienda e, ove disponibili, sui dati desumibili da registro infortuni, indici infortunistici, dinamiche infortunistiche, profili di rischio, liste di controllo, norme tecniche, istruzioni di uso e manutenzione, ecc. • Individuazione delle adeguate misure di prevenzione e protezione Qualora si verifichi che non tutte le adeguate misure di prevenzione e protezione previste dalla legislazione sono state attuate, si dovrà provvedere con interventi immediati.		

3

		•	Indicazione delle misure di prevenzione e protezione attuate	MODULO N.3 (colonna 5)	
PASSO N. 4	Definizione del programma di miglioramento	• •	Individuazione delle misure per garantire il miglioramento nel tempo dei livelli di sicurezza Individuazione delle procedure per la attuazione delle misure	MODULO N. 3 (colonne dalla 6 alla 8)	Paragrafo 4.4

*Altra eventuale documentazione da tenere a disposizione (a supporto della valutazione effettuata e, comunque, ove richiesto dalla normativa)

4

I

Procedura Standardizzata per la valutazione dei rischi
ai sensi dell'articolo 6, comma 8, lettera f) e dell'art. 29, comma 5 del D.Lgs. 81/2008 e s.m.i.

1. Scopo

Scopo della presente procedura è di indicare il modello di riferimento sulla base del quale effettuare la valutazione dei rischi e il suo aggiornamento, al fine di individuare le adeguate misure di prevenzione e di protezione ed elaborare il programma delle misure atte a garantire il miglioramento nel tempo dei livelli di salute e sicurezza.

2. Campo di applicazione

La presente procedura si applica alle imprese che occupano fino a 10 lavoratori (art. 29 comma 5, D.Lgs. 81/08 s.m.i.) ma può essere utilizzata anche dalle imprese fino a 50 lavoratori (art.29 comma 6 del D.Lgs. 81/08 s.m.i., con i limiti di cui al comma 7), come sintetizzato nel seguente schema riepilogativo:

SI APPLICA A		Esclusioni
Aziende fino a 10 lavoratori (art. 29 comma 5)	• La legislazione a tale riguardo prevede per le aziende fino a 10 lavoratori di assolvere all'obbligo di effettuare la valutazione dei rischi, sulla base delle procedure standardizzate qui descritte.	Sono escluse da tale disposizione le aziende che per particolare condizione di rischio o dimensione sono chiamate ad effettuare la valutazione dei rischi, ai sensi dell'art.28: • aziende di cui all'articolo 31, comma 6, lettere: a) aziende industriali a rischio rilevante di cui all'articolo 2 del decreto legislativo 17 agosto 1999, n. 334, e successive modificazioni; b) centrali termoelettriche; c) impianti ed installazioni nucleari di cui agli articoli 7, 28 e 33 del decreto legislativo17 marzo 1995, n. 230, e successive modificazioni; d) aziende per la fabbricazione ed il deposito separato di esplosivi, polveri e munizioni;
	SI PUO' APPLICARE	Esclusioni
Aziende fino a 50 lavoratori (art.29 comma 6)	• La legislazione a tale riguardo concede alle aziende fino a 50 lavoratori di effettuare la valutazione dei rischi, sulla base delle procedure standardizzate qui descritte. Tali aziende, in caso di non utilizzo di tale opportunità, devono procedere alla redazione del documento di valutazione dei rischi, ai sensi dell'art.28.	Sono escluse da tale disposizione le aziende che per particolare condizione di rischio o dimensione sono chiamate ad effettuare la valutazione dei rischi, ai sensi dell'art.28: • aziende di cui all'articolo 31, comma 6, lettere a, b, c, d) (indicate sopra); • aziende in cui si svolgono attività che espongono i lavoratori a rischi chimici, biologici, da atmosfere esplosive, cancerogeni, mutageni, connessi alla esposizione all'amianto (art.29 comma 7)

5

3. Compiti e responsabilità

Effettuare la valutazione sulla base della procedura standardizzata è responsabilità del datore di lavoro che coinvolgerà i soggetti riportati nello schema seguente, in conformità a quanto previsto dal Titolo I, Capo III del D.Lgs. 81/08 s.m.i. e in relazione all'attività e alla struttura dell'azienda.

COMPITI	RESPONSABILITÁ	SOGGETTI COINVOLTI
- Valutazione dei rischi - Indicazione delle misure di prevenzione e protezione - Programma d'attuazione - Elaborazione e aggiornamento del Documento	Datore di lavoro	- Responsabile del Servizio di Prevenzione e Protezione (RSPP): artt.31, 33 e 34 D.Lgs. 81/08 s.m.i. - Medico competente (ove previsto): artt.25 e 41 D.Lgs. 81/08 s.m.i. - Rappresentante Lavoratori per la Sicurezza(RLS)/ Rappresentante Lavoratori per la Sicurezza Territoriale (RLST): artt. 18, 28, 29 e 50, D.Lgs. 81/08 s.m.i. -Lavoratori: art. 15 comma 1 lett. r) D.Lgs. 81/08 s.m.i. - eventuali altre persone esterne all'azienda in possesso di specifiche conoscenze professionali (art. 31 comma 3 D.Lgs. 81/08 s.m.i.) Ove il datore le ritenga pertinenti potrà tener conto delle eventuali segnalazioni provenienti dai dirigenti, preposti e lavoratori
Attuazione e Gestione del programma	Datore di lavoro	- Medico competente (ove previsto): artt.25 e 41 D.Lgs. 81/08 s.m.i. - RLS/RLST: artt. 18, 28, 29 e 50, D.Lgs. 81/08 s.m.i. - Dirigenti: art.18, D.Lgs. 81/08 s.m.i. - Preposti: art.19, D.Lgs. 81/08 s.m.i. - Lavoratori: art.20, D.Lgs. 81/08 s.m.i.
Verifica dell'attuazione del programma	Datore di lavoro	- Medico competente (ove previsto): artt.25 e 41 D.Lgs. 81/08 s.m.i. - RLS/RLST: artt. 18, 28, 29 e 50, D.Lgs. 81/08 s.m.i. - Dirigenti: art.18, D.Lgs. 81/08 s.m.i. - Preposti: art.19, D.Lgs. 81/08 s.m.i. - Lavoratori: art.20, D.Lgs. 81/08 s.m.i.

4. Istruzioni operative

Il Datore di lavoro in collaborazione con il RSPP (se diverso dal Datore di lavoro) e il Medico competente, ove previsto (art.41 D.Lgs. 81/08 s.m.i.), effettuerà la valutazione dei rischi aziendali e

6

la compilazione del documento, previa consultazione del RLS/RLST, tenendo conto di tutte le informazioni in suo possesso ed eventualmente di quelle derivanti da segnalazioni dei lavoratori, secondo i passi di seguito riportati:

1) descrizione dell'azienda, del ciclo lavorativo e delle mansioni
2) identificazione dei pericoli presenti in azienda
3) valutazione dei rischi associati ai pericoli identificati e individuazione delle misure di prevenzione e protezione attuate
4) definizione del programma di miglioramento dei livelli di salute e sicurezza

La valutazione dei rischi, essendo un processo dinamico, deve essere riesaminata qualora intervengano cambiamenti significativi, ai fini della salute e sicurezza, nel processo produttivo, nell'organizzazione del lavoro, in relazione al grado di evoluzione della tecnica, oppure a seguito di incidenti, infortuni e risultanze della sorveglianza sanitaria.

Si ricorda che i **principi generali** che devono guidare il Datore di lavoro nella scelta delle misure di riduzione e controllo dei rischi sono contenuti nel D.Lgs. 81/08 s.m.i. all'art. 15 e sono così sintetizzabili:

- l'eliminazione dei rischi e, ove ciò non sia possibile, la loro riduzione alla fonte in relazione alle conoscenze acquisite in base al progresso tecnico;
- la valutazione di tutti i rischi per la salute e sicurezza (criterio di completezza della valutazione);
- il rispetto dei principi ergonomici nell'organizzazione del lavoro, nella concezione dei posti di lavoro, nella scelta delle attrezzature;
- la priorità delle misure di protezione collettiva rispetto alle misure di protezione individuale
- il controllo sanitario dei lavoratori (sorveglianza sanitaria);
- l'informazione, la formazione e l'addestramento adeguati per i lavoratori;
- la partecipazione e consultazione dei lavoratori e dei rappresentanti dei lavoratori per la sicurezza;
- le misure di emergenza da attuare in caso di primo soccorso, di lotta antincendio, di evacuazione dei lavoratori e di pericolo grave e immediato;
- l'uso di segnali di avvertimento e di sicurezza (segnaletica di salute e sicurezza);
- la regolare manutenzione di ambienti, attrezzature, impianti, con particolare riguardo ai dispositivi di sicurezza in conformità alla indicazione dei fabbricanti;
- la programmazione delle misure ritenute opportune per garantire il miglioramento nel tempo dei livelli di salute sicurezza.

4.1 - 1° Passo : Descrizione dell'azienda, del ciclo lavorativo/attività e delle mansioni

DESCRIZIONE GENERALE DELL'AZIENDA

Inserire nel **MODULO 1.1** i seguenti dati identificativi dell'azienda:

Dati aziendali
- Ragione sociale
- Attività economica
- Codice ATECO 2007 (facoltativo)
- Nominativo del Titolare/Legale Rappresentante
- Indirizzo della sede legale

7

- Indirizzo del sito/i produttivo/i (esclusi i cantieri temporanei e mobili – Titolo IV D.Lgs.81/08 s.m.i.)

Sistema di prevenzione e protezione aziendale
-Nominativo del Datore di lavoro (Indicare se il datore di lavoro svolge i compiti del SPP)
-Nominativi del Responsabile del Servizio di Prevenzione e Protezione dai rischi se diverso dal datore di lavoro
-Nominativi ASPP (ove nominati)
-Nominativi addetti al Servizio di Pronto Soccorso,
-Nominativi addetti al Servizio di Antincendio ed Evacuazione
-Nominativo del Medico Competente (ove nominato)
-Nominativo del RLS/RLST

Evidenziare le figure esterne al Servizio di prevenzione e protezione (dirigenti e/o preposti ove presenti), ai sensi dell'art.2 comma 1 lettere d) ed e), e allegare eventualmente l'organigramma aziendale nel quale sono indicati ruoli e mansioni specifiche.

DESCRIZIONE DELLE LAVORAZIONI AZIENDALI ED IDENTIFICAZIONE DELLE MANSIONI

Si potrà utilizzare il **MODULO 1.2** inserendo le seguenti informazioni nei campi e nelle colonne corrispondenti:

* **"Ciclo lavorativo/Attività"**
  Indicazione di ciascun ciclo lavorativo/attività.
  Se in azienda sono presenti più cicli lavorativi, si potrà utilizzare un modulo per ogni ciclo lavorativo

* colonna 1 - **"Fasi"**
  Individuazione delle fasi che compongono il ciclo lavorativo

* colonna 2 - **"Descrizione Fasi"**
  Descrizione sintetica di ciascuna fase

* colonna 3 - **"Area/Reparto /Luogo di lavoro"**
  Indicazione dell'ambiente o degli ambienti, sia al chiuso che all'aperto, o del reparto in cui si svolge la fase

* colonna 4 - **"Attrezzature di lavoro: macchine, apparecchi, utensili, ed impianti"**
  Elencazione delle eventuali attrezzature utilizzate in ciascuna fase

* colonna 5- **"Materie prime, semilavorati e sostanze impiegati e prodotti. Scarti di lavorazione"**
  Elencazione di quelle relative a ciascuna fase

* colonna 6 - **"Mansioni/postazioni"** [1]
  Individuazione di quelle coinvolte in ciascuna fase

---

[1] Ad ogni "Mansione" deve essere possibile associare, anche attraverso documentazione esterna al DVR standardizzato disponibile presso la sede legale (p.es.: uno specifico allegato, Libro Unico del Lavoro, contratto di lavoro o altro), il nominativo dei lavoratori operanti in azienda anche al fine di poter ottemperare agli obblighi di legge relativi a: Valutazione dei rischi, anche connessi a "stato di gravidanza, differenza di genere, età, provenienza da altri paesi e specifica tipologia contrattuale" (art. 28, c. 1, del D.Lgs. 81/08); Informazione, Formazione ed Addestramento (artt. 36 e 37 del D.L.gs 81/08); Sorveglianza Sanitaria, qualora ne ricorra l'obbligo (art. 41 del D.L.gs 81/08); uso di specifiche attrezzature di lavoro (art. 71 del D.L.gs 81/08); uso dei Dispositivi di Protezione Individuali, eventualmente messi a disposizione dei lavoratori (art. 77 del D.L.gs 81/08).

8

L'esame delle fasi che compongono il ciclo/attività deve essere completo, includendo anche quelle di manutenzione, ordinaria e straordinaria, riparazione, pulizia, arresto e riattivazione, cambio di lavorazioni, ecc.

È importante evidenziare, ove presenti, situazioni lavorative quali ad esempio: lavoro notturno, lavoro in solitario in condizioni critiche (nella colonna **Descrizione Fasi**); attività effettuate all'interno di aziende in qualità di appaltatore, attività svolte in ambienti confinati, lavori in quota (nella colonna **Ambiente/Reparto**), ecc.

È utile allegare al Modulo, ove presente, la planimetria degli ambienti di lavoro e dei locali di servizio con la disposizione delle attrezzature (lay-out).

4.2 - 2° Passo: Individuazione dei pericoli presenti in azienda

Dopo aver descritto l'attività aziendale, si devono individuare i pericoli presenti.

Questi sono legati alle caratteristiche degli ambienti di lavoro, delle attrezzature di lavoro, dei materiali; agli agenti fisici, chimici o biologici presenti; al ciclo lavorativo, a tutte le attività svolte (comprese quelle di manutenzione, ordinaria e straordinaria, riparazione, pulizia, arresto e riattivazione, cambio di lavorazioni, ecc.); a fattori correlati all'organizzazione del lavoro adottata; alla formazione, informazione e addestramento necessari e, in generale, a qualunque altro fattore potenzialmente dannoso per la salute e la sicurezza dei lavoratori. Si tenga presente che il datore di lavoro è tenuto ad effettuare, ogni qualvolta sia possibile, le lavorazioni pericolose o insalubri in luoghi separati allo scopo di non esporvi senza necessità i lavoratori addetti ad altre lavorazioni (D.Lgs. 81/08 s.m.i., Allegato IV punto 2.1.4).

Per individuare i pericoli si utilizzerà il **MODULO 2**, che dovrà essere barrato nelle caselle delle colonne 3 e 4.

Il modulo contiene:
- colonna 1 - "Famiglia di pericoli";
- colonna 2 - "Pericoli";
- colonne 3 e 4 - Devono essere contrassegnate per indicare la presenza o l'assenza del pericolo in azienda, in coerenza con quanto descritto nel modulo 1.2;
- colonna 5 - "Riferimenti legislativi", con il richiamo al D.Lgs. 81/08 s.m.i. e ad altre principali fonti legislative di riferimento;
- colonna 6 - "Esempi di incidenti e di criticità" per ogni pericolo elencato.

Ulteriori pericoli identificati dal datore di lavoro, non elencati in colonna 2, dovranno essere riportati nella riga "Altro", posta in calce alla tabella.

Al fine di una più facile gestione del documento, qualora compilato su formato elettronico, si consiglia di riportare solo i pericoli presenti.

Potranno essere utilizzati uno o più **MODULO 2** in relazione al ciclo lavorativo/attività.

In riferimento ai cantieri temporanei e mobili si specifica che non si applicano le disposizioni del Titolo II ma quelle contenute nel Titolo IV e relativi allegati del D.Lgs. 81/08 s.m.i..

4.3 - 3° Passo: Valutazione dei rischi associati ai pericoli individuati e identificazione delle misure attuate

Per ciascun pericolo individuato nel **MODULO 2**, si deve accertare che i requisiti previsti dalla legislazione vigente siano soddisfatti (se del caso, anche avvalendosi delle norme tecniche),

9

verificando che siano attuate tutte le misure tecniche, organizzative, procedurali, DPI, di informazione, formazione e addestramento, di sorveglianza sanitaria (ove prevista) necessarie a garantire la salute e sicurezza dei lavoratori. Nella valutazione si terrà conto delle condizioni che possono determinare una specifica esposizione ai rischi, tra cui anche quelli riguardanti le lavoratrici in stato di gravidanza, secondo quanto previsto dal D.Lgs. 26 marzo 2001, n. 151, nonché quelli connessi alle differenze di genere (considerando le problematiche al maschile e al femminile), all'età (considerando non solo i giovani lavoratori, ma le fasce di età avanzata, quali gli *over* 50), alla provenienza da altri Paesi e quelli connessi alla specifica tipologia contrattuale (art. 28, c. 1, del D.Lgs. 81/08 s.m.i.).

Qualora si verifichi che per alcuni pericoli non siano state attuate le misure previste dalla legislazione di cui sopra, necessarie a garantire la salute e sicurezza dei lavoratori, si dovrà provvedere con interventi immediati.

Il **MODULO 3** consente di documentare sinteticamente la valutazione dei rischi, l'individuazione delle misure di prevenzione e protezione attuate e il programma di miglioramento.
Si può scegliere, secondo la modalità che si riterrà più adatta alle caratteristiche dell'azienda, se effettuare la valutazione del rischio e la conseguente compilazione del **MODULO 3** a partire dall'Area/Reparto /Luogo di lavoro o dalle mansioni/postazioni o dai pericoli individuati.

Il modulo è suddiviso in due sezioni: "Valutazione dei rischi e misure attuate" e "Programma di miglioramento".

La prima sezione è composta dalle seguenti colonne:
- colonna 1 - "Area/reparto/luogo di lavoro"
- colonna 2 - "Mansione/Postazione"
- colonna 3 - "Pericoli che determinano rischi per la salute e sicurezza "
- colonna 4 - "Eventuali strumenti di supporto"
- colonna 5 - "Misure attuate"

La seconda sezione è composta dalle seguenti colonne:

- colonna 6 - "Misure di miglioramento da adottare e tipologie di misure preventive/protettive"
- colonna 7 - "Incaricati della realizzazione"
- colonna 8 - "Data di attuazione delle misure di miglioramento"

Il **MODULO 3** deve riportare in modo coerente le aree/reparti/luoghi di lavoro (colonna 1), le corrispondenti mansioni/postazioni (colonna 2) individuati nel MODULO 1.2 ed i pericoli correlati (colonna 3) individuati nel **MODULO 2**. Per quanto riguarda le attrezzature di lavoro dovranno essere indicate le singole tipologie di attrezzature già identificate nel proprio ciclo lavorativo/attività.

Ai fini di una più efficiente gestione delle misure di prevenzione e protezione di ciascun lavoratore, è possibile inserire (in colonna 2) una codifica specifica per ciascuna mansione identificata svolta in azienda dai lavoratori. Il codice potrà essere utile per collegare il nominativo dei lavoratori operanti in azienda alle mansioni svolte (vedi nota 1).

10

La valutazione dei rischi sarà effettuata per tutti i pericoli individuati, utilizzando le metodiche ed i criteri ritenuti più adeguati alle situazioni lavorative aziendali, tenendo conto dei principi generali di tutela previsti dall'art. 15 del D.Lgs. 81/08 s.m.i.

Laddove la legislazione fornisce indicazioni specifiche sulle modalità di valutazione (ad es. rischi fisici, chimici, biologici, incendio, videoterminali, movimentazione manuale dei carichi, stress lavoro-correlato ecc.) si adotteranno le modalità indicate dalla legislazione stessa, avvalendosi anche delle informazioni contenute in banche dati istituzionali nazionali ed internazionali.

In assenza di indicazioni legislative specifiche sulle modalità di valutazione, si utilizzeranno criteri basati sull'esperienza e conoscenza delle effettive condizioni lavorative dell'azienda e, ove disponibili, su strumenti di supporto, su dati desumibili da registro infortuni, profili di rischio, indici infortunistici, dinamiche infortunistiche, liste di controllo, norme tecniche, istruzioni di uso e manutenzione, ecc.

Sulla base dei risultati della valutazione dei rischi, verranno definite per tipo ed entità le misure di prevenzione e protezione adeguate.

Gli strumenti informativi di supporto in generale, ove utilizzati nel processo valutativo, verranno indicati nel **MODULO 3** (colonna 4).

In relazione al pericolo specifico individuato (colonna 3) e ai relativi strumenti di supporto (colonna 4), le misure di prevenzione e protezione attuate (scelte, tra quelle tecniche, organizzative, procedurali, DPI, di informazione, formazione e addestramento, di sorveglianza sanitaria, ove prevista) verranno indicate in colonna 5.

4.4 - 4° Passo: Definizione del programma di miglioramento

Le misure ritenute opportune per il miglioramento della tutela della salute e sicurezza dei lavoratori dovranno essere indicate nella colonna 6.

Completano il modulo i dati relativi all'incaricato/i della realizzazione (che può essere lo stesso datore di lavoro), delle misure di miglioramento (colonna 7) e la data di attuazione delle stesse (colonna 8). Per programma di miglioramento si intende il programma delle misure atte a garantire il miglioramento nel tempo dei livelli di salute e sicurezza (fra le quali ad esempio il controllo delle misure di sicurezza attuate per verificarne lo stato di efficienza e di funzionalità).

Da un punto di vista metodologico, ai fini della gestione dei rischi, è utile suddividere le misure di prevenzione e protezione previste per il piano di miglioramento, tra quelle tecniche, procedurali, organizzative, dispositivi di protezione individuali, formazione, informazione e addestramento, sorveglianza sanitaria.

Qualora il datore di lavoro lo ritenga opportuno ai fini di una migliore descrizione del processo di valutazione del rischio seguito e della gestione della attuazione delle misure di prevenzione e protezione, la modulistica indicata nei passi precedenti può essere ampliata con informazioni riportate in colonne aggiuntive.

11

II

MODULISTICA

PER LA REDAZIONE DEL DOCUMENTO DI VALUTAZIONE DEI RISCHI

Azienda ....

DOCUMENTO DI VALUTAZIONE DEI RISCHI

Realizzato secondo le procedure standardizzate

ai sensi degli artt. 17, 28, 29 del D.Lgs. 81/08 e s.m.i.

Data[1], ...

Firma

Datore di lavoro: ....

RSPP ....
Medico Competente (ove nominato)...........................
RLS/RLST ....

Documento di valutazione dei rischi elaborato sulla base delle istruzioni di compilazione previste dal D.M....

[1] Il documento deve essere munito di "data certa" o attestata dalla sottoscrizione del documento, ai soli fini della prova della data, da parte del RSPP, RLS o RLST, e del medico competente, ove nominato. In assenza di MC o RLS o RLST, la data certa va documentata con PEC o altra forma prevista dalla legge.

12

DESCRIZIONE GENERALE DELL'AZIENDA

DATI AZIENDALI

- Ragione sociale...
- Attività economica...
- Codice ATECO (facoltativo)..
- Nominativo del Titolare/Legale Rappresentante.................................
- Indirizzo della sede legale..
- Indirizzo del sito/i produttivo/i (esclusi i cantieri temporanei e mobili – Titolo IV D.Lgs.81/08)
....

SISTEMA DI PREVENZIONE E PROTEZIONE AZIENDALE

- Nominativo del Datore di Lavoro ....

  Indicare se svolge i compiti di SPP   Si ☐   No ☐

- Nominativo del Responsabile del Servizio di Prevenzione e Protezione dai rischi se diverso dal datore di lavoro... interno ☐ esterno ☐

- Nominativi degli addetti al Servizio di Prevenzione e Protezione dai rischi, se presenti...

- Nominativi degli addetti al Servizio di Pronto Soccorso..........................
....

- Nominativi degli addetti al Servizio di Antincendio ed Evacuazione ....
....

- Nominativo del Medico competente (ove nominato)..........................

- Nominativo del RLS/RLST..

13

LAVORAZIONI AZIENDALI E MANSIONI

Ciclo lavorativo/attività: _____					
1	2	3	4	5	6
Fasi del ciclo lavorativo /attività	Descrizione Fasi	Area/ Reparto/ Luogo di lavoro	Attrezzature di lavoro – macchine, apparecchi, utensili, ed impianti (di produzione e servizio)	Materie prime, semilavorati e sostanze impiegati e prodotti. Scarti di lavorazione	Mansioni/ Postazioni

14

INDIVIDUAZIONE DEI PERICOLI PRESENTI IN AZIENDA

1	2	3	4	5	6
Famiglia di pericoli	Pericoli	Pericoli presenti	Pericoli non presenti	Riferimenti legislativi	Esempi di incidenti e di criticità
Luoghi di lavoro: - al chiuso (anche in riferimento ai locali sotterranei art. 65) - all'aperto N.B.: Tenere conto dei lavoratori disabili art.63 comma2-3	Stabilità e solidità delle strutture	☐	☐	D.Lgs. 81/08 e s.m.i. (Allegato IV)	• Crollo di pareti o solai per cedimenti strutturali • Crollo di strutture causate da urti da parte di mezzi aziendali
	Altezza, cubatura, superficie	☐	☐	D.Lgs. 81/08 s.m.i. (Allegato IV) e normativa locale vigente	• Mancata salubrità o ergonomicità legate ad insufficienti dimensioni degli ambienti
	Pavimenti, muri, soffitti, finestre e lucernari, banchine e rampe di carico	☐	☐	D.Lgs. 81/08 s.m.i. (Allegato IV)	• Cadute dall'alto • Cadute in piano • Cadute in profondità • Urti
	Vie di circolazione interne ed esterne (utilizzate per : -raggiungere il posto di lavoro - fare manutenzione agli impianti)	☐	☐	D.Lgs. 81/08 s.m.i. (Allegato IV)	• Cadute dall'alto • Cadute in piano • Cadute in profondità • Contatto con mezzi in movimento • Caduta di materiali
	Vie e uscite di emergenza	☐	☐	- D.Lgs. 81/08 s.m.i. (Allegato IV) - DM 10/03/98 - Regole tecniche di prevenzione incendi applicabili - D. Lgs. 8/3/2006 n. 139, art. 15	• Vie di esodo non facilmente fruibili
	Porte e portoni	☐	☐	- D.Lgs. 81/08 s.m.i. (Allegato IV) - DM 10/03/98 - Regole tecniche di prevenzione incendi applicabili - D. Lgs.	• Urti, schiacciamento • Uscite non facilmente fruibili

15

				8/3/2006 n. 139, art. 15	
	Scale	☐	☐	- D.Lgs. 81/08 s.m.i. (Allegato IV punto 1.7;Titolo IV capo II ; art.113) -DM 10/03/98 - Regole tecniche di prevenzione incendi applicabili - D. Lgs. 8/3/2006 n. 139, art. 15	• Cadute; • Difficoltà nell'esodo
	Posti di lavoro e di passaggio e luoghi di lavoro esterni	☐	☐	- D.Lgs. 81/08 s.m.i. (Allegato IV)	• Caduta, investimento da materiali e mezzi in movimento; esposizione ad agenti atmosferici
	Microclima	☐	☐	- D.Lgs. 81/08 s.m.i. (Allegato IV)	• Esposizione a condizioni microclimatiche non confortevoli • Assenza di impianto di riscaldamento • Carenza di areazione naturale e/o forzata
	Illuminazione naturale e artificiale	☐	☐	- D.Lgs. 81/08 s.m.i. (Allegato IV) - DM 10/03/98 - Regole tecniche di prevenzione incendi applicabili - D. Lgs. 8/3/2006 n. 139, art. 15	• Carenza di illuminazione naturale • Abbagliamento • Affaticamento visivo • Urti • Cadute • Difficoltà nell'esodo
	Locali di riposo e refezione	☐	☐	- D.Lgs. 81/08 s.m.i. (Allegato IV) - Normativa locale vigente	• Scarse condizioni di igiene • Inadeguata conservazione di cibi e bevande
	Spogliatoi e armadi per il vestiario	☐	☐	- D.Lgs. 81/08 s.m.i. (Allegato IV) - Normativa locale vigente	• Scarse condizioni di igiene • Numero e capacità inadeguati • Possibile contaminazione degli indumenti privati con quelli di lavoro
	Servizi igienico assistenziali	☐	☐	- D.Lgs. 81/08 s.m.i. (Allegato IV) - Normativa locale vigente	• Scarse condizioni di igiene; • Numero e dimensioni inadeguati

16

	Dormitori	☐	☐	- D.Lgs. 81/08 s.m.i (Allegato IV) - Normativa locale vigente - DM 10/03/98 - D. Lgs. 8/3/2006 n. 139, art. 15 - DPR 151/2011 All. I punto 66	• Scarsa difesa da agenti atmosferici • Incendio
	Aziende agricole	☐	☐	D.Lgs. 81/08 s.m.i (Allegato IV, punto 6)	• scarse condizioni di igiene; • servizi idrici o igienici inadeguati
Ambienti confinati o a sospetto rischio di inquinamento	Vasche, canalizzazioni, tubazioni, serbatoi, recipienti, silos. Pozzi neri, fogne, camini, fosse, gallerie, caldaie e simili. Scavi	☐	☐	- D.Lgs. 81/08 s.m.i (Allegato IV punto 3, 4; Titolo XI ; artt. 66 e 121) - DM 10/03/98 - D. Lgs 8/3/2006 n. 139, art. 15 - DPR 177/2011	• Caduta in profondità • Problematiche di primo soccorso e gestione dell'emergenza • Insufficienza di ossigeno • Atmosfere irrespirabili • Incendio ed esplosione • Contatto con fluidi pericolosi • Urto con elementi strutturali • Seppellimento
Lavori in quota	Attrezzature per lavori in quota (ponteggi, scale portatili, trabattelli, cavalletti, piattaforme elevabili, ecc.)	☐	☐	D.Lgs. 81/08 s.m.i (Titolo IV, capo II (ove applicabile); Art. 113; Allegato XX	• Caduta dall'alto • Scivolamento • Caduta di materiali
Impianti di servizio	**Impianti elettrici** (circuiti di alimentazione degli apparecchi utilizzatori e delle prese a spina; cabine di trasformazione; gruppi elettrogeni, sistemi fotovoltaici, gruppi di continuità, ecc.;)	☐	☐	- D.Lgs. 81/08 s.m.i. (Tit III capo III) - DM 37/08 - D.Lgs 626/96 (Dir. BT) - DPR 462/01 - DM 13/07/2011 -DM 10/03/98 - Regole tecniche di prevenzione incendi applicabili - D. Lgs. 8/3/2006 n. 139, art. 15	• Incidenti di natura elettrica (folgorazione, incendio, innesco di esplosioni)
	Impianti radiotelevisivi, antenne, impianti elettronici (impianti di segnalazione, allarme, trasmissione dati, ecc. alimentati con valori di tensione fino a 50 V in corrente alternata e 120 V in corrente continua)	☐	☐	- D.Lgs. 81/08 s.m.i (Tit. III capo III) - DM 37/08 - D.Lgs. 626/96 (Dir.BT)	• Incidenti di natura elettrica • Esposizione a campi elettromagnetici

17

	Impianti di riscaldamento, di climatizzazione, di condizionamento e di refrigerazione	☐	☐	- D.lgs 81/08 s.m.i. (Tit. III capo I e III) - DM 37/08 - D.Lgs 17/10 - D.M. 01/12/1975 - DPR 412/93 - DM 17/03/03 - Dlgs 311/06 - D.Lgs. 93/00 - DM 329/04 - DPR 661/96 - DM 12/04/1996 - DM 28/04/2005 - DM 10/03/98 - RD 9/01/1927	• Incidenti di natura elettrica • Scoppio di apparecchiature in pressione • Incendio • Esplosione • Emissione di inquinanti Esposizione ad agenti biologici • Incidenti di natura meccanica (tagli schiacciamento, ecc)
	Impianti idrici e sanitari	☐	☐	- D.Lgs. 81/08 s.m.i. (Tit. III capo I) - DM 37/08 - D.Lgs 93/00	• Esposizione ad agenti biologici • Scoppio di apparecchiature in pressione
	Impianti di distribuzione e utilizzazione di gas	☐	☐	- D.Lg.s 81/08 s.m.i. (Tit. III capo I e III) - DM 37/08 - Legge n. 1083 del 1971 - D.Lgs. 93/00 - DM 329/04 - Regole tecniche di prevenzione incendi applicabili	• Incendio • Esplosione • Scoppio di apparecchiature in pressione • Emissione di inquinanti
	Impianti di sollevamento (ascensori, montacarichi, scale mobili, piattaforme elevatrici, montascale)	☐	☐	- D.Lgs. 81/08 s.m.i. (Tit. III capo I e III) - DM 37/08 - DPR 162/99 - D.Lgs 17/10 - DM 15/09/2005	• Incidenti di natura meccanica (schiacciamento, caduta, ecc.) • Incidenti di natura elettrica
Attrezzature di lavoro - **Impianti di produzione, apparecchi e macchinari fissi**	**Apparecchi e impianti in pressione** (es. reattori chimici, autoclavi, impianti e azionamenti ad aria compressa, compressori industriali, ecc., impianti di distribuzione dei carburanti)	☐	☐	- D.Lgs. 81/08 s.m.i. (Tit. III capo I) - D.Lgs. 17/2010 - D.Lgs. 93/2000 - DM 329/2004	• Scoppio di apparecchiature in pressione • Emissione di inquinanti getto di fluidi e proiezione di oggetti
	Impianti e apparecchi termici fissi (forni per trattamenti termici, forni per carrozzerie, forni per panificazione, centrali	☐	☐	-D.Lgs. 81/08 s.m.i. (Tit. III capo I e III) - D.Lgs. 626/96 (Dir. BT) - D.Lgs. 17/2010	• Contatto con superfici calde • Incidenti di natura elettrica • Incendio • esplosione • scoppio di apparecchiature in

18

	termiche di processo, ecc.)		- D.Lgs. 93/00 -DM 329/04 - DM 12/04/1996 - DM 28/04/2005 - D. Lgs 8/3/2006 n. 139, art. 15	pressione • emissione di inquinanti
	Macchine fisse per la lavorazione del metallo, del legno, della gomma o della plastica, della carta, della ceramica, ecc.; macchine tessili, alimentari, per la stampa, ecc. (esempi: Torni, Presse, Trapano a colonna, Macchine per il taglio o la saldatura, Mulini, Telai, Macchine rotative, Impastatrici, centrifughe, lavatrici industriali, ecc.) **Impianti automatizzati per la produzione di articoli vari** (ceramica, laterizi, materie plastiche, materiali metallici, vetro, carta, ecc.) **Macchine e impianti per il confezionamento, l'imbottigliamento, ecc.**	☐ ☐	- D.Lgs. 81/08 s.m.i. (Tit III capo I e III; Tit. XI) - D.Lgs 17/2010	• Incidenti di natura meccanica (urti, tagli, trascinamento, perforazione, schiacciamenti, proiezione di materiale in lavorazione). • Incidenti di natura elettrica Innesco atmosfere esplosive • Emissione di inquinanti • Caduta dall'alto
	Impianti di sollevamento, trasporto e movimentazione materiali (gru, carri ponte, argani, elevatori a nastro, nastri trasportatori, sistemi a binario, robot manipolatori, ecc)	☐ ☐	- D.Lgs. 81/08 s.m.i. (Tit III capo I e III) - D.Lgs 17/2010	• Incidenti di natura meccanica (urto, trascinamento, schiacciamento) • Caduta dall'alto • Incidenti di natura elettrica
	Impianti di aspirazione trattamento e filtraggio aria (per polveri o vapori di lavorazione, fumi di saldatura, ecc.)	☐ ☐	- D.Lgs. 81/08 s.m.i (Tit. III capo I e III; Tit. XI; Allegato IV, punto 4) - D.Lgs. 626/96 (BT) - D.Lgs. 17/2010	• Esplosione • Incendio • Emissione di inquinanti
	Serbatoi di combustibile fuori terra a pressione atmosferica	☐ ☐	- DM 31/07/1934 - DM 19/03/1990	• Sversamento di sostanze infiammabili e inquinanti • Incendio • Esplosione

19

		□	□	- DM 12 /09/2003	
	Serbatoi interrati (compresi quelli degli impianti di distribuzione stradale)	□	□	- Legge 179/2002 art. 19 - D.lgs 132/1992 - DM n.280/1987, - DM 29/11/2002 - DM 31/07/1934	• Sversamento di sostanze infiammabili e inquinanti • Incendio • Esplosione
	Distributori di metano	□	□	DM 24/05/2002 e smi	• Esplosione • Incendio
	Serbatoi di GPL Distributori di GPL	□	□	- D.Lgs. 81/08 s.m.i. (Tit. III capo I) - D.Lgs 93/00 - DM 329/04 - Legge n.10 del 26/02/2011 - DM 13/10/1994 - DM 14/05/2004 - DPR 24/10/2003 n. 340 e smi	• Esplosione • Incendio
Attrezzature di lavoro - **Apparecchi e dispositivi elettrici o ad azionamento non manuale trasportabili, portatili.** **Apparecchi termici trasportabili**	**Apparecchiature informatiche e da ufficio** (PC, stampante, fotocopiatrice, fax, ecc.) **Apparecchiature audio o video** (Televisori Apparecchiature stereofoniche, ecc.) **Apparecchi e dispositivi vari di misura, controllo, comunicazione** (registratori di cassa, sistemi per controllo accessi, ecc.)	□	□	- D.Lgs. 81/08 s.m.i. (Tit. III capo III) - D.Lgs. 626/96 (BT)	• Incidenti di natura elettrica
Attrezzature in pressione trasportabili	**Utensili portatili, elettrici o a motore a scoppio** (trapano, avvitatore, tagliasiepi elettrico, ecc.)	□	□	- D.Lgs. 81/08 s.m.i. (Tit III capo I e III) - D.Lgs. 626/96 (BT) - D.Lgs. 17/2010	• Incidenti di natura meccanica • Incidenti di natura elettrica • Scarsa ergonomia dell'attrezzature di lavoro
	Apparecchi portatili per saldatura (saldatrice ad arco, saldatrice a stagno, saldatrice a cannello, ecc)	□	□	- D.Lgs. 81/08 s.m.i. (Tit. III capo I e III: Tit. XI) - D.Lgs. 626/96 (BT) - DM 10/03/98 - D. Lgs.	• Esposizione a fiamma o calore • Esposizione a fumi di saldatura • Incendio • Incidenti di natura elettrica • Innesco esplosioni • Scoppio di bombole in pressione

20

			8/3/2006 n. 139, art. 15 - Regole tecniche di p.i. applicabili	
Elettrodomestici (Frigoriferi, forni a microonde, aspirapolveri, ecc)	☐	☐	- D.Lgs. 81/08 s.m.i. (Tit. III capo I e III) - D.Lgs 626/96 (BT) - D.Lgs 17/2010	• Incidenti di natura elettrica • Incidenti di natura meccanica
Apparecchi termici trasportabili (Termoventilatori, stufe a gas trasportabili, cucine a gas, ecc.)	☐	☐	-D.Lgs. 81/08 s.m.i. (Tit. III capo I e III) -D.Lgs. 626/96 (BT) -D.Lgs 17/2010 DPR 661/96	• Incidenti di natura elettrica • Formazione di atmosfere esplosive • Scoppio di apparecchiature in pressione • Emissione di inquinanti • Incendio
Organi di collegamento elettrico mobili ad uso domestico o industriale (Avvolgicavo, cordoni di prolunga, adattatori, ecc.)	☐	☐	-D.Lgs. 81/08 s.m.i. (Tit III capo III) -D.Lgs 626/96 (BT)	• Incidenti di natura elettrica • Incidenti di natura meccanica
Apparecchi di illuminazione (Lampade da tavolo, lampade da pavimento, lampade portatili, ecc.)	☐	☐	D.Lgs. 81/08 s.m.i (Tit III capo III) D.Lgs 626/96 (BT)	• Incidenti di natura elettrica
Gruppi elettrogeni trasportabili	☐	☐	- D.Lgs. 81/08 s.m.i. (Tit. III capo I e III) - D.Lgs. 626/96 (BT) - D.Lgs .17/2010 - DM 13/07/2011	• Emissione di inquinanti • Incidenti di natura elettrica • Incidenti di natura meccanica • Incendio
Attrezzature in pressione trasportabili (compressori, sterilizzatrici , bombole, fusti in pressione, recipienti criogenici, ecc.)	☐	☐	- D.lgs 81/08 s.m.i. (Titolo III capo I e III) - D.Lgs 626/96 (BT) - D.Lgs 17/2010 - D.Lgs 93/2000 - D.Lgs 23/2002	• Scoppio di apparecchiature in pressione • Incidenti di natura elettrica • Incidenti di natura meccanica • Incendio
Apparecchi elettromedicali (ecografi, elettrocardiografi, defibrillatori, elettrostimolatori, ecc.)	☐	☐	- D.lgs 81/08 s.m.i. (Tit. III capo I e III) - D.Lgs 37/2010	• Incidenti di natura elettrica
Apparecchi elettrici per uso estetico (apparecchi per massaggi meccanici, depilatori elettrici,	☐	☐	- D.lgs 81/08 s.m.i. (Tit. III capo I e III) - DM 110/2011	• Incidenti di natura elettrica

21

	lampade abbronzanti, elettrostimolatori, ecc.)			
Attrezzature di lavoro - **Altre attrezzature a motore**	**Macchine da cantiere** (escavatori, gru, trivelle, betoniere, dumper, autobetonpompa, rullo compressore,ecc.)	☐	☐	- D.lgs 81/08 s.m.i (Tit. III capo I e III) - D.Lgs 17/2010	• Ribaltamento • Incidenti di natura meccanica • Emissione di inquinanti
	Macchine agricole (Trattrici, Macchine per la lavorazione del terreno, Macchine per la raccolta, ecc.)	☐	☐	- D.lgs 81/08 s.m.i. (Tit. III capo I) - DM 19/11/2004 - D.Lgs 17/2010	• Ribaltamento • Incidenti di natura meccanica • Emissione di inquinanti
	Carrelli industriali (Muletti, transpallett, ecc.)	☐	☐	- D.lgs 81/08 s.m.i (Tit. III capo I e III) - D.Lgs 626/96 (BT) - D.Lgs 17/2010	• Ribaltamento • Incidenti di natura meccanica • Emissione di inquinanti • Incidenti stradali
	Mezzi di trasporto materiali (Autocarri, furgoni, autotreni, autocisterne, ecc.)	☐	☐	- D.lgs 30 aprile 1992, n. 285 - D.lgs. 35/2010,	• Ribaltamento • Incidenti di natura meccanica • Sversamenti di inquinanti
	Mezzi trasporto persone (Autovetture, Pullman, Autoambulanze, ecc.)	☐	☐	D.Lgs. 30 aprile 1992, n.285	• Incidenti stradali
Attrezzature di lavoro - **Utensili manuali**	Martello, pinza, taglierino, seghetti, cesoie, trapano manuale, piccone, ecc.	☐	☐	D.lgs 81/08 s.m.i (Titolo III capo I)	• Incidenti di natura meccanica
Scariche atmosferiche	Scariche atmosferiche	☐	☐	- D.lgs. 81/08 s.m.i (Tit. III capo III) - DM 37/08 - DPR 462/01	• Incidenti di natura elettrica (folgorazione) • Innesco di incendi o di esplosioni
Lavoro al videoterminale	Lavoro al videoterminale	☐	☐	D.Lgs. 81/08 s.m.i. (Titolo VII ; Allegato XXXIV)	• Posture incongrue, movimenti ripetitivi. • Ergonomia del posto di lavoro • Affaticamento visivo
Agenti fisici	Rumore	☐	☐	D.Lgs. 81/08 s.m.i. (Titolo VIII, Capo I ;Titolo VIII, Capo II)	• Ipoacusia • Difficoltà di comunicazione • Stress psicofisico
	Vibrazioni	☐	☐	D.Lgs. 81/08 s.m.i. (Titolo VIII, Capo I ;Titolo VIII, Capo III)	• Sindrome di Raynaud • Lombalgia
	Campi elettromagnetici	☐	☐	D.Lgs. 81/08 s.m.i. (Titolo VIII, Capo I; Titolo	• Assorbimento di energia e correnti di contatto

22

				VIII, Capo IV)	
	Radiazioni ottiche artificiali	☐	☐	D.Lgs. 81/08 s.m.i. (Titolo VIII, Capo I; Titolo VIII, Capo V)	• Esposizione di occhi e cute a sorgenti di radiazioni ottiche di elevata potenza e concentrazione.
	Microclima di ambienti severi infrasuoni, ultrasuoni, atmosfere iperbariche	☐	☐	D.Lgs. 81/08 s.m.i. (Titolo VIII, Capo I)	• Colpo di calore • Congelamento • Cavitazione • Embolia
Radiazioni ionizzanti	Raggi alfa, beta, gamma	☐	☐	D.Lgs. 230/95	• Esposizione a radiazioni ionizzanti
Sostanze pericolose	Agenti chimici (comprese le polveri)	☐	☐	- D.Lgs. 81/08 s.m.i. (Titolo IX, Capo I; Allegato IV punto 2) - RD 6/5/1940, n. 635 e s.m.i.	• Esposizione per contatto, ingestione o inalazione. • Esplosione • Incendio
	Agenti cancerogeni e mutageni	☐	☐	D.Lgs. 81/08 s.m.i. (Titolo IX, Capo II)	• Esposizione per contatto, ingestione o inalazione.
	Amianto	☐	☐	D.Lgs. 81/08 (Titolo IX, Capo III)	• Inalazione di fibre
Agenti biologici	Virus, batteri, colture cellulari, microrganismi, endoparassiti	☐	☐	D.Lgs. 81/08 s.m.i. (Titolo X)	• Esposizione per contatto, ingestione o inalazione
Atmosfere esplosive	Presenza di atmosfera esplosive (a causa di sostanze infiammabili allo stato di gas, vapori, nebbie o polveri)	☐	☐	D.Lgs. 81/08 s.m.i. (Titolo XI; Allegato IV punto 4)	• Esplosione
Incendio	Presenza di sostanze (solide, liquide o gassose) combustibili, infiammabili e condizioni di innesco (fiamme libere, scintille, parti calde, ecc.)	☐	☐	- D.Lgs. 81/08 s.m.i. (Titolo I, Capo III, sez. VI ; Allegato IV punto 4) - D.M. 10 marzo 1998 - D. Lgs 8/3/2006 n. 139, art. 15 - Regole tecniche di p.i. applicabili - DPR 151/2011	• Incendio • Esplosioni
Altre emergenze	Inondazioni, allagamenti, terremoti, ecc.	☐	☐	D.Lgs. 81/08 s.m.i. (Titolo I, Capo III, sez. VI)	• Cedimenti strutturali

23

Fattori organizzativi	Stress lavoro-correlato	☐	☐	- D.Lgs. 81/08 s.m.i (art. 28, comma1 -bis) - Accordo europeo 8 ottobre 2004 - Circolare Ministero del Lavoro e delle Politiche sociali del 18/11/2010	• Numerosi infortuni/assenze • Evidenti contrasti tra lavoratori • disagio psico-fisico • calo d'attenzione, • Affaticamento • isolamento
Condizioni di lavoro particolari	Lavoro notturno, straordinari, lavori in solitario in condizioni critiche	☐	☐	D.Lgs. 81/08 s.m.i. art. 15, comma 1, lettera a)	• Incidenti causati da affaticamento • Difficoltà o mancanza di soccorso • Mancanza di supervisione
Pericoli connessi all'interazione con persone	Attività svolte a contatto con il pubblico (attività ospedaliera, di sportello, di formazione, di assistenza, di intrattenimento, di rappresentanza e vendita, di vigilanza in genere, ecc.)	☐	☐	D.Lgs. 81/08 s.m.i. art. 15, comma 1, lettera a)	• Aggressioni fisiche e verbali
Pericoli connessi all'interazione con animali	Attività svolte in allevamenti, maneggi, nei luoghi di intrattenimento e spettacolo, nei mattatoi, stabulari, ecc.	☐	☐	D.Lgs. 81/08 s.m.i. art. 15, comma 1, lettera a)	• Aggressione, calci, morsi, punture, schiacciamento, ecc.
Movimentazione manuale dei carichi	Posture incongrue	☐	☐	D.Lgs. 81/08 s.m.i. (Titolo VI Allegato XXXIII)	• Prolungata assunzione di postura incongrua
	Movimenti ripetitivi	☐	☐	D.Lgs. 81/08 s.m.i. (Titolo VI; Allegato XXXIII)	• Elevata frequenza dei movimenti con tempi di recupero insufficienti
	Sollevamento e spostamento di carichi	☐	☐	D.Lgs. 81/08 s.m.i. (Titolo VI; Allegato XXXIII)	• Sforzi eccessivi • Torsioni del tronco • Movimenti bruschi • Posizioni instabili
Lavori sotto tensione	Pericoli connessi ai lavori sotto tensione (lavori elettrici con accesso alle parti attive di impianti o apparecchi elettrici)	☐	☐	D.Lgs. 81/08 s.m.i. (art. 82)	• Folgorazione
Lavori in prossimità di parti attive di impianti elettrici	Pericoli connessi ai lavori in prossimità di parti attive di linee o impianti elettrici	☐	☐	D.Lgs. 81/08 s.m.i. (art. 83 e Allegato I)	• Folgorazione
ALTRO		☐	☐		

24

	VALUTAZIONE RISCHI, MISURE DI PREVENZIONE e PROTEZIONE ATTUATE, PROGRAMMA DI MIGLIORAMENTO							
	Valutazione dei rischi e misure attuate					Programma di miglioramento		
	1	2	3	4	5	6	7	8
N.	Area/Reparto /Luogo di lavoro	Mansioni/ Postazioni 1	Pericoli che determinano rischi per la salute e sicurezza[2]	Eventuali strumenti di supporto	Misure attuate	Misure di miglioramento da adottare Tipologie di Misure Prev./Prot.	Incaricati della realizzazione	Data di attuazione delle misure di miglioramento
1								
2								
3								

---

[1] Le mansioni possono essere identificate anche mediante codice.

[2] Se necessario inserire la fase del ciclo lavorativo/attività

25

GLI ASPETTI SANZIONATORI LEGATI AL DVR

Nella considerazione che l'intero sistema prevenzionistico attuale si fonda sulla compiuta valutazione **di tutti i rischi** legati all'attività lavorativa e alla conseguente redazione del Documento di Valutazione del Rischio, il legislatore ha ovviamente previsto un severo apparato sanzionatorio, inizialmente proceduralizzato secondo il sistema contravvenzionale.

Nella parte I di questo testo, è apparso opportuno precisare che (quasi) tutte le violazioni in materia di salute e sicurezza sul lavoro hanno carattere penale, trattandosi in sostanza di violazioni di diritti, costituzionalmente garantiti, come la salute e la sicurezza dei lavoratori.

Abbiamo anche accennato al fatto, però, che il sistema è improntato su un principio di tutela "anticipata" (prima che si verifichi il "danno"), ragion per cui lo stesso legislatore ha voluto legare queste violazioni a reati di tipo **contravvenzionale** che, per essere chiari e brevi, possono essere *sanati* mediante la preliminare *eliminazione del pericolo* e il successivo *pagamento di una sanzione*, in via amministrativa, che, secondo il d.lgs. n.758/94, è normalmente **pari ad un quarto del massimo edittale** previsto dalle specifiche inadempienze.

Sul Documento di Valutazione del Rischio la norma ha previsto una varietà di sanzioni *graduali* a seconda della gravità della violazione, a partire dalla totale assenza dello stesso, che comporta, come vedremo, anche la **sospensione dell'attività imprenditoriale**, sino ad arrivare a più o meno importanti *carenze* in termini di contesto e contenuti.

Il provvedimento di sospensione dell'attività

Oltre al citato impianto sanzionatorio "classico", con il D.L. n.146/2021[39], il legislatore ha fortemente voluto revisionare l'art.14 del d.lgs. n.81/2008 (*Provvedimenti degli organi di vigilanza per il contrasto del lavoro irregolare e per la tutela della salute e sicurezza dei lavoratori*), rendendo immediatamente attuabile il c.d. provvedimento di **sospensione dell'attività imprenditoriale** anche nel caso della **mancata redazione del DVR**.

Questo provvedimento, di natura "inflittiva" e *indipendente* dalle contravvenzioni legate alle specifiche violazioni, prevede, per l'assenza del DVR, la **provvisoria cessazione delle attività lavorative** sino all'avvenuta redazione del documento stesso.

La "revoca" del provvedimento, che in tutti i casi riguardanti violazioni in materia di sicurezza, **non è ricorribile**, è sottoposto alle seguenti condizioni:

- redazione del Documento di Valutazione dei Rischi, ovviamente nel pieno rispetto dei contenuti previsti dalla norma;

- pagamento di una somma 'aggiuntiva' (rispetto alle contravvenzioni che comunque saranno irrogate) di importo, nel caso specifico, pari a 2.500,00 €.

---

[39] DECRETO-LEGGE 21 ottobre 2021, n. 146 *Misure urgenti in materia economica e fiscale, a tutela del lavoro e per esigenze indifferibili.* Entrata in vigore del provvedimento: 22/10/2021. Convertito con modificazioni dalla L. 17 dicembre 2021, n. 215 (in G.U. 20/12/2021, n. 301). (Ultimo aggiornamento all'atto pubblicato il 29/12/2022).

Le violazioni del Testo Unico

La tabella che segue riassume le violazioni, con conseguente aspetto contravvenzionale, correlate con la mancata redazione o le carenze del DVR:

Articolo d.lgs. n.81/2008	Tipologica violazione	Sanzione	Importo contravvenzione
Art. 17, co. 1, lett. a) comb. Art. 29, co. 1	Mancata redazione DVR	arresto da tre a sei mesi o ammenda da 3.071,27 a 7.862,44 euro	1.965,61 euro
Art. 17, co. 1, lett. a) comb. Art. 29, co. 1	Mancata redazione DVR: - nelle aziende di cui all'articolo 31, comma 6, lettere a), b), c), d), f), g) * - in aziende in cui si svolgono attività che espongono i lavoratori a rischi biologici, da atmosfere esplosive, cancerogeni mutageni, e da attività di manutenzione, rimozione smaltimento e bonifica di amianto; - attività disciplinate dal Titolo IV caratterizzate dalla compresenza di più imprese e la cui entità presunta di lavoro non sia inferiore a 200 ug	**solo** arresto da quattro a otto mesi	solo arresto
Art. 17, co. 1, lett. a) Art. 28, co. 2, lett. b), c), d)	DVR mancante di: - misure di prevenzione e di protezione - programma di miglioramento - procedure e relativi responsabili	ammenda da 2.457,02 a 4.914,03 euro	1.228,51 euro
Art. 17, co. 1, lett. a)	DVR mancante di: - consultazione RLS - aggiornamento, quando previsto	ammenda da 2.457,02 a 4.914,03 euro	1.228,51 euro
Art. 17, co. 1, lett. a) Art. 28, co. 2, lett. a), *primo periodo*, f)	DVR mancante di: - relazione su tutti i rischi - individuazione mansioni per rischi specifici	ammenda da 1.228,50 a 2.457,02 euro	614,26 euro
Art. 29, co. 1	DVR elaborato senza la collaborazione di RSPP e medico competente (se previsto)	arresto da tre a sei mesi o ammenda da 3.071,27 a 7.862,44 euro	1.965,61 euro
Art. 29, co. 2 e 3	DVR - elaborato senza la consultazione del RLS - non rielaborato nei casi previsti	ammenda da 2.457,02 a 4.914,03 euro	1.228,51 euro
Artt. 181, co. 2 190, co. 1 209, co. 1 223, co. 1, 2,3 236, co. 1, 2, 3, 4, 5	DVR mancante e/o carente da rischi specifici**	arresto da tre a sei mesi o ammenda da 3.071,27 a 7.862,44 euro	1.965,61 euro

249, co. 1 271, co. 1 286-septies, co. 1 290, co. 1			

*

a) nelle aziende industriali di cui all'articolo 2 del decreto legislativo 17 agosto 1999, n. 334 (SEVESO ndr);

b) nelle centrali termoelettriche;

c) negli impianti ed installazioni di cui agli articoli 7, 28 e 33 del decreto legislativo 17 marzo 1995, n. 230 (Radiazioni Ionizzanti ndr);

d) nelle aziende per la fabbricazione ed il deposito separato di esplosivi, polveri e munizioni;

e) nelle aziende industriali con oltre 200 lavoratori;

f) nelle industrie estrattive con oltre 50 lavoratori;

g) nelle strutture di ricovero e cura pubbliche e private con oltre 50 lavoratori.

**

Agenti fisici, Rumore, Campi elettromagnetici, Agenti chimici, Agenti cancerogeni e mutageni, Amianto, Agenti biologici, Ferite da taglio e punture nel settore ospedaliero, Atmosfere espolosive,

BIBLIOGRAFIA

❖ Testo Unico Sicurezza (D.Lgs. 81/08): Versione curata e aggiornata dagli Ingg. Amato e Di Fiore - 8108amatodifiore.it - www.8108amatodifiore.it - luglio 2023

❖ Banca dati Portale Agenti Fisici - www.portaleagentifisici.it

❖ UNI - Linee guida per un Sistema di Gestione della Salute e Sicurezza sul Lavoro – settembre 2001

❖ La sicurezza - Rischio meccanico - Allegato VII verifica attrezzature - Allegato V requisiti di sicurezza delle attrezzature" Ing. Francesco Di Bella (Commissione formazione dell'Ordine degli ingegneri di Palermo) - ottobre 2013

❖ INAIL - La valutazione del rischio rumore - 2015

❖ INAIL - La Valutazione del Rischio Vibrazioni – 2019

❖ Guida non vincolante alla buona prassi nell'attuazione della direttiva 2006/25/CE «Radiazioni ottiche artificiali»

❖ INAIL - Le radiazioni ionizzanti - 2022

❖ Linee di indirizzo per la protezione dei lavoratori dagli effetti del calore - Comitato Regionale di Coordinamento ex art. 7 D. Lgs. 81/08 - Regione Toscana 2023

❖ INAIL - Valutazione del microclima – 2018

❖ INAIL - Ambienti confinati e/o sospetti di inquinamento e assimilabili - Aspetti legislativi e caratterizzazione – 2020

- ❖ INAIL - Il rischio biologico nei luoghi di lavoro. Schede tecnico-informative – 2011
- ❖ MoVaRisCh - Modello di Valutazione del Rischio Chimico - proposto dagli Assessorati alla Sanità delle regioni Emilia-Romagna, Toscana e Lombardia

- ❖ Euses - European Union System for the Evaluation of Substances - definito a livello comunitario per la valutazione quantitativa del rischio rappresentato dalle sostanze chimiche nei confronti dell'uomo e dell'ambiente

- ❖ INAIL - Esposizione a temperature estreme ed impatti sulla salute e sicurezza sul lavoro. il progetto Worklimate e la piattaforma previsionale di allerta – 2022

- ❖ Culture e organizzazioni. Valori e strategie per operare efficacemente in contesti internazionali di Geert Hofstede, Gert J. Hofstede, Michael Minkov Franco Angeli – 2014

- ❖ INAIL - La metodologia per la valutazione e gestione del rischio stress lavoro-correlato – 2017

- ❖ INAIL – Il radon in Italia: guida per il cittadino – 2014

- ❖ INAIL - La protezione dei lavoratori dall'esposizione al radon: strategie future per la prevenzione e il risanamento – 2022

- ❖ Requisiti per una metodologia di Risk Assessment (Requirements for Risk Assessment Methodologies) – Giancarlo Butti, Alberto Piamonte – 2020 - atc.mise.gov.it

- ❖ ACCORDO EUROPEO SULLO STRESS SUL LAVORO (8/10/2004). (Accordo siglato da CES - sindacato Europeo; UNICE - "Confindustria europea"; UEAPME - associazione europea artigianato e PMI; CEEP -

associazione europea delle imprese partecipate dal pubblico e di interesse economico generale) Bruxelles 8 ottobre 2004

❖ UNI EN ISO 7933:2005, Ergonomia dell'ambiente termico - Determinazione analitica ed interpretazione dello stress termico da calore mediante il calcolo della sollecitazione termica prevedibile

❖ UNI ISO 11228-1:2022 Ergonomia - Movimentazione manuale - Parte 1: Sollevamento, abbassamento e trasporto

❖ UNI EN 12464-1:2021 "Illuminazione dei posti di lavoro – Posti di lavoro interni"

❖ UNI ISO 31000 "Gestione del rischio - Principi e linee guida"

❖ UNI ISO 45001:2018 (2023) "Sistemi di gestione per la salute e sicurezza sul lavoro – Requisiti e guida per l'uso"

SOMMARIO

Edizioni Criptex
Edizione 1 – ottobre 2023 - Danilo GM De Filippo
"La Valutazione del Rischio per la Salute e Sicurezza sul Lavoro"

Printed in Great Britain
by Amazon